Vespa 50

Hrsg. Johannes Rougnon
Gerhard Siem

75 JAHRE ROLLERKULT

Vespa

APE & CO.

Hrsg. Johannes Rougnon
Gerhard Siem

75 JAHRE ROLLERKULT

Vespa

APE & CO.

HEEL

Impressum

HEEL Verlag GmbH
Gut Pottscheidt
53639 Königswinter
Telefon 0 22 23 / 92 30-0
Telefax 0 22 23 / 92 30-13
info@heel-verlag.de
www.heel-verlag.de

1. Auflage, 2023

Herausgeber: Johannes Rougnon

Verantwortlich für den Inhalt: Gerhard Siem, Johannes Rougnon

Lektorat: Jost Neßhöver

Umschlaggestaltung: Stefan Witterhold, HEEL Verlag

Lithographie, Satz und Gestaltung: TIM-Verlag, Prittriching

Titelfoto: © Dieter Rebmann

Bildnachweis: Ape-Deutschland, Penzberg (Werbeagentur Profile, Königsbrunn); Maurizio Boi; Dariusz Borowicz; Brad Cornelius; Danzeb; Archiv HEEL Verlag; hollaender83; Aron Horvath; Herta Jarczok; Reinhard Jarczok; Khaosaming; Robert Kimberly; KSR Group GmbH, A-3500 Krems an der Donau; Willi Mahringer; Roberto Martini; Michiel1972; Motor Center Cagliari; Museo Piaggio, Pontedera; Piaggio & C. SpA, Pontedera; Piaggio Deutschland GmbH, Düsseldorf (COmarketing GmbH, Jettingen); Piaggio Group Americans Inc., New York; Rattana Vespa Vintage Club; Vespa Klub Magyarorszag; Dieter Rebmann; Vespa Roma; Kurt Werners, Alpenschalter-Vespa-Club; Robert Zinnöcker.

Besonderer Dank geht an:
Vespamuseum Mauern, Karl Scharl, e-mail: vespakarl.mauern@t-online.de, Telefon 08764/948421
www.vespa-forever.de, Robin Davy, München

Printed in Slovakia

ISBN 978-3-96664-586-7

INHALT

Zweirad mit Kultstatus

Früher als einfaches und preiswertes Fortbewegungsmittel geschätzt, ist die Vespa von Piaggio bald zu einem Kultmobil der Extraklasse geworden. Doch auch heute sind vor allem die geringen Unterhalts- und Fahrtkosten, keine Parkplatzprobleme und keine Angst vor Staus die wichtigsten Argumente zum Kauf einer kleinen „Wespe". Gerade Vespa-Roller aus den 60er- und 70er-Jahren sind bei den Fans begehrt und werden bei Treffen und den vielen jährlich stattfindenden Ausfahrten gerne gezeigt. Hier trafen sich 2014 etwa 10.000 Fahrzeuge der Kultmarke zu den „Vespa World Days", zu denen sich Mitglieder von 310 Clubs aus 32 Ländern in Mantua versammelten. Die weiteste Anreise in die italienischen Provinzhauptstadt, die zum UNESCO-Welterbe gehört, hatten die Clubs aus Argentinien, Brasilien, Israel, USA, Jordanien und Kuweit.

Vespa Club
RECANATI
NOVE
vespa
CLUB
RECANATI

VORWORT

Im Jahr 2016 feiert der Kultmotorroller Vespa seinen 70. Geburtstag. Doch der Start ins Rennen um die Akzeptanz der Kunden war dem ungewohnten Vehikel äußerst schwer gefallen, und das „Nutz-Leichtmotorrad" hatte zu Beginn viel Mühe, sich Freunde zu machen.
Zuvor wollte Enrico Piaggio nach dem Zweiten Weltkrieg an die Erfolgsgeschichte des Unternehmens anknüpfen, doch die Herstellung von Kochtöpfen und anderen Gebrauchsgegenständen war dem italienischen Unternehmer nicht genug. Denn vor dem Krieg hatte Piaggio Motorboote, Eisenbahnwaggons und Flugzeuge gebaut. Während Italien noch in Trümmern lag, erkannte Piaggio, dass die Menschen ein einfaches und preiswertes, motorisiertes Transportmittel benötigten.
Als Enrico Piaggio im Jahr 1944 den Rennfahrer und Motorenliebhaber Graf Carlo Felice Trossi in seinem Schloss in Biella besuchte, war ihm neben einigen außergewöhnlichen Automodellen auch ein unscheinbares Zweirad ins Auge gestochen, der Volugrafo des italienischen Ingenieurs Vittorio Belmondo. Belmondo hatte bereits in den 1930er-Jahren an einem Motorrollerentwurf gearbeitet und schließlich mehrere Prototypen gebaut. Zurück in seiner Firma begann Enrico Piaggio die Rolleridee umzusetzen. Heraus kam der Piaggio MP 5 Paperino. Daraus entwickelte sich bis zum April 1946 die erste Vespa mit selbsttragender Blechkarosserie und Direktantrieb.
In den 1950er-Jahren ging es dann mit dem Erfolg sehr schnell. Dank intensiver Werbung hatte die Vespa auch die hintersten Winkel Europas erreicht, und die Menschen hatten das praktische Fortbewegungsmittel für sich entdeckt. Bereits 1956 war Piaggio der größte Motorradhersteller der Welt und hatte das einmillionste Fahrzeug verkauft.

Inzwischen gehören zum Piaggio-Konzern auch die Zweiradmarken Aprilia, Derbi, Gilera, Laverda und Moto Guzzi. Er produziert in Werken in Italien, Indien, Vietnam und in der Volksrepublik China. Seit dem Jahr 2006 ist das italienische Unternehmen Piaggio an der Börse notiert. Doch auch wenn Piaggio sich von einer italienischen Firma zu einem Global Player entwickelt hat, ist seine Philosophie bis heute gleich geblieben. Die Vespa hat sich trotz großer Konkurrenz, nicht nur aus dem eigenen Haus, vom Konzept her kaum geändert. Auch die neueste Vespa „Azzuro 70" hat ein Blechkleid mit großen Pausbacken, ganz so wie die Vespa 98 aus dem Jahr 1946. Den Antrieb übernimmt jedoch eine Triebsatzschwinge jüngster Generation.
Mit dem Ziel, die traditionsreiche Geschichte der Vespa-Motorroller und die Entwicklung der vielen Piaggio-Fahrzeuge ins richtige Licht zu rücken, soll dieses Buch ein Leitfaden durch die vielen unterschiedlichen Baureihen sein, die von Piaggio produziert wurden.

Viel Spaß beim Schmökern!

DIE 1940ER-JAHRE

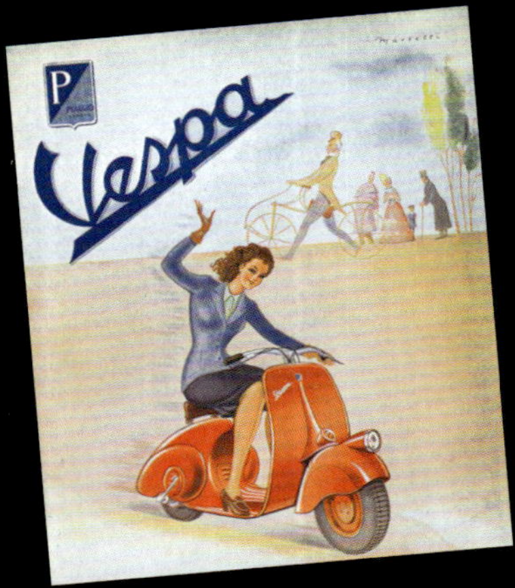

GEBURT EINER LEGENDE

Als die erste Vespa unmittelbar nach dem Zweiten Weltkrieg das Licht der Welt erblickte, war die Firma Piaggio bereits seit 60 Jahren im Bau von Schiffseinrichtungen, Schiffen, U-Booten, Eisenbahngüterwagen, Straßenbahnwagen und Flugzeugen tätig.

Der in Genua geborene Rinaldo Piaggio hatte das Unternehmen in Sestri Ponente, einem Hafenviertel von Genua, als Schreinerbetrieb im Jahr 1884 eröffnet.

Zuvor hatte die Familie Piaggio im Hafenviertel Genuas bereits ein Holzlager unterhalten, das Rinaldos Vater, Cavalier Enrico Piaggio, errichtet hatte. Als das Baumaterial Holz für den Fahrzeugbau langsam vom Stahlblech verdrängt wurde, begann auch die stark gewachsene Firma Piaggio im Jahr 1901 auf das Material umzuschwenken.

Der Ausbruch des Ersten Weltkrieges erreichte schnell das italienische Unternehmen, in dem man sich bald auf den Bau von Kriegsschiffen spezialisierte. Zugleich wurden Flugzeugmotoren bei Piaggio gewartet und später sogar ganze Flugzeuge gebaut. Das berühmteste Flugmuster war die P.2, ein sehr modernes Jagdflugzeug, von dem ab 1923 nur zwei Prototypen in Italien gebaut wurden. Doch das italienische Luftfahrtministerium misstraute dem Eindecker. So kam es zu keiner Serienfertigung.

Auch nach dem Krieg blieb der Flugzeugbau eine wichtige Einnahmequelle der Italiener, und in den 30er-Jahren errangen Piaggio-Flugmotoren einige Luftfahrtrekorde. An diesen Rekorden hatte ein bekannter italienischer Entwicklungsingenieur großen Anteil – Corradino D'Ascanio. Er war im Jahr 1933 von Piaggio eingestellt worden, um seine Erfahrungen im Flugzeug- und Hubschrauberbau in die Firma einzubringen. Als Rinaldo Piaggio im Jahr 1938 starb, übernahm dessen Sohn Enrico das Weltunternehmen.

Im Zweiten Weltkrieg wurden die beiden Piaggio-Werke in Pontedera und Pisa durch Bombenangriffe völlig zerstört, und als der Krieg zu Ende war, entschieden die Siegermächte, dass die Italiener keine Rüstungsgüter mehr herstellen durften. Doch was sollte der ehemalige Hersteller von Schienenfahrzeugen und Flugzeugen bauen? Bald war ein neues Werk auf den Ruinen der alten Fertigungshallen errichtet worden und Enrico Piaggio entschied sich, zunächst preisgünstiges Alltagsgeschirr wie Kochtöpfe und Ähnliches zu erzeugen. Doch diese in großer Stückzahl hergestellten Produkte befriedigten den inzwischen zum Firmenchef aufgestiegenen Enrico nicht. Er suchte nach einem Produkt, das dem früheren Großkonzern gerecht werden sollte.

Zu dieser Zeit lag Italien noch in Trümmern. Der Wiederaufbau des Landes hatte gerade begonnen. Zwar war die Arbeitslosigkeit stark zu spüren, doch war auch der Wille zum Aufbau des Landes in den Augen der Menschen zu sehen.

Eines der größten Hindernisse für den Wiederaufbau war die schlechte Mobilität der Bevölkerung. Der öffentliche Verkehr lag darnieder, viele Kraftfahrzeuge waren im Krieg geblieben oder reparaturbedürftig zurückgekehrt. Das Fahrrad war das wichtigste Verkehrsmittel dieser Zeit.

So kam Enrico Piaggio auf die Idee, für die Bevölkerung ein Zweirad zu bauen, mit dem man größere Strecken als mit dem Fahrrad bewältigen konnte, das jedoch mehr Komfort bot als ein sportliches Motorrad.

Daraufhin konstruierte der Ingenieur Spolti Renzo zusammen mit seinem Kollegen Vittorio Casini einen Prototypen mit der Bezeichnung MP5 (Moto Piaggio 5) und einem Hubraum von 98 Kubikzentimetern. Doch das Zweirad traf nicht den Geschmack von Enrico Piaggio.

Enrico Piaggio inmitten seiner revolutionären Zweiräder, die die Welt erobern und das Leben von Millionen Menschen ändern sollten. Heute ist die Vespa ein echtes Kultfahrzeug.

Enrico Piaggio

Enrico Piaggios Vater, Rinaldo Piaggio, gründete im Jahr 1884 die Firma. Enrico wurde im Jahr 1905 in Pegli, einem Stadtteil der italienischen Hafenstadt Genua, geboren. Sein Studium mit einem Abschluss in Wirtschaftswissenschaften der Universität von Genua schloss er im Jahr 1927 erfolgreich ab. Als sein Vater 1938 starb, erbten er und sein Bruder Armando das Unternehmen. Im Krieg produzierte Piaggio vor allem Rüstungsgüter und stieg in die Flugzeugproduktion ein. Im Jahr 1943 wurde Enrico Piaggio in der Lobby des Hotels Excelsior in Florenz bei einer Schießerei schwer verletzt, und nur durch das Entfernen einer Niere konnte sein Leben gerettet werden.

Als der Krieg zu Ende war, hatte das Unternehmen durch die alliierte Bombardierung stark gelitten. Die Flugzeugherstellung war nun nicht mehr möglich und Piaggio konzentrierte sich auf seine erfolgreichen Zweiräder. Im Jahr 1951 erhielt er die Ehrendoktorwürde der Universität von Pisa. Im Jahr 1965 erkrankte Enrico Piaggio schwer und starb zehn Tage nach seiner Entlassung aus dem Krankenhaus zu Hause.

Moto Piaggio Paperino MP5

Bauzeit:	1944
Motorbauart:	luftgekühlter 1-Zylinder 2-Takt-Sachs-M32-Motor
Hubraum (cm³):	98
Leistung (PS bei 1/min):	2,3 bei 3200
V_{max} in (km/h):	60
Rahmen, Federung, Bremsen:	Stahlblech, zwei zusammenschiebbare Rohre mit Federn, Trommelbremsen

Moto Piaggio Paperino MP5

Die Bezeichnung MP5 stand beim ersten Piaggio-Motorroller für Moto Piaggio 5. Dieses vollverkleidete, mit einem breiten Frontschild ausgerüstete Gefährt aus Stahlblech sollte auf das Wesentliche reduziert sein. Dazu gehörten einfache Bedienelemente am Lenker. Der MP5 war mit einem Einzylinder-Zweitakt-Motor von Sachs bestückt, der ein Automatikgetriebe besaß. Breite Trittflächen mit Gummiauflagen links und rechts der Karosserieverkleidung gaben den Füßen sicheren Halt.

Moto Piaggio MP6

Da Enrico Piaggio vom Entwurf der Paperino nicht viel hielt, begann Ingenieur Conradino D'Ascanio (ital. Hubschrauber-Ingenieur 1891–1981) erneut Prototypen zu bauen und zwischen Biella und Oropa zu erproben. Bald kristallisierte sich heraus, dass der Prototyp ein ganz anderes Aussehen haben würde als sein Vorläufer. Abgerundete Seitenteile, eine breite vordere Spritzschutzwand – auch als „Beinschild" bezeichnet –, die das Verschmutzen der Kleidung während der Fahrt verhindern sollte, ein weit nach hinten verlegter Motor, der einen bequemen Aufstieg zuließ, und kleine Räder, die das Mitführen eines Reserverads ermöglichten, waren die auffälligsten Merkmale des neuen Entwurfs. Der MP6 war so gut gelungen, dass er fast ohne Änderungen in das Serienprogramm übernommen wurde.

Moto Piaggio MP6

Bauzeit:	1944
Motorbauart:	luftgekühlter 1-Zylinder 2-Takt-Sachs-Motor
Hubraum (cm³):	98
Leistung (PS bei 1/min):	2,3 bei 3200
V_{max} in (km/h):	60
Rahmen, Federung, Bremsen:	Stahlblech Stahl-Spiralfedern vorn, Gummifederung an der Triebsatzschwinge, Trommelbremsen

Daher beauftragte Piaggio keinen Geringeren als Corradino D'Ascanio damit, das Zweirad-Konzept zu überarbeiten und technisch wie optisch zu verbessern.

Der war von dem Auftrag nicht gerade begeistert, hatte er in der Vergangenheit doch Flugzeuge und Hubschrauber konstruiert.

Doch statt den MP5 nach den Wünschen Piaggios zu gestalten, entwickelte D'Ascanio ein völlig neuartiges Fahrzeug mit zwei Rädern und entwarf damit die erste Vespa. Dabei half dem Ingenieur sicherlich, dass er sich mit Motorrädern und anderen Zweirädern nicht auskannte.

Die einzigen Vorgaben für den neuartigen Entwurf waren, dass man bequem sitzen konnte, einigermaßen vor Staub und Dreck geschützt war und der Motor so abgedeckt war, dass der Fahrer mit ihm nicht in Berührung kommen konnte. D'Ascanio wollte ein einfaches Zweirad schaffen, frei nach dem Motto von Henry Ford: „Was nicht da ist, kann nicht kaputtgehen."

Schnelle Entwicklung des ersten Prototyps

Nun erwies sich als Vorteil, dass D'Ascanio Erfahrung mit so komplexen Dingen wie Hubschraubern hatte. Innerhalb kürzester Zeit war das erste Zweirad als Prototyp fertig und auch die Probleme, die so ein neuartiges Fahrzeug mit sich brachte, wurden in kürzester Zeit beseitigt. Zwischen den ersten Entwürfen des neuen Rollers und dem ersten Prototypen hatten lediglich drei Monate gelegen. Im September 1945 stand der erste Roller-Prototyp mit Sachs-Motor zur praktischen Prüfung bereit.

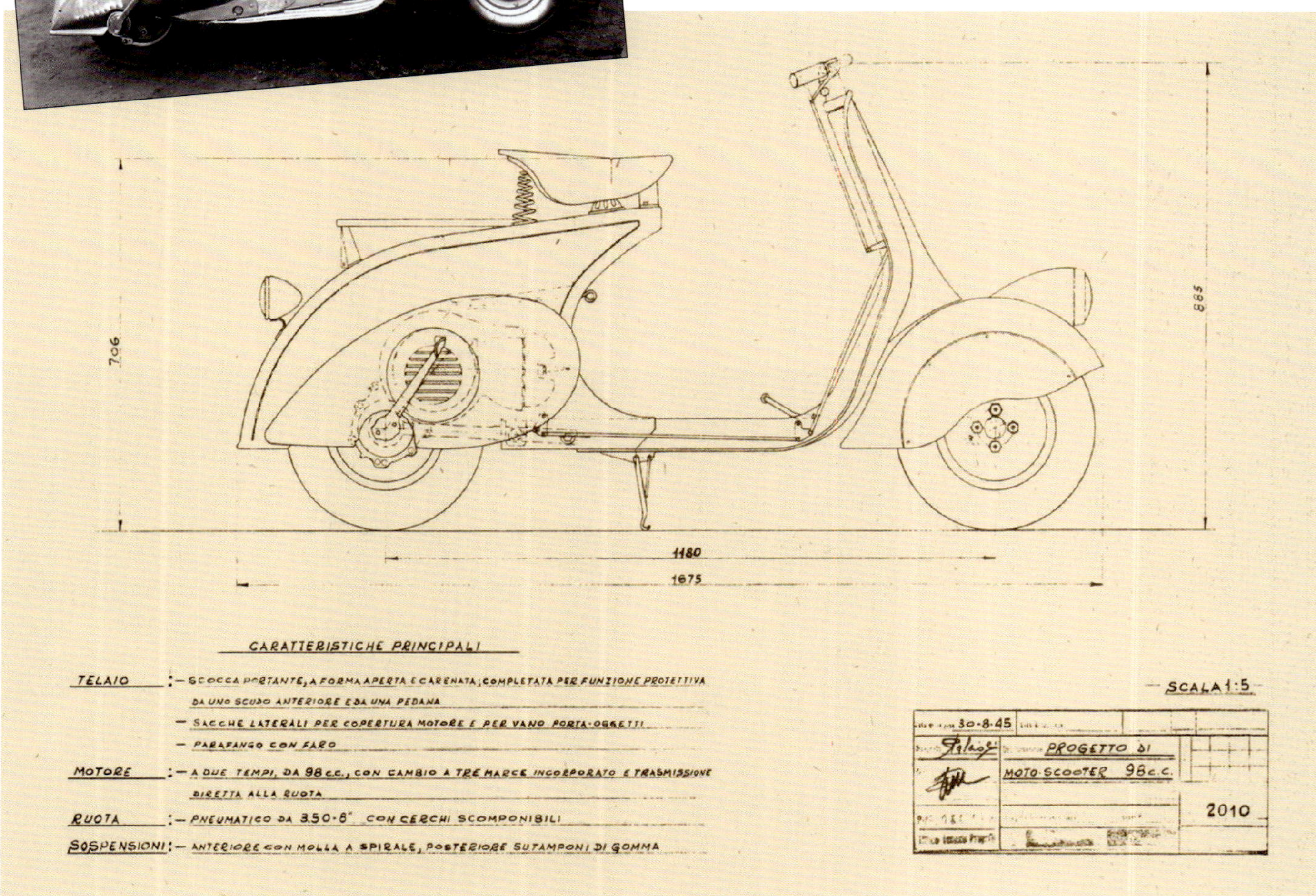

Einer der Prototypen und Vorläufer der erfolgreichen Vespa 98 (oben). Der endgültige Entwurf des Motorrollers von Piaggio aus dem Jahr 1945.

Noch während der Erprobung des Piaggio-Rollers suchte man in Pontedera einen geeigneten Vertriebsweg. Zunächst versuchte man eine bekannte Marke in der florierenden Motorradindustrie zu finden, die bereit war, den ungewöhnlichen Roller in das Verkaufsprogramm aufzunehmen. Doch die Absagen häuften sich, und zum Schluss blieb nur noch Moto Guzzi als Handelspartner übrig. Doch auch Graf Parodi misstraute dem kleinen Zweirad und es kam keine Zusammenarbeit zustande. Nachdem Lancia ebenfalls abgewinkt hatte, nahm Enrico Piaggio den Vertrieb selbst in die Hand. Er begann eine wirkungsvolle Werbekampagne. Das Geld dafür holte er sich aus verschiedenen Quellen, die ihm eine Rückzahlung in Raten ermöglichten.

Die Vespa 125 festigte den Verkauf der Piaggio-Zweiräder und war der Grundstein für den Vespa-Boom in den 1950er-Jahren. Hier die Vespa 125 der zweiten Serie mit der geschlossenen Seitenhaube.

Erfolgreiche Werbung: Rennsiege!

Kaum ein Jahr später fuhr im Mai 1947 Carlo Masciocchi bei der Primi-Passi-Gleichmäßigkeitsprüfung des Mailänder Gentleman Moto Club mit seiner Vespa – trotz mehrerer Stürze – den zweiten Platz heraus. Die schwierige Wettfahrt führte vor allem durch das Südalpengebiet der Bergamasker Täler.

Wo Vespas im Motorsport auftauchten, waren sie ernstzunehmende Gegner, die nicht unterschätzt werden sollten.

Nach diesen und einigen weiteren sportlichen Erfolgen von Privatfahrern und ihren Vespas begann man in Pontedera über den werkseitigen Einsatz der quirligen Zweiräder im Motorsport nachzudenken. Unter der Leitung des Testfahrers Dino Mazzoncini gründete man eine Rennabteilung. In den folgenden Jahren stürmten die Vespas von einem Rennsieg zum anderen, obwohl das Zweirad ja eigentlich für den Stadtverkehr konzipiert war. Vespas gewannen in Florenz, bei der Trofeo dei Laghi bei Neapel und belegten einen zweiten Platz bei der Trophäe der Industrie Italiens, die als Serie für Motorräder bis 500 Kubikzentimeter mit drei Rennen ausgefahren wurde.

Der größte Erfolg im Motorsport gelang Piaggio 1951. Es war die international ausgeschriebene Sechstagefahrt von Varese, die vom 8. bis 15. September stattfand. 218 Zweiräder starteten zu dieser anspruchsvollen Prüfung für Mensch und Maschine. Das Ziel erreichten lediglich 89 Maschinen ohne Strafpunkte, darunter waren neun der zehn gestarteten Vespa 98.

Vespa 98	
Bauzeit:	1946 und 1947
Motorbauart:	luftgekühlter 1-Zylinder 2-Takt-Motor
Hubraum (cm³):	98
Leistung (PS bei 1/min):	3,3 bei 4500
V_{max} in (km/h):	60
Rahmen, Federung, Bremsen:	Stahlblech Einarmschwinge mit Spiralfeder vorn Gummipuffer hinten, Trommelbremsen
Gewicht (kg):	60

Vespa 98 (V.98), 1. Serie

Die Vespa 98, die im März des Jahres 1946 im Golfclub von Rom präsentiert wurde, war die erste Vespa, die für einen Preis von damals 55.000 italienischen Lire in das Verkaufsprogramm von Piaggio aufgenommen wurde. Bis 1947 wurden insgesamt 1399 Fahrzeuge dieser ersten Serie gebaut. Der Zweitakt-Motor war bereits gebläsegekühlt und hatte eine Magnetzündung. Der Motor wurde mit einem Kickstarter angelassen. Geschaltet wurde das Dreigang-Getriebe mit einem Drehgriff am Lenker. Für das Kraftstoffgemisch sorgte ein Dell'Orto-Vergaser vom Typ T2 16/17-TA 17 mit einem 17-Millimeter-Durchlass. Der Tank fasste rund fünf Liter Gemisch 1:20. Die Räder mit der Größe 3,50 x 8 Zoll in der selbsttragenden Stahlblechkarosserie waren untereinander austauschbar. Gebremst wurde mit den beiden Trommelbremsen, die einen Durchmesser von 124 Millimetern hatten. Die 98 war die einzige Vespa mit rechts an der Schwinge geführtem Vorderrad und ohne Stoßdämpfer an der Triebsatzschwinge.

Vespa 98 (V.98), 2. Serie

Die Vespa 98 der zweiten Serie gab es statt in den Karosseriefarben Grau und Amarantrot nur noch in Grau. Zunächst tat sich Piaggio schwer, seinen „Nutz-Leichtroller" an den Mann zu bringen. Die Kaufinteressenten waren sehr skeptisch, ob das skurril aussehende Zweirad mit dem Direktantrieb wirklich alltagstauglich sein würde. Erst mit der Zeit setzten sich die vielen positiven Eigenschaften des Motorrollers durch und führten zu einem Umdenken in der Bevölkerung. Die zweite Serie erhielt eine feine Überarbeitung in vielen Details. So hatte der Kickstarter nun eine gebogene Form, die Seitenverkleidungen ließen sich durch Zugknöpfe öffnen und schließen. Insgesamt wurden 15.680 Zweiräder dieser zweiten Modellreihe produziert.

Vespa 98	
Bauzeit:	1947 und 1948
Motorbauart:	luftgekühlter 1-Zylinder 2-Takt-Motor
Hubraum (cm³):	98
Leistung (PS bei 1/min):	3,3 bei 4500
V_{max} in (km/h):	60
Rahmen, Federung, Bremsen:	Stahlblech Einarmschwinge mit Spiralfeder vorn Gummipuffer hinten, Trommelbremsen
Gewicht (kg):	60

■ Vespa 98 Corsa	
Bauzeit:	1947
Motorbauart:	luftgekühlter 1-Zylinder 2-Takt-Motor
Hubraum (cm³):	98
Leistung (PS bei 1/min):	ca. 6 bei über 6000
V_{max} in (km/h):	80
Rahmen, Federung, Bremsen:	selbsttragend, Stahl-Spiralfeder vorn, Stahl-Blattfedern hinten, Trommelbremsen
Gewicht (kg):	rund 60

Vespa 98 Corsa

Die Vespa 98 Corsa war eine Variante, die ab dem Jahr 1947 im Motorsport Verwendung fand. Das Modell mit dem leistungsgesteigerten Motor war die erste Vespa, die bei Bergrennen und ähnlichen Veranstaltungen eingesetzt wurde, wo sie zahlreiche Siege einfuhr. Basis dieser ersten Rennversion war das Modell 98, das einen gebogenen Sportlenker und ein wesentlich schmaleres Beinschild bekam. Um größere Bodenfreiheit bei Schräglage in den Kurven und bessere Kühlung zu erreichen, wurde der Motor modifiziert. Er war als tragendes Element des Rollers konzipiert worden. Um so viel Gewicht wie möglich zu sparen, verschwand auch der Kickstarter. Die Corsa wurde angeschoben.

Vespa 125 Corsa Telaio in lega

Von der Vespa 125 Corsa mit dem modernen Renn-Chassis wurden nur sechs Exemplare gebaut. Sie besaß ein Rennchassis aus einer Aluminium-Legierung, die Piaggio aus der Flugzeugfertigung kannte. Alle Karosserieteile waren durch Nieten miteinander verbunden. Die Renn-Vespa startete bei vielen Rennen in Italien und feierte im Jahr 1950 einige wichtige Erfolge mit Giuseppe Cau und Dino Mazzoncini, die beim Bologna Grand Prix die ersten beiden Plätze belegten. Im gleichen Jahr konnte Cau mit der Vespa und der Startnummer 38 auch in Perugia gewinnen. Zu dieser Zeit war der hagere Vespapilot Cau, der in Rom lebte und in einer Werkstatt arbeitete, gerade einmal 20 Jahre alt und brachte lediglich 46 Kilogramm auf die Waage.

■ Vespa 125 Corsa Telaio in lega	
Bauzeit:	1949 und 1950
Motorbauart:	luftgekühlter 1-Zylinder 2-Takt-Motor
Hubraum (cm³):	125
Leistung (PS bei 1/min):	ca. 8 bei über 6000
V_{max} in (km/h):	130
Rahmen, Federung, Bremsen:	selbsttragend, Spiralfeder vorn, Gummipuffer hinten, Trommelbremsen
Gewicht (kg):	ca. 80

Die Idee vom Kleintransporter

Zeitgleich zur Vespa 98 erschien im Jahr 1947 ein weiteres sehr innovatives Gefährt aus dem Hause Piaggio: die Ape. Die fleißige „Biene" war für die schweren Transportarbeiten im täglichen Leben gedacht. Die Idee war einfach: Die große Lücke bei den Nutzfahrzeugen, die der Zweite Weltkrieg geschlagen hatte, sollte durch einen preiswerten, kleinen Lastkraftwagen mit geringem Benzinverbrauch geschlossen werden.

Um diese Ur-Ape zu fertigen, griff Piaggio auf einen Trick zurück. Das Unternehmen entwarf kein komplett neues Fahrzeug, sondern bediente sich der Teile des neuen Zweirads, der Vespa 98. Diesem Fahrzeug verpassten die Techniker eine zweirädrige Hinterachse und eine Ladefläche. So entstand ein kleines dreirädriges Fahrzeug mit einer offenen Ladefläche und einer Nutzlast von 200 Kilogramm, die dazu geeignet war, Güter zum Kunden zu transportieren.

Eine stärkere Ape-Version

Im Jahr 1948 ergänzte das Ape-Modell A das Verkaufsprogramm von Piaggio. Der „Lastenesel" bekam nun den Motor der 125er-Vespa, eine Viergang-Schaltung und zur offenen Pick-up-Version kam ein Aufbau als Kastenwagen hinzu. Ein Jahr später konnte man die Ape auch als „Giardinetta" erwerben. Bei diesem Modell konnten zusätzlich zum Fahrer noch zwei Personen transportiert werden.

Ob große Industriekonzerne oder der einfache Handwerkerbetrieb, die Ape kam überall da zum Einsatz, wo ein unkompliziertes Wägelchen gebraucht wurde, um Waren von einem Punkt zum anderen zu transportieren.

Angetrieben wurde die Hinterachse über ein Differenzial, das mit zwei Ketten mit den Hinterrädern verbunden war. Gebremst wurde die Hinterachse bei der Ape über einen Fußbremshebel und das Vorderrad über einen Handbremshebel am Lenker. Die separate Feststellbremse blockierte das Differenzial. Gefedert wurde die Ape durch Stahlfedern am Vorderrad und Stoßdämpfer mit Torsionsstäben an der Hinterachse.

In dieser Variante blieb die Ape bis zum Jahr 1953 im Programm. Dann wurde sie von der stärkeren Ape B mit einem Hubraum von 150 Kubikzentimetern und höherer Nutzlast ersetzt.

1956 kam die Ape C auf den Markt. Sie war das erste Ape-Modell mit geschlossener Kabine.

Piaggio Ape A (A1T – A15T)	
Bauzeit:	1947 bis 1953
Motorbauart:	luftgekühlter 1-Zylinder 2-Takt-Motor
Hubraum (cm³):	125
Leistung (PS bei 1/min):	4 bei über 4500
V_{max} in (km/h):	40
Rahmen, Federung, Bremsen:	selbsttragend, Stahl-Spiralfedern vorn, Drehstabfederung hinten, Trommelbremsen
Gewicht (kg):	125

Piaggio Ape A (A1T – A15T)

Die Ape 125 war die erste Ape von Piaggio und stand bei vielen Messen und Ausstellungen im Jahr 1947 im Mittelpunkt. Das Aussehen der Vorderfront glich der des Vespa-Motorrollers. Die y-förmige Karosserie bestand aus Stahlblech und war selbsttragend. Die Ladefläche war aus Holzbrettern und konnte eine Nutzlast von 200 Kilogramm transportieren. Das Fahrzeug wurde als Pick-up und als Kastenwagen gebaut. Sein gebläsegekühlter Einzylinder-Zweitakt-Motor mit 124,79 Kubikzentimetern kam ebenfalls von der Vespa 125 und war unter dem Sattel untergebracht. Das Fahrzeug hatte ein Differenzial und zwei Ketten, über die die Hinterräder angetrieben wurden.

Piaggio Ape B (AB1T – AB4T)

Die Piaggio Ape B, ebenfalls mit einfacher Ladefläche und 150 Kubikzentimetern Hubraum, kam im Jahr 1953 auf den Markt. Auch diese Version erinnerte noch stark an die Vespa. Inzwischen konnte man aus zahlreichen Varianten auswählen. Die einfachste Version war die Ape Pick-up mit offener Ladefläche. Man konnte sie auch mit Kippfunktion bekommen. Außerdem gab es nun einen geschlossenen, festen Kofferaufbau und eine Ape mit Planen in verschiedenen Höhen. Auch eine geschlossene Kabine, die nur noch an den Seiten offen war, konnte geordert werden. Die Nutzlast des Kleintransporters hatte sich inzwischen auf 300 Kilogramm erhöht. Dieses Modell B wurde mit kleinen Änderungen bis 1956 gebaut.

Piaggio Ape B (AB1T – AB4T)	
Bauzeit:	1953 bis 1956
Motorbauart:	luftgekühlter 1-Zylinder 2-Takt-Motor
Hubraum (cm³):	150
Leistung (PS bei 1/min):	5,5 bei über 5000
V_{max} in (km/h):	55
Rahmen, Federung, Bremsen:	selbsttragend, Stahl-Spiralfedern, Stoßdämpfer vorn, Drehstabfederung hinten, Trommelbremsen
Gewicht (kg):	ca. 130

Besser als die Vorgängerin: die Vespa 125

Mit nicht einmal 20.000 verkauften Vespas 98 hatte Enrico Piaggio sein Ziel bis 1948 nicht erreicht. Die Vespa war nur sehr zögerlich angenommen worden. Erst als im Jahr 1948 die stärkere, nur in Metallicgrün erhältliche Vespa 125 auf den Markt kam, änderte sich dies. In nur einem Jahr verkaufte Piaggio nun rund 5.000 Fahrzeuge.

Diese Entwicklung hing vor allem mit den vielen Verbesserungen an der Vespa 125 zusammen. Ein echter Fortschritt war der Komfort während der Fahrt. Waren bei der 98er noch Spiralfedern und Gummipuffer die federnden Elemente, hatte die Vespa 125 nun Schraubenfedern vorne und hinte wie ein echtes Motorrad. Auch der Schwingsattel war jetzt besser gefedert.

Durch den kräftigeren Motor mit einer Leistung von vier Pferdestärken waren auch die Fahrleistungen angestiegen. So erreichte der Roller nun eine Spitzengeschwindigkeit von nahezu 70 Stundenkilometern.

Mittels eines Chokes im Vergaser, der mit einem unter dem Sattel befestigten Hebel bedient wurde, konnte der Vespa bei widrigen Wetterverhältnissen oder beim Kaltstart mehr Kraftstoff zugeführt werden.

Die erste Serie hatte wie die Vorgängerin keinen Seitenständer. Parkte man den Motorroller, lehnte man ihn lediglich mit dem Trittbrett rechts oder links auf den Boden.

Nur geringe Verbesserungen

Als im Jahr 1949 die Vespa 125 in einigen Punkten verbessert wurde, war es bereits abzusehen, dass dieses Zweirad ein großer Erfolg werden könnte und Piaggio wieder an die Spitze der italienischen Unternehmen führen würde.

Gegenüber der ersten Version war das Folgemodell lediglich an der Schaltgestängeführung, der Lüfterrad-Abdeckung sowie dem Auspuff mit dem rechteckigen Querschnitt und dem geänderten Rücklicht, das aus Glas bestand, zu erkennen.

Während das Vorgängermodell der Vespa 125 noch 118.000 Lire kostete, war die überarbeitete Serie bereits ein Jahr später 20.000 Lire teurer. Dieser Preisanstieg ließ die Verkaufszahlen jedoch nicht kleiner werden und bis zum Jahr 1950, dem Ende der Produktion der 2. Serie, sind insgesamt rund 52.000 Maschinen verkauft worden.

Ob in Italien oder als erste Vespa Australiens (kleines Bild), die Vespa wurde schnell zum „Kassenschlager".

Vespa 125 (V1T), 1. Serie	
Bauzeit:	1948
Motorbauart:	luftgekühlter 1-Zylinder 2-Takt-Motor
Hubraum (cm^3):	125
Leistung (PS bei 1/min):	4 bei über 4500
V_{max} in (km/h):	70
Rahmen, Federung, Bremsen:	selbsttragend, Schraubenfeder vorn, Stoßdämpfer, Schraubenfeder hinten, Trommelbremsen
Gewicht (kg):	77,5

Vespa 125 (V1T), 1. Serie

Gegenüber der Vespa 98 hatte sich bei der Vespa 125 in Sachen Technik viel getan. Die selbsttragende Karosserie war nun mit Schraubenfedern vorn und hinten ausgestattet. Dadurch verbesserte sich der Fahrkomfort erheblich. Auch bei diesem Modell konnten die Räder mit einer Reifengröße von 3,50 x 8 Zoll untereinander ausgetauscht werden. Die Größe der Bremstrommeln hatte sich gegenüber der Vespa 98 nicht geändert. Durch den größeren Hubraum waren die Fahrleistung sowie Beschleunigung und Höchstgeschwindigkeit stark angestiegen.

Vespa 125 (V2T/V14T), 2. Serie

Inzwischen hatte die Vespa 125 ihr Publikum gefunden und bereits ab 1949 gab es die ersten Verbesserungen bei dem Motorroller. Als eine der wichtigsten Änderungen im Rahmen der Modellpflege wurde die schwer schaltbare Gestängeschaltung durch eine einfachere Seilzugschaltung ersetzt.

In der Werbung setzte Piaggio auf neue Zielgruppen. Die Hauptgruppe, die neu erschlossen werden sollte, war das weibliche Geschlecht. Slogans wie „Sie ist kein Motorrad, sondern vielmehr ein kleines Auto auf zwei Rädern" oder „Man kann sie auch im Winter fahren, denn man ist vor Straßenschmutz geschützt" waren wichtige Argumente, mit denen man diese Zielgruppe erreichen wollte. Dazu wurden in der Werbung häufig Frauen als Fahrerinnen gezeigt.

Vespa 125 (V2T/V14T), 2. Serie	
Bauzeit:	1949 bis 1950
Motorbauart:	luftgekühlter 1-Zylinder 2-Takt-Motor
Hubraum (cm^3):	125
Leistung (PS bei 1/min):	4 bei über 4500
V_{max} in (km/h):	70
Rahmen, Federung, Bremsen:	selbsttragend, Schraubenfeder vorn, Stoßdämpfer, Schraubenfeder hinten, Trommelbremsen
Gewicht (kg):	77,5

DIE 1950ER-JAHRE

Der Name „Vespa" war inzwischen weltweit bekannt und hatte in der Zweiradindustrie der Nachkriegsjahre für erhebliches Aufsehen gesorgt. Als in den 1950er-Jahren die Kaufkraft der Europäer wuchs, begann sich Piaggio klar von der Konkurrenz, die immer noch auf das Motorrad setzte, abzugrenzen. In der Werbung wurde der Roller bald als Spaßfahrzeug angepriesen. Vor allem die weibliche Zielgruppe sollte für das neue Gefühl der Freiheit bei einer Fahrt auf dem Vespa-Roller gewonnen werden.

DIE VESPA EROBERT DIE WELT

Mitte der 1950er-Jahre hatte Piaggio mit 221.000 in einem Jahr produzierten Zweirädern die weltweite Spitze erreicht (oben). „Vespizzatevi!" war zu einem „geflügelten" Wort des neuen Fahrgefühls geworden (Bild rechts).

Als Anfang der 1950er-Jahre die Vespa 98 aus dem Programm genommen wurde, konzentrierte sich Piaggio auf die neue Vespa 125. Zu dieser Zeit war in Europa ein regelrechter Motorroller-Boom ausgebrochen. Die Vespa wurde immer beliebter und nicht mehr nur für die Fahrt zur Arbeit oder für Einkäufe genutzt. Auch in ihrer Freizeit fuhren mehr und mehr Zweiradfans Vespa. Durch das „Wirtschaftswunder" und die daraus resultierende große Kaufkraft war es den Menschen nun möglich, nach langen Jahren der Entbehrung auch Dinge für den reinen Spaß zu kaufen. Diese Chance konnte sich ein Unternehmen wie Piaggio nicht entgehen lassen.

Doch auch die anderen Motorrad-Hersteller versuchten jetzt in den rasch wachsenden Markt einzusteigen und in ihrem Programm die Lücke der in Mode gekommenen Zweiräder mit Verkleidung zu schließen. Aber der Vorsprung der Vespa mit der Stahlblechkarosserie war so groß, dass kaum ein Unternehmen den Italienern zu Anfang Paroli bieten konnte.

Als die neue Variante der Vespa 125 in Mailand vorgestellt wurde, hielt sie gegenüber den 98er-Modellen viele Neuerungen parat. Durch den größeren Hubraum brachte sie eine Leistung von einem halben PS mehr mit, was zusammen mit den Stoßdämpfern mit Schraubenfedern ein vollkommen neues, besseres Fahrgefühl bot. Zwar wurde die Vespa immer noch per Hand mit einem Drehgriff am Lenker geschaltet, doch wurde das starre Schaltgestänge durch Bowdenzüge abgelöst, die das Schalten der drei Gänge wesentlich erleichterten.

Für sportlich Ambitionierte bot Piaggio eine schnellere 125-Version mit 7 PS an. Das Zweirad war dadurch fast 100 km/h schnell. Ab 1953 war die 125er auch als günstiges Zweirad mit der Bezeichnung „Utilitaria" zu beziehen. Der Preis betrug 130.000 Lire. Das waren ca. 30.000 Lire weniger als bei der Standardausführung.

Im Jahr 1954 gesellte sich zur 125er die Vespa 150 hinzu. Mit einer Höchstgeschwindig-

Inzwischen wurden die Vespa-Zweiräder weltweit exportiert. Hier ein Prospektblatt aus Spanien.

keit von 80 km/h gehörte der Roller bereits zu den schnellen Zweirädern dieser Zeit und durfte nun auch auf den Autobahnen Italiens gefahren werden. Wie bei der Vespa 125 gab es auch bei der 150er während der 1950er-Jahre zahlreiche Varianten. Mit der Einführung der 150 GS zwei Jahre später erreichte das erste Mal eine Vespa im Alltagsbetrieb die „100-km/h-Schallmauer".

Im Jahr 1956 zählte Piaggio erstmalig eine Motorroller-Produktion von 221.000 Fahrzeugen und stieg damit an die Spitze der weltweiten Zweiradhersteller. Dabei spielte sicherlich auch eine gezielte und gut durchdachte Werbestrategie, wie der Piaggio-Kalender, der erstmalig 1951 aufgelegt wurde, eine große Rolle. Weitere Marketingmaßnahmen wie Ein-Jahres-Garantie, Ratenkauf und kostenlose Zulassung unterstützten diesen großen Erfolg. Zwei Jahre zuvor war der Preis für die 125er-Vespa bereits um rund 20.000 Lire gesenkt worden.

Audrey Hepburn

Auch die damaligen Stars der 1950er-Jahre hatten den Motorroller aus Italien für sich entdeckt. In der Filmromanze mit dem deutschen Titel „Ein Herz und eine Krone" aus dem Jahr 1953 fuhren Audrey Hepburn und Gregory Peck mit einer Vespa durch Rom.

Griff zu den Sternen – Weltrekorde

Es verging kaum ein Monat, in dem sich Anfang der 1950er-Jahre das italienische Unternehmen Piaggio nicht mit Erfolgen im Motorsport brüsten konnte. Doch mit diesen Siegen gaben sich die Italiener nicht zufrieden und bald begann man, dem Konkurrenten Lambretta den Fehdehandschuh hinzuwerfen. Auf der Autobahn zwischen Rom und Ostia stellte Piaggio 13 Rekorde auf. Kurz danach, am 6. April 1950, hatten die italienischen Techniker unter der Leitung der Ingenieure Carlo Carbonero und Vittorio Casini einen weiteren Hochgeschwindigkeits-Prototyp mit Vollverkleidung für neue Rekordversuche auf die Räder gestellt. Damit ging es im April zur französischen Rennstrecke von Montlhéry. Innerhalb von zehn Stunden erreichte das Team mit den Fahrern Castiglioni, Mazzoncini und Spadoni trotz eines böigen und starken Windes 17 Rekorde.

Mit diesen Siegen begnügten sich die italienischen Ingenieure jedoch nicht. Kaum wieder in der Heimat angekommen, begannen sie ein weiteres Rekordfahrzeug, die „Siluro" mit einer torpedoförmigen Aluminiumkarosserie, zu bauen. Es entstand ein Zweirad, das mit der gewöhnlichen Vespa nichts mehr gemeinsam hatte. Der Zweitakter hatte zwei Zylinder, die wie bei einem Boxermotor angeordnet waren. Eine Wasserkühlung sorgte dafür, dass der Motor nicht überhitzte. Das Alkohol-Öl-Gemisch wurde über zwei Vergaser des Typs Dell'Orto SSI 23 in die Brennräume der Zylinder befördert.

Am Morgen des 9. Februar 1951 trafen das Rekordfahrzeug sowie ein Ersatzfahrzeug zwischen Kilometer zehn und zwölf auf der Autobahn von Rom nach Ostia ein. Für den Versuch stand nur ein Durchgang zur Verfügung, da die Strecke danach für den öffentlichen Verkehr wieder freigegeben werden sollte.

Rekorde in Montlhéry am 6. 4. 1950

50 Kilometer	134,203 km/h
100 Kilometer	134,733 km/h
500 Kilometer	123,463 km/h
1000 Kilometer	124,306 km/h
50 Meilen	134,573 km/h
100 Meilen	127,777 km/h
500 Meilen	123,919 km/h
1 Stunde	134,054 km/h
2 Stunden	130,794 km/h
3 Stunden	125,713 km/h
4 Stunden	123,376 km/h
5 Stunden	124,065 km/h
6 Stunden	124,636 km/h
7 Stunden	124,056 km/h
8 Stunden	124,274 km/h
9 Stunden	123,434 km/h
10 Stunden	123,537 km/h

Die Fahrer Castiglioni, Mazzoncini und Spadoni wechselten sich in Montlhéry ab und stellten 17 Rekorde auf.

Mit einem Schnitt von 171,102 km/h holte sich Piaggio mit Fahrer Dino Mazzoncini 1951 den absoluten Geschwindigkeitsrekord in der 125-cm³-Klasse.

Fahrer Dino Mazzoncini fuhr den Durchgang auf der holprigen Strecke mit einer Spitzengeschwindigkeit von 174,418 km/h. Für den Rücklauf erreichte er 169,910 km/h. Das machte einen Durchschnitt von 171,102 km/h und war absoluter Geschwindigkeitsrekord. Doch bereits zwei Monate später holte sich Dauer-Konkurrent Lambretta den Rekord auf einer Rennmaschine mit Kompressor zurück. Eine Kopie der Vespa-Rekordmaschine befindet sich noch heute im Nationalmuseum für Wissenschaft und Technik „Leonardo da Vinci" in Mailand.

Vespa-Akrobatik

Im Jahr 1955 gründete Piaggio auch ein Akrobatik-Team auf der Vespa, das vor allem aus Werksfahrern bestand. Die Fahrkünste dieser Mannschaft wurden vor allem bei der Präsentation neuer Modelle gezeigt. Die schwierigste Figur waren fünf Fahrer gegen und drei Fahrer in Fahrtrichtung auf einer Vespa.

Interesse auch im Ausland

Auch im Ausland wollte der Zweiradfahrer auf die italienische Vespa nicht mehr verzichten. Zuerst reichte es noch, den Bedarf durch Importe aus Italien zu decken. Doch die Nachfrage, vor allem in Europa, stieg stetig an, sodass sich einige Firmen dazu entschlossen, die Vespa in Lizenz zu fertigen. Einer der ersten Lizenznehmer für den Motorroller war die Firma Hoffmann in Lintorf bei Düsseldorf. Jakob Oswald Hoffmann hatte seine Unternehmertätigkeit mit der Produktion von Fahrrädern begonnen und inzwischen über 150.000 Räder gebaut. Um 1949 fing er an, auch verschiedene Motorräder mit 98 bis 250 Kubikzentimetern Hubraum herzustellen. Ab 1950 bekam er zudem eine Lizenz zur Produktion der Vespa. So entstand die Hoffmann Vespa Modell HA, die zwischen 1950 und 1954 gefertigt wurde. Dafür errichtete Hoffmann ein neues Werk. Schon vor Vollendung der Werkshallen war die Jahresproduktion 1950 komplett ausverkauft! Auch im Jahr 1951 war die Produktion mit 8343 Vespas bald ausverkauft und 1952 baute das Lintorfer Werk bereits 11.801 Roller. 1953 kam das Modell HB hinzu. Die Karosserie war gleich geblieben, lediglich das hakelige Schaltgestänge war einem Bowdenzug gewichen. Die gesamte Produktion belief sich auf 15.295 Vespa-Roller. Inzwischen hatte sich jedoch der Geschmack der Kunden geändert. Leistungsstärkere Roller mit viel Chrom waren gefragt und Hoffmann versuchte dies dem Kunden auch zu bieten. So brachte das Unternehmen im Herbst 1953 das Sondermodell „Königin" mit 5 PS, viel Chrom und verschiedenen Sonderfarben auf den Markt. Doch mitten in der Aufbruchstimmung mit stetig steigenden Verkaufszahlen kündigte Piaggio zehn Monate nach der Präsentation der „Königin" den Lizenzvertrag mit Hoffmann. In der Anhebung der PS-Leistung sah Piaggio eine starke Rechtsverletzung des Vertrags. Bereits im November standen die Hoffmann-Werke Lintorf vor dem Konkurs.

Die Fahrrad-Fabrik J. O. Hoffmann in Lintorf um das Jahr 1950.

Auch Douglas in England, mit Sitz in Kingswood, war bis zum Jahr 1965 Lizenznehmer der britischen Vespaproduktion von Piaggio. Geschäftsführer Claude McCormack war in seinem Italienurlaub 1948 auf das kleine Zweirad aufmerksam geworden.

Die Militär-Vespa

Ein Unikum in der langen Vespa-Geschichte war sicherlich die bei A.C.M.A. produzierte Militärversion. 1953 hatte das französische Heer beschlossen, seine veralteten Cushman-Roller aus den USA zu ersetzen. Es kam zu einer öffentlichen Ausschreibung für ein vergleichbares, jedoch moderneres Fahrzeug. Außer Piaggio mit seiner Vespa 150 versuchten noch zwei weitere Bewerber die Ausschreibung für sich zu gewinnen, doch die Vespa gewann. Ab 1956 begann die Produktion der TAP 56 (Truppe Avio Portate oder auf Deutsch „Luftlandetruppen"). Die Militärversion wurde rund 500-mal gebaut und kam in Indonesien und in Algerien zum Einsatz.

Im Jahr 1956 rollte die 1.000.000ste Vespa vom Fertigungsband. In den 1950er-Jahren erfolgte der Bau des populären Rollers auch außerhalb von Italien, so zum Beispiel in Belgien, Brasilien, Frankreich, England, Spanien, Indien und natürlich Deutschland. Besonders beliebt ist die Vepa übrigens als „Dienstfahrzeug" bei italienischen Geistlichen.

Ein weiterer Lizenznehmer der ersten Stunde war der namhafte Zweiradhersteller Douglas aus Kingswood bei Bristol in Großbritannien. Auf das italienische Zweirad mit der Karosserie war Claude McCormack in seinem Italienurlaub im Jahr 1948 aufmerksam geworden. Die Vespa gefiel ihm so gut, dass er kurz danach die Lizenzverhandlungen für England mit Piaggio aufnahm. 1951 begann die Produktion der Douglas Vespas. Als die Fertigung im Jahr 1965 endete, hatte Douglas 126.230 Fahrzeuge gebaut.

Auch in Frankreich begann im Jahr 1951 die Fertigung der Vespa in Lizenz. Gebaut wurde das Zweirad in den „Ateliers de Construction de Motocycles et Accessoires (A.C.M.A.)" in der französischen Stadt Fourchambault. Fourchambault war ab 1957 auch der Produktionsstandort des Vespa-400-Kleinwagens, von dem 30.000 Stück gebaut wurden. Die Produktion in Frankreich lief im Jahr 1958 nach 294.773 gebauten Motorrollern aus.

Auch den Belgiern hatte es die „italienische Diva" angetan, und die MISA-Werke in Jette schlossen 1954 einen Vertrag über den Lizenzbau der Vespa mit Piaggio ab. 1962 endete die belgische Lizenzfertigung. Spanien gesellte sich im Jahr 1956 zu den Vespa-Lizenznehmern. Die Fertigung in Spanien lief bis in die 1970er-Jahre. Im Jahr 1956 sprang auch die Sowjetunion auf den Vespa-Boom auf und fertigte die Viatka 150 in Kirov. Das Zweirad sah zwar wie eine Vespa aus, war jedoch keine Lizenzproduktion, sondern wurde einfach nur eher schlecht kopiert.

Auch Indien hatte Anfang der 1960er-Jahre Interesse an der Vespa. Schnell war man sich mit Piaggio über einen Lizenzvertrag einig und begann 1961 mit der Fertigung des Motorrollers in dem Unternehmen Bajaj Auto in Poona in der Nähe von Bombay.

Ab 1972 baute das Unternehmen die Vespa selbstständig weiter, ab 1974 unter dem Namen „Chetak“. Da der indische Markt überdimensional groß ist, dauert die Fertigung der Vespas aus den 1970er-Jahren bis heute an.

Die Ape von Piaggio gab es in den 1950er-Jahren auch als Mototaxi in den größeren Städten Italiens.

Ape mit Dach und ein richtiger Kleinwagen

Nachdem die Ape mit großem Erfolg in ein neues Marktsegment gestartet war, wurde das Dreirad für das Produktionsjahr 1956 gründlich überarbeitet. Das Nutzfahrzeug bekam nun eine richtige Karosserie aus Blech und eine Sitzbank, auf der zwei Personen nebeneinander Platz fanden. Zusätzlich war die Ape C nun mit einem Rückwärtsgang und einem elektrischen Anlasser ausgestattet. Die Nutzlast des kleinen Arbeitstiers war auf 350 Kilogramm gestiegen. Zwei Jahre später wurde die Ape nochmals überarbeitet und erhielt die Bezeichnung Ape D. Im Jahr 1957 ließ Piaggio die Fachwelt aufhorchen, als das Unternehmen zum Pariser Autosalon den Vespa 400 präsentierte. Vor allem Fiat war nicht gerade erfreut darüber, dass so plötzlich eine Konkurrenz für den vier Monate zuvor vorgestellten Fiat 500 auf dem stark umkämpften Kleinwagenmarkt erschien.
Der vierrädrige Kleinwagen war komplett bei Piaggio entwickelt worden und sollte bei A.C.M.A. in Frankreich gebaut werden. Alle vier Räder waren einzeln aufgehängt und so hatte der Zweisitzer mit dem Rolldach eine ausgezeichnete Straßenlage. Der luftgekühlte Heckmotor mit 393 Kubikzentimetern und zwei Zylindern mit einer Leistung von 20 PS reichte für eine Höchstgeschwindigkeit von 90 km/h. Bis zum Produktionsende im Jahr 1961 wurden insgesamt 30.076 Vespa 400 gebaut.

Der Vespa 400 war vor allem in Frankreich eine ernstzunehmende Konkurrenz für Kleinwagen wie den Citroën 2CV oder Renault 4CV.

■ Vespa 125	
Bauzeit:	1950
Motorbauart:	luftgekühlter 1-Zylinder 2-Takt-Motor
Hubraum (cm³):	125
Leistung (PS bei 1/min):	4 bei über 4500
V_{max} in (km/h):	70
Rahmen, Federung, Bremsen:	selbsttragend, Schraubenfeder vorn, Stoßdämpfer, Schraubenfeder hinten, Trommelbremsen
Gewicht (kg):	77,5

Vespa 125 (V15T), 3. Serie

Die dritte Serie der ersten Vespa-125-Variante kam noch im Jahr 1950 auf den Markt. Von der ebenfalls in Grünmetallic gehaltenen Vespa wurden 17.000 Fahrzeuge in diesem einen Jahr der Produktion gebaut. Der Stückpreis betrug nun 154.000 Lire. Die Technik entsprach den Serien davor. Lediglich die Karosserie wies einige Unterschiede auf. So war sie nicht mehr mit Rippen verstärkt und die Seiten waren komplett glatt. Der Frontscheinwerfer saß zwar immer noch auf dem vorderen Kotflügel, war jedoch nicht mehr genietet, sondern geschraubt. Der zweiarmige Hauptständer hatte nun am Ende der Arme schwarze Gummifüße erhalten.

Vespa 125 (V30T und V33T), 1. Serie

Die Vespa 125, die am 30. Dezember 1950 vorgestellt wurde, stellte eine neue Variante dar. Eine der wichtigsten Neuheiten war der Wegfall des Schaltgestänges, das in der Vergangenheit immer wieder bemängelt worden war. Statt dieses starren Elements war nun ein System aus Bowdenzug und Gestänge verbaut, das die Gänge wesentlich weicher einlegen ließ. Ein weiteres Manko der ersten Vespa 125 war die schlechte Straßenlage. Hier dachte sich Piaggio einiges aus, um dies abzustellen. Auch die neuen 125er bekamen vorne und hinten Schraubenfedern mit Stoßdämpfern verpasst. Um die Vibrationen am Lenker zu minimieren, wurde ein Gummipuffer eingebaut. Von diesen beiden Varianten wurden insgesamt 147.723 Stück gebaut.

■ Vespa 125	
Bauzeit:	1950 bis 1952
Motorbauart:	luftgekühlter 1-Zylinder 2-Takt-Motor
Hubraum (cm³):	125
Leistung (PS bei 1/min):	4 bei über 4500
V_{max} in (km/h):	70
Rahmen, Federung, Bremsen:	selbsttragend, Schraubenfedern, Stoßdämpfer vorne und hinten, Trommelbremsen
Gewicht (kg):	82

Vespa 125 Sport	
Bauzeit:	1950 bis 1951
Motorbauart:	luftgekühlter 1-Zylinder 2-Takt-Motor
Hubraum (cm³):	125
Leistung (PS bei 1/min):	7 bei über 6750
V_{max} in (km/h):	95
Rahmen, Federung, Bremsen:	selbsttragend, Schraubenfeder, Stoßdämpfer vorne und hinten, Trommelbremsen
Gewicht (kg):	95

Vespa 125 Sport

Während die Vespa 125 für den „Normalbürger" gedacht war, wurde die Sportausführung für den sportlichen Fahrer konzipiert. Mit einer Leistung von sieben Pferdestärken war der Motorroller fast 100 km/h schnell. Das Modell hatte eine schlankere Form als die Standardausführung und der Frontknieschutz war günstiger geformt. Höhergelegte Fußablagen ermöglichten eine stärkere Seitenlage in den Kurven. Um dem Fahrer auch beim Motorsport sowie bei Kurzstreckenrennen oder Gleichmäßigkeitsfahrten genügend Halt für die Knie zu bieten, war das Reserverad direkt vor dem Fahrer hinter der Spritzwand montiert. Der Preis war mit 460.000 Lire recht hoch, sodass nicht viele Fahrzeuge gebaut wurden.

Douglas Vespa Rod

Bereits im Jahr 1907 hatte die Firma Douglas in Großbritannien mit der Produktion von Motorrädern begonnen. Aber nach dem Zweiten Weltkrieg stand das Unternehmen fast vor dem Bankrott. Doch wie das Schicksal oft spielt, sah Claude McCormack, Geschäftsführer von Douglas, während seines Italienurlaubs den Motorroller von Piaggio und vereinbarte schnell eine Lizenz zum Bau des Zweirads in England. Zwar konnte Douglas eine erste Douglas Vespa auf der Motorradmesse in Earls Court 1949 präsentieren, doch die Produktion begann erst im Jahr 1950. Dieses erste Vespa-Modell mit der Bezeichnung „Rod" wurde komplett in Großbritannien gefertigt.

Douglas Vespa Rod, Modell L	
Bauzeit:	1950 bis 1955
Motorbauart:	luftgekühlter 1-Zylinder 2-Takt-Motor
Hubraum (cm³):	145
Leistung (PS bei 1/min):	6,2 bei 5000
V_{max} in (km/h):	85
Rahmen, Federung, Bremsen:	selbsttragend, Schraubenfedern, Stoßdämpfer vorne und hinten, Trommelbremsen
Gewicht (kg):	95

Douglas Vespa GL2	
Bauzeit:	1954 bis 1955
Motorbauart:	luftgekühlter 1-Zylinder 2-Takt-Motor
Hubraum (cm³):	125
Leistung (PS bei 1/min):	5 bei 5000
V_{max} in (km/h):	80
Rahmen, Federung, Bremsen:	selbsttragend, Schraubenfedern, Stoßdämpfer vorne und hinten, Trommelbremsen
Gewicht (kg):	81,6

Douglas Vespa GL2

Die Douglas Vespa GL2 war eine Mischung aus dem alten Vespa-Chassis mit Techniken der neuen Variante. Optional konnte auch eine Doppelsitzbank geordert werden. Der größte Unterschied zu den italienischen Vespas war jedoch im Inneren des Motors verborgen. So waren Hub und Bohrung mit 54 Millimetern quadratisch. Die Kurbelwelle drehte sich in größeren Hauptlagern als beim italienischen Gegenstück und auch die Kupplung war verstärkt worden. Zwischen dem Zylinder und dem Kurbelgehäuse sorgten nun zwei Überstromkanäle für die Beförderung des Luft-Kraftstoff-Gemischs in den Brennraum. Auch bei der GL2 hatte man das unpräzise zu betätigende Schaltgestänge durch eine Kombination aus Bowdenzug und Gestänge ersetzt. Durch diese Änderungen, die vor allem den Motor betrafen, war die Douglas Vespa GL2 einzigartig auf der Welt und wird auch heute noch entsprechend hoch gehandelt.

A.C.M.A. Vespa 125

Auch die Franzosen fanden sehr schnell Freude am quirligen Zweirad aus Italien und bauten wie Douglas in England ebenfalls ab 1950 Vespas in Lizenz in den „Ateliers de Construction de Motocycles et Accessoires" im französischen Fourchambault. Die Auslieferung der Vespa 125 fand ab 1951 statt. Zunächst wurde eine Vorserie mit 2200 Fahrzeugen mit der Bezeichnung V15 gefertigt. Dieser Vorserie folgte im gleichen Jahr noch eine weitere Serie mit 8000 Exemplaren. Die A.C.M.A. Vespa wurde bis 1953, ebenfalls wie in Italien, nur in Grünmetallic ausgeliefert. 1954 kamen noch weitere grüne Farbvarianten dazu. Auch bei dieser Vespa wurde 1954 das Hub/Bohrungs-Verhältnis auf 54 Millimeter modifiziert.

A.C.M.A. Vespa 125	
Bauzeit:	1950 bis 1954
Motorbauart:	luftgekühlter 1-Zylinder 2-Takt-Motor
Hubraum (cm³):	125
Leistung (PS bei 1/min):	4,5 bei über 4500
V_{max} in (km/h):	70
Rahmen, Federung, Bremsen:	selbsttragend, Schraubenfedern, Stoßdämpfer vorne und hinten, Trommelbremsen
Gewicht (kg):	87

Vespa Montlhéry	
Bauzeit:	1950
Motorbauart:	wassergekühlter 2-Zylinder-2-Takt-Boxermotor
Hubraum (cm³):	125,3
Leistung (PS bei 1/min):	17,2
V_{max} in (km/h):	13,4
Rahmen, Federung, Bremsen:	selbsttragend, Schraubenfeder, Dämpfer vorn, Gummipuffer, Stoßdämpfer hinten, Trommelbremsen
Gewicht (kg):	80

Vespa Montlhéry

Um dem Image von Vespa noch mehr Sportlichkeit zu verleihen, widmete sich Piaggio ab 1950 einigen Rekordversuchen. Auf der französischen Rennstrecke Montlhéry stellten am 7. April 1950 drei Vespa-Fahrer in zehn aufeinander folgenden Stunden 17 Weltrekorde auf. Über eine Stunde erreichte die Stromlinien-Vespa eine Durchschnittsgeschwindigkeit von 134,0 km/h, über 100 Meilen eine Durchschnittsgeschwindigkeit von 129,7 km/h, über 500 Meilen 123,9 km/h und über 1000 Kilometer 124,3 km/h. In den zehn Stunden legte die Vespa 1049 Kilometer zurück.

Vespa Siluro

Für die Rekorde, die Piaggio im Jahr 1951 erreichen wollte, wurden zwei torpedoähnliche Prototypen gebaut. Als Motor wurde ein Zweizylinder-Zweitakt-Gegenkolbenmotor eingesetzt. Die durch dieses Bauprinzip nötigen zwei Kurbelwellen waren über Ketten miteinander verbunden. Das Motörchen hatte 124,69 Kubikzentimeter. Die Leistung des flüssigkeitsgekühlten Motors lag bei ca. 21 PS bei 9500 Umdrehungen in der Minute, was eine Literleistung von 170 PS ausmachte. Für die Kraftstoffmischung, die aus Alkohol und Öl bestand, sorgten zwei Dell'Orto-SSI-23-Vergaser. Die Motorkraft wurde über zwei Getriebe an das Hinterrad übertragen. Das Rekordfahrzeug erreichte auf Pirellireifen mit der Größe 3.00-10 Zoll eine Spitzengeschwindigkeit von 174 km/h.

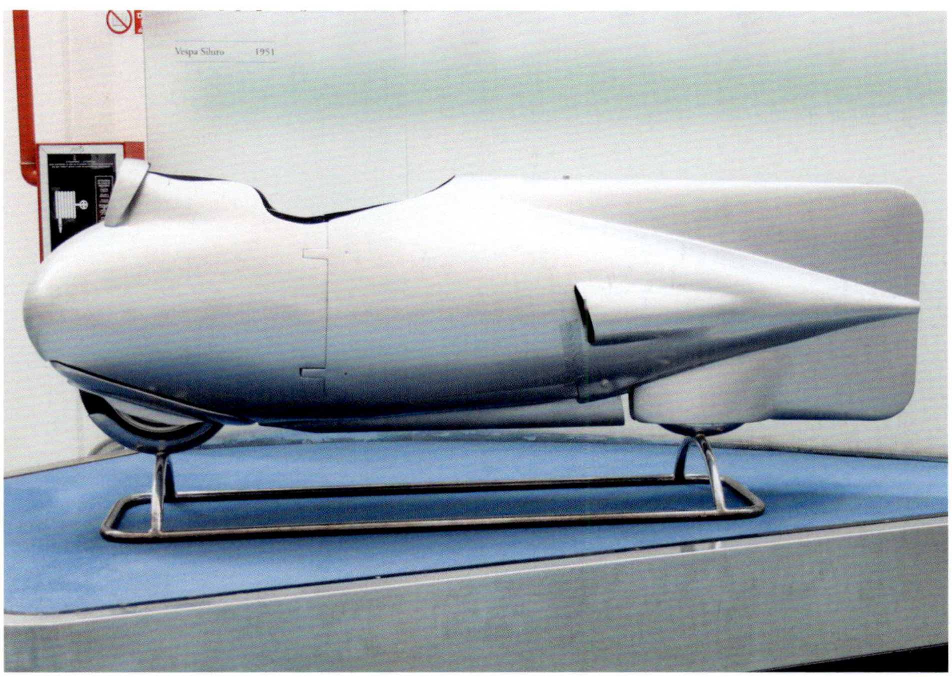

Vespa Siluro	
Bauzeit:	1951
Motorbauart:	wassergekühlter 2-Zylinder-2-Takt-Gegenkolbenmotor
Hubraum (cm³):	125
Leistung (PS bei 1/min):	21 bei 9500
V_{max} in (km/h):	174
Rahmen, Federung, Bremsen:	Stahlrohr, Schraubenfedern, Gummidämpfer vorne und hinten, Trommelbremsen
Länge (mm):	2380

■ Vespa 125 Sei Giorni

Bauzeit:	1951 bis 1953
Motorbauart:	luftgekühlter 1-Zylinder-2-Takt-Motor
Hubraum (cm³):	125
Leistung (PS bei 1/min):	7 bei über 6750
V_{max} in (km/h):	95
Rahmen, Federung, Bremsen:	selbsttragend, Schraubenfedern, Stoßdämpfer vorne und hinten, Trommelbremsen
Gewicht (kg):	95

Vespa 125 Sei Giorni

Sehr begehrt ist bei Vespa-Sammlern das Sportmodell Vespa 125 Sei Giorni, das lediglich in einer Stückzahl von 300 Exemplaren gebaut wurde. Die Vespa war ausnahmslos für die Teilnahme an den Internationalen Sechstagefahrten entwickelt worden. So lag auch der Preis bei 500.000 Lire. Für das Wettbewerbsfahrzeug waren die gleichen Ingenieure verantwortlich wie zuvor für die Weltrekordfahrzeuge – Carbonero und Casini. Für die Leistung von sieben Pferdestärken bei 6750 Umdrehungen in der Minute war eigens der Dell'Orto-Vergaser Typ SS 23P entwickelt worden.

Vespa 125 (VM1T/VM2T), 2. Serie

Die Vespa 125 von 1953 war der erste Motorroller, der auf der rechten Seite eine komplett geschlossene Seitenabdeckung hatte. Auch die Form der Karosserie hatte eine große Anzahl von Neuerungen erfahren, die das Zweirad wesentlich schöner im Design aussehen ließen. Trotz einer merklichen Leistungssteigerung verbrauchte der Motorroller kaum mehr als sein schwächerer Vorgänger. Diese Vespa 125 wurde auf dem Mailänder Salon 1952 erstmals vorgestellt und kam ein Jahr später zur Auslieferung. Von der Version VM1T wurden 84.870 und von der VM2T 91.144 Fahrzeuge bis 1954 gebaut. Der Unterschied der VM2T zur VM1T war eine neue Elektrik mit einer Bremsleuchte. Auch befand sich der Lichtschalter nun weiter oben.

■ Vespa 125

Bauzeit:	1953 bis 1954
Motorbauart:	luftgekühlter 1-Zylinder-2-Takt-Motor
Hubraum (cm³):	125
Leistung (PS bei 1/min):	4,5 bei über 4500
V_{max} in (km/h):	70
Rahmen, Federung, Bremsen:	selbsttragend, Schraubenfedern, Stoßdämpfer vorne und hinten, Trommelbremsen
Gewicht (kg):	82

Vespa 125 U

Bauzeit:	1953
Motorbauart:	luftgekühlter 1-Zylinder 2-Takt-Motor
Hubraum (cm³):	125
Leistung (PS bei 1/min):	4,5 bei über 4500
V_{max} in (km/h):	70
Rahmen, Federung, Bremsen:	selbsttragend, Schraubenfedern, Stoßdämpfer hinten, Trommelbremsen
Gewicht (kg):	82

Vespa 125 U (VU1T)

„U" stand bei dieser Vespa 125 für „Utilitaria", was so viel bedeutet wie „Sparversion". Doch obwohl gut gedacht, erreichte die Billig-Vespa nur geringe Verkaufszahlen. In dem einen Jahr der Herstellung wurden lediglich 6000 Vespas 125 U verkauft. Der Kunde war inzwischen wählerisch geworden und stand mehr auf Chrom und anderen Zierrat. Lediglich eine Änderung beeinflusste auch das Aussehen zukünftiger Vespas: Der Frontscheinwerfer war nun vom vorderen Kotflügel in die Mitte des Lenkers gewandert. Ansonsten besaß dieses Zweirad keine hydraulischen Stoßdämpfer am Vorderrad und viele Teile waren vom Material her dünner oder wesentlich kleiner dimensioniert.

Hoffmann Vespa HA/HB

Im Jahr 1949 war der Fahrradhersteller Hoffmann in Lintorf bei Düsseldorf ins Motorradgeschäft eingestiegen. Die Modellpalette beinhaltete Motorgrößen von 98 bis 250 Kubikzentimetern mit ILO-Motoren. Ab 1950 erwarb das Unternehmen die Lizenz zum Bau von Vespas in Deutschland. Das erste Modell war die Hoffmann Vespa HA. Sie hatte eine Leistung von 4,5 PS bei 4500 Umdrehungen in der Minute. 1953 folgte das Modell HB, das bis auf ein paar Änderungen dem Vorgängermodell entsprach. 1954 kostete das Modell HB als 4,5-PS-Gebrauchsroller 1395 Mark. Das Vorder- wie auch das Hinterrad waren mit einer weichen Schrauben-Federung und hydraulischen doppeltwirkenden Stoßdämpfern ausgerüstet.

Hoffmann Vespa HA/HB

Bauzeit:	1953 bis 1954
Motorbauart:	luftgekühlter 1-Zylinder 2-Takt-Motor
Hubraum (cm³):	125
Leistung (PS bei 1/min):	4,5 bei über 4500
V_{max} in (km/h):	70
Rahmen, Federung, Bremsen:	selbsttragend, Schraubenfedern, Stoßdämpfer vorne und hinten, Trommelbremsen
Gewicht (kg):	94

Hoffmann Vespa HC Königin	
Bauzeit:	1954
Motorbauart:	luftgekühlter 1-Zylinder-2-Takt-Motor
Hubraum (cm³):	125
Leistung (PS bei 1/min):	5 bei über 5000
V_{max} in (km/h):	75
Rahmen, Federung, Bremsen:	selbsttragend, Schraubenfedern, Stoßdämpfer vorne und hinten, Trommelbremsen
Gewicht (kg):	107

Hoffmann Vespa HC Königin

Hoffmann entwickelte die Vespa ohne Absprache mit Piaggio weiter und stellte im Herbst 1953 das in Altgold gehaltene Modell HC „Königin" vor. Die Vespa kam mit viel Chrom, zwei Frontscheinwerfern und anderen Extras daher und wurde von der Fachpresse als „Besser als das Original!" eingeschätzt. Die „Königin" hatte ein Dreigang-Getriebe und einen Bing-Vergaser Typ 1/20/21. Doch als die Produktion des neuen Motorrollers gerade angelaufen war, kam die Hiobsbotschaft. Piaggio kündigte vorzeitig die Lizenzvereinbarung mit den Hoffmann-Werken. Letztendlich führte dieser Streit im November 1954 zu einem Vergleich mit anschließendem Konkurs der Hoffmann-Werke.

Vespa 150 (VL1T, VL2T, VL3T), 1. Serie

Als Antwort auf die stärkere Hoffmann Vespa Königin mit 5 PS stellte der Mutterkonzern in Italien die Vespa 150 vor. Das neue Modell hatte nun eine Leistung von 5,5 PS und eine Spitzengeschwindigkeit von 80 km/h, was es dem Besitzer ermöglichte, auch italienische Autobahnen zu nutzen. Bereits die erste Serie hatte den Hauptscheinwerfer am Lenker angebaut. Wegen dieser Konstruktion erhielt die VL auch den Beinamen „Struzzo", was auf Italienisch so viel wie Vogel Strauß bedeutet. Die VL1T besaß noch keine Batterie und hatte eine Magnetzündung. Erst bei der VL2T war eine Sechs-Volt-Batterie unter der linken Seitenverkleidung verstaut. Die VL3T hatte eine geänderte Sattelkonstruktion und ab 1957 einen verkleideten Lenker.

Vespa 150	
Bauzeit:	1954 bis 1956
Motorbauart:	luftgekühlter 1-Zylinder-2-Takt-Motor
Hubraum (cm³):	146
Leistung (PS bei 1/min):	5,5 bei 5000
V_{max} in (km/h):	80
Rahmen, Federung, Bremsen:	selbsttragend, Schraubenfedern, Stoßdämpfer vorne und hinten, Trommelbremsen
Gewicht (kg):	82

■ A.C.M.A. Vespa 125	
Bauzeit:	1954 bis 1956
Motorbauart:	luftgekühlter 1-Zylinder 2-Takt-Motor
Hubraum (cm³):	125
Leistung (PS bei 1/min):	5 bei 4850
V_{max} in (km/h):	75
Rahmen, Federung, Bremsen:	selbsttragend, Schraubenfedern, Stoßdämpfer vorne und hinten, Trommelbremsen
Gewicht (kg):	87

A.C.M.A. Vespa 125 (V 54)

Bei der V 54 gab es die Karosserie nun nicht nur in Grünmetallic, sondern auch in anderen Lackierungen. Doch besonders stark fielen die technischen Veränderungen am Motor aus. Das Bohrung/Hub-Verhältnis wurde von bisher 56,5 x 49,8 Millimeter auf quadratische 54 x 54 Millimeter modifiziert und der bisherige Kolben mit hoher Nase für die Querspülung wurde durch einen Kolben mit flacher Nase und zwei hohen, gegenüberliegenden Fenstern im Kolbenhemd für die Umkehrspülung ersetzt. Die Zündkerze war nun nicht mehr zentral, sondern seitlich im Zylinderkopf angeordnet, was eine Mehrleistung von rund zehn Prozent bei gleichem Kraftstoffverbrauch ergab. Der Treibstofftank fasste nun sieben Liter.

Vespa 125 (VN1T/VN2T), 3. Serie

Die dritte Serie der Vespa 125 aus dem Jahr 1955 war nun etwas weniger luxuriös ausgestattet. Mit dieser Maßnahme wollte man mehr Abstand zur neu erschienenen Vespa 150 schaffen. Auch wenn einige Teile der 125 U entnommen wurden, war das Frontlicht noch auf dem vorderen Kotflügel angebaut. Den Sitz entsprach ebenso dem der U-Version. Den hinteren Stoßdämpfer umschloss eine bikonische Schraubenfeder. Die Vespa 125 war nur in einem Grauton zu bekommen. Der Preis für den Motorroller betrug 145.000 Lire. Von der Version VN1T wurden 49.100 Exemplare gebaut. Die Version VN2T brachte es auf eine Stückzahl von 75.500 Exemplaren. Das machte in zwei Jahren eine Gesamtstückzahl von 124.600 Exemplaren.

■ Vespa 125	
Bauzeit:	1955 bis 1957
Motorbauart:	luftgekühlter 1-Zylinder 2-Takt-Motor
Hubraum (cm³):	125
Leistung (PS bei 1/min):	4,5 bei über 4500
V_{max} in (km/h):	70
Rahmen, Federung, Bremsen:	selbsttragend, Schraubenfedern, Stoßdämpfer vorne und hinten, Trommelbremsen
Gewicht (kg):	82

Vespa 150 GS	
Bauzeit:	1955
Motorbauart:	luftgekühlter 1-Zylinder-2-Takt-Motor
Hubraum (cm^3):	146
Leistung (PS bei 1/min):	8 bei 7500
V_{max} in (km/h):	100
Rahmen, Federung, Bremsen:	selbsttragend, Schraubenfedern, Stoßdämpfer vorne und hinten, Trommelbremsen
Gewicht (kg):	104

Vespa 150 GS (VS1T), 1. Serie

Die Premiere feierte die Vespa 150 GS bereits im Jahr 1954 auf dem Mailänder Salon. Zu kaufen gab es den starken Motorroller ab 1955. Die angenehme Linie mit den großen Seitenbacken und die technischen Änderungen gegenüber der Standard-150er machten das Modell zu einem begehrten Zweirad. Zwar nur ein Jahr gebaut, entstanden dennoch 12.300 Zweiräder, die alle in einem Aluminium-Look lackiert waren. Die Fahrleistungen waren so überdurchschnittlich, das eine Höchstgeschwindigkeit von 100 km/h fast spielend erreicht werden konnte. Wegen der hohen Fahrleistungen war auch der Spritverbrauch gestiegen. Daher bekam die GS einen Zwölf-Liter-Tank.

M.I.S.A. Vespa 150 GL-A

Insgesamt gab es in Belgien, Luxemburg und den Niederlanden rund 150 Händler, die von der Firma Bevelux mit Vesparollern beliefert wurden. Als das MISA-Werk in Jette den Vertrieb von Vespa in Belgien übernahm, wuchs das Händlernetz für die Benelux-Staaten auf über 400 Händler. Es wurde ein breites Spektrum von der Vespa 125, der 150 und 150 GS bis zur Ape C angeboten. Die Vespa 150 GS kostete damals 19.900 belgische Franc. Viele der angebotenen Vespa-Modelle konnten in Raten bis zu 36 Monate lang abbezahlt werden. Diese Verkaufsstrategie ging schnell auf und so verließen im Jahr 1958 täglich 55 Vespas und Apes das MISA-Werk in Jette. Zur gleichen Zeit wurden in ganz Europa täglich an die 1000 Motorroller gefertigt.

M.I.S.A. Vespa 150	
Bauzeit:	1955 bis 1962
Motorbauart:	luftgekühlter 1-Zylinder-2-Takt-Motor
Hubraum (cm^3):	146
Leistung (PS bei 1/min):	5,4 bei über 5000
V_{max} in (km/h):	80
Rahmen, Federung, Bremsen:	selbsttragend, Schraubenfedern, Stoßdämpfer vorne und hinten, Trommelbremsen
Gewicht (kg):	92

Vyatka VP 150	
Bauzeit:	1955 bis 1969
Motorbauart:	luftgekühlter 1-Zylinder 2-Takt-Motor
Hubraum (cm³):	148
Leistung (PS bei 1/min):	4,5 bei 4500
V_{max} in (km/h):	70
Rahmen, Federung, Bremsen:	selbsttragend, Schraubenfedern, Stoßdämpfer hinten, Trommelbremsen
Gewicht (kg):	120

Vyatka VP 150

Das sowjetische Ministerium für Verteidigung gründete 1940 in Wjatskije Poljany einen Betrieb, um die Maschinenpistole PPSh-41 herzustellen. Nach dem Zweiten Weltkrieg verlagerte sich die Herstellung auf Produkte wie Schlittschuhe, Scheren und Tierfallen. Zwischen den Jahren 1945 und 1955 wurden über 450.000 Grammophone gebaut. Ab 1955 kam auch ein Motorroller in die umfangreiche Produktion des Werks „Vyatskie Polyany Mekhanichesky Zavod (VPMZ)". Der Roller, der der italienischen Vespa sehr stark ähnelte, war keine Lizenzproduktion, sondern lediglich eine Kopie der Vespa 150.

Vespa 150 GS (VS2T, VS3T, VS4T), 2. Serie

Während des Mailänder Salons 1956 stellte Vespa die zweite Serie der 150 GS vor. Die Farbe des Motorrollers war weiterhin ein Aluminiumgrau. Die ganze elektrische Kabelei, die Züge für den Vergaser und die Bremsen waren nun ins Innere der Vespa verlegt worden. Der Einzelsitz war zwar bereits bei der 150 GS der ersten Serie einer Sitzbank gewichen, diese war in der zweiten Serie jedoch nochmals in der Form geändert worden und rundlicher. Innerhalb der zweiten Serie wird heute zwischen den Varianten VS2T, VS3T und VS4T unterschieden, die jedoch nur geringe Unterschiede aufweisen. So hatte die VS3T eine flachere Batterie als die VS2T und die VS4T hatte wegen der neuen italienischen Straßenverkehrsordnung ein integriertes Bremslicht.

Vespa 150 GS	
Bauzeit:	1956 bis 1958
Motorbauart:	luftgekühlter 1-Zylinder 2-Takt-Motor
Hubraum (cm³):	146
Leistung (PS bei 1/min):	8 bei 7500
V_{max} in (km/h):	100
Rahmen, Federung, Bremsen:	selbsttragend, Schraubenfedern, Stoßdämpfer vorne und hinten, Trommelbremsen
Gewicht (kg):	104

A.C.M.A. Vespa 150 GL	
Bauzeit:	1956 bis 1958
Motorbauart:	luftgekühlter 1-Zylinder-2-Takt-Motor
Hubraum (cm³):	146
Leistung (PS bei 1/min):	6,2 bei über 5500
V_{max} in (km/h):	85
Rahmen, Federung, Bremsen:	selbsttragend, Schraubenfedern, Stoßdämpfer vorne und hinten, Trommelbremsen
Gewicht (kg):	95

A.C.M.A. Vespa 150 GL

Im Frühjahr 1956 entschied sich A.C.M.A., ein weiteres Modell in das Fertigungsprogramm aufzunehmen, und stellte die Lizenz-Vespa 150 GL (Grand Luxe) vor. Obwohl bei diesem Zweirad ein Führerschein notwendig war, wurden in zwei Jahren 14.049 Fahrzeuge produziert. Anders als die italienischen 150-Kubikzentimeter-Motoren, die in Hub und Bohrung mit jeweils 57 Millimetern quadratisch sind, hatte der französische GL-Motor, der vom 125-Kubikzentimeter-Motor abgeleitet war, einen Hub von 54 und eine Bohrung von 58,5 Millimetern. Der Preis für die 150 GL lag im Oktober 1956 bei 158.000 Francs.

Piaggio Ape C (AC1T – AC4T)

Bei der Piaggio Ape Typ C gab es im Gegensatz zum Vorgänger Ape B ab 1956 eine geschlossene oder teilgeschlossene Kabine und anfänglich acht verschiedene Aufbauvarianten. Diese Aufbauversionen erhöhten sich bis 1967 auf 20 unterschiedliche Karosserievarianten. Lediglich für den deutschen Markt hatte die Export-Ape-C zwei Scheinwerfer statt des einen Scheinwerfers auf dem vorderen Kotflügel. Der Motor kam von der Vespa 150 und hatte lediglich eine kleine Leistungssteigerung erfahren. Damit konnte Fracht mit einer Geschwindigkeit von 45 km/h zum Kunden transportiert werden. Die Version „Pentaro" aus dem Jahr 1960 war eine überarbeitete Variante der Ape C, besaß jedoch eine höhere Tragfähigkeit.

Piaggio Ape C	
Bauzeit:	1956 bis 1967
Motorbauart:	luftgekühlter 1-Zylinder-2-Takt-Motor
Hubraum (cm³):	145,5
Leistung (PS bei 1/min):	5,8 bei 5100
V_{max} in (km/h):	45
Rahmen, Federung, Bremsen:	Profilstahlrahmen, Schwinge, Spiralfeder vorne, Torsionsstäbe, Stoßdämpfer hinten, Trommeln
Länge (mm):	2670

■ Vespa 150	
Bauzeit:	1957 bis 1958
Motorbauart:	luftgekühlter 1-Zylinder 2-Takt-Motor
Hubraum (cm³):	146
Leistung (PS bei 1/min):	5,5 bei 5000
V_{max} in (km/h):	80
Rahmen, Federung, Bremsen:	selbsttragend, Schraubenfedern, Stoßdämpfer vorne und hinten, Trommelbremsen
Gewicht (kg):	92

Vespa 150 (VB1T), 2. Serie

Wesentlich flotter und eleganter kam im Jahr 1957 die zweite Serie der Vespa 150 auf den Motorroller-Markt. Alle Kabel und Züge waren nun im Inneren des Rollers und der Lenkerverkleidung aus Druckguss verschwunden. Die Präsentation der zweiten Auflage der 150er war bereits ein Jahr zuvor auf dem Mailänder Salon gewesen. Beim Roller konnte man nun zwischen einer grauen und einer Hellblaumetallic-Lackierung wählen. Die Sitzbank war in einem dunklen Blau gehalten. In zwei Jahren konnten 98.700 Stück für einen Preis von 165.000 Lire verkauft werden.

Piaggio Ape D/E (AD1T/AE01T – AE02T/AE1T – AE3T)

Zwei Jahre nach der Präsentation der Ape C kam die D-Version in den Handel. Seit 1950 waren von allen Ape-Modellen weit über 200.000 Stück verkauft worden. Als die Sommer-Olympiade 1960 in Rom stattfand, war die Ape von Piaggio das offizielle Fahrzeug, das als Transportmittel im Olympischen Dorf eingesetzt wurde. Das D-Modell war größer als alle seine Vorgänger. Die Kabine der Ape D war dieselbe, die auch auf die Ape C-Version montiert wurde. Der Front-Scheinwerfer war nun nicht mehr auf dem Kotflügel, sondern in der Mitte der Kabinenfront angebracht. Der Zweitakt-Motor befand sich wie beim Vorgänger unter dem Sitz.

■ Piaggio Ape D	
Bauzeit:	1958 bis 1981
Motorbauart:	luftgekühlter 1-Zylinder-2-Takt-Motor
Hubraum (cm³):	173,5
Leistung (PS bei 1/min):	8 bei 5000
V_{max} in (km/h):	60
Rahmen, Federung, Bremsen:	Profilstahlrahmen, Schwinge, Spiralfeder vorne, Torsionsstäbe, Stoßdämpfer hinten, Trommeln
Traglast (kg):	450

Vespa 400	
Bauzeit:	1957 bis 1961
Motorbauart:	luftgekühlter 1-Zylinder-2-Takt-Motor
Hubraum (cm³):	394
Leistung (PS bei 1/min):	13 bei 4100
V_{max} in (km/h):	90
Rahmen, Federung, Bremsen:	selbsttragend, Einzelradaufhängung vorne und hinten, Trommelbremsen
Gewicht (kg):	380

Vespa 400 Tourisme

Um sich auch ein Stück Kuchen vom Kleinwagenboom in den 1950er-Jahren zu sichern, entwickelte Piaggio aufgrund der guten Auftragslage der Vespa den Vespa-Typ 400. An der zweisitzigen Standard-Cabrioletlimousine „Tourisme" war kaum etwas auszusetzen. Die vierrädrige Vespa war ein außerordentlich hübsches Automobil mit einer simplen, jedoch robusten Technik. Dies bewies das kleine Wägelchen bei Fernfahrten wie der Strecke von über 7000 Kilometern von Paris nach Moskau, die die beiden französischen Fahrer Raymond Miomandre und René Pari in 140 Stunden bewältigten.

Vespa 400 Luxe

Die Vespa 400 konnte auch in einer Luxusvariante als „Luxe" gekauft werden. Dafür gab es mehr Chromverzierungen und die Scheibenwischer waren bereits serienmäßig angebracht. Durch eine wirtschaftliche Vereinbarung mit dem italienischen Fiat-Konzern musste der Kleinwagen jedoch in Frankreich produziert werden. Dort war die Konkurrenz mit dem Citroën 2CV und dem Renault 4CV besonders groß. Nur ca. 30.000 Fahrzeuge wurden gebaut, davon kamen lediglich 100 Exemplare auf italienische Straßen. 1959 nahmen drei Vespa 400 sogar an der internationalen Rallye Monte Carlo teil. Dabei starteten die Teams noch von verschiedenen Städten aus. Die Vespas fuhren von Stockholm los und erreichten nach 3390 Kilometern Monte Carlo.

Vespa 400	
Bauzeit:	1957 bis 1961
Motorbauart:	luftgekühlter 1-Zylinder-2-Takt-Motor
Hubraum (cm³):	394
Leistung (PS bei 1/min):	13 bei über 4100
V_{max} in (km/h):	90
Rahmen, Federung, Bremsen:	selbsttragend, Einzelradaufhängung vorne und hinten, Trommelbremsen
Gewicht (kg):	380

Vespa 150 GS	
Bauzeit:	1958 bis 1961
Motorbauart:	luftgekühlter 1-Zylinder 2-Takt-Motor
Hubraum (cm³):	146
Leistung (PS bei 1/min):	8 bei 7500
V_{max} in (km/h):	100
Rahmen, Federung, Bremsen:	selbsttragend, Schraubenfedern, Stoßdämpfer vorne und hinten, Trommelbremsen
Gewicht (kg):	104

Vespa 150 GS (VS5T), 3. Serie

Im Jahr 1958 stellte Piaggio die 3. Generation der Vespa 150 GS während des Mailänder Salons vor. Sie hatte jetzt zehn Zoll-Räder und statt der Sternfelgen nun offene Felgen sowie Bremstrommeln mit Kühlrippen. Der Durchmesser der Trommelbremsen lag bei 150 Millimeter. Für dieses Modell gab es jetzt allerlei Chromteile als Zubehör zu kaufen, wie Sturzbügel vorne und hinten, Zierradkappen oder größere Gepäckträger. Noch während der Produktionszeit wurde der Zylinderkopf geändert, um die Gemischverwirbelung zu verbessern.

Vespa 150 GS (VS5T) mit Beiwagen

Um auch die ganze Familie transportieren zu können, gab es bereits seit Anfang der 1950er-Jahre die Möglichkeit, die Vespa-Roller mit Beiwagen auszustatten. Dafür stand eine ganze Reihe von Anbietern bereit, die die Vespa zu einer Gespannmaschine umrüsten konnten. Die Vespa mit Seitenwagen war zwar bereits seit dem Jahr 1948 geplant, wurde aber erst sechs Jahre später vorgestellt. Hintergedanke des Vespa-Gespanns war es, komfortable Reisen über weite Strecken mit drei gefederten Rädern zu ermöglichen. Der Beiwagen wurde damals noch per Hand meist aus Stahlblech gefertigt und war über ein Stahlrohr mit dem Roller verbunden. Das Gespann bot für die damalige Zeit sehr viel Zulademöglichkeiten.

Vespa 150 GS mit Beiwagen	
Bauzeit:	1958 bis 1961
Motorbauart:	luftgekühlter 1-Zylinder 2-Takt-Motor
Hubraum (cm³):	146
Leistung (PS bei 1/min):	8 bei 7500
V_{max} in (km/h):	90
Rahmen, Federung, Bremsen:	selbsttragend, Schraubenfedern, Stoßdämpfer vorne und hinten, Trommelbremsen
Gewicht (kg):	ca. 160

Vespa 125	
Bauzeit:	1957 bis 1959
Motorbauart:	luftgekühlter 1-Zylinder-2-Takt-Motor
Hubraum (cm³):	124
Leistung (PS bei 1/min):	4,5 bei über 5000
V_{max} in (km/h):	75
Rahmen, Federung, Bremsen:	selbsttragend, Schraubenfedern, Stoßdämpfer vorne und hinten, Trommelbremsen
Gewicht (kg):	80

Vespa 125 (VNA1T, VNA2T)

Die Karosserie der Vespa 125 wurde zum ersten Mal aus zwei Teilen, die aus Stahlblech bestanden, in der Mitte zusammengeschweißt. Der mittlere Teil der Karosserie wurde zusätzlich verstärkt. Auch bei der 125er-Vespa wanderte, wie bei der 150er bereits üblich, der Hauptscheinwerfer nach oben an den Lenker. Die Verkleidung des Lenkers bestand aus zwei Halbschalen, in die der Scheinwerfer integriert war. Die rechte, bauchige Seitenverkleidung besaß große Lüftungsschlitze. Von dieser Vespa wurden bis 1960 insgesamt 115.451 Fahrzeuge für je 122.000 Lire verkauft.

Vespa 125 (VNB1T, VNB2T), 1. Serie

Ab 1959 bekam die erste Serie der 125er-Vespa ein Bremslicht sowie einen neuen Motor mit Drehschiebervergaser. Im Unterschied zur VNA, die ein Gemisch von 1:20 benötigte, konnte sich die VNB mit einem 1:50-Gemisch begnügen. Dies war vor allem darauf zurückzuführen, dass der Rollermotor das Kraftstoffgemisch nun direkt durch einen neuen Einlasskanal zu den Pleuellagern führte und damit eine bessere Schmierung gewährleistete. Diese neue Technik brachte viele Vorteile während der Fahrt. Das Zweirad hatte jetzt eine gleichmäßigere Leistungsentfaltung bei geringerem Verbrauch. Die Stückzahl der ersten Serie belief sich auf 122.547 Exemplare. Die Motorroller wurden zum Preis von 122.000 Lire angeboten.

Vespa 125	
Bauzeit:	1959 bis 1961
Motorbauart:	luftgekühlter 1-Zylinder-2-Takt-Motor
Hubraum (cm³):	124
Leistung (PS bei 1/min):	4,5 bei 5000
V_{max} in (km/h):	75
Rahmen, Federung, Bremsen:	selbsttragend, Schraubenfedern, Stoßdämpfer vorne und hinten, Trommelbremsen
Gewicht (kg):	80

Vespa 150	
Bauzeit:	1958 bis 1960
Motorbauart:	luftgekühlter 1-Zylinder 2-Takt-Motor
Hubraum (cm^3):	145,5
Leistung (PS bei 1/min):	5,5 bei 5000
V_{max} in (km/h):	80
Rahmen, Federung, Bremsen:	selbsttragend, Schraubenfedern, Stoßdämpfer vorne und hinten, Trommelbremsen
Gewicht (kg):	83

Vespa 150 (VBA1T)

Die Vespa 150, die im Jahr 1958 während des Mailänder Salons vorgestellt wurde, ermöglichte durch den neuen Drehschiebervergaser des Typs Dell'Orto SI 20/17 mit einem Durchlass von 20 Millimetern nun auch ein Gemisch von 1:50. Ab 1960 war die Vespa 150 auch mit einem Viergang-Getriebe erhältlich. Der Tankinhalt vergrößerte sich jetzt auf 7,7 Liter. Gleichzeitig sank der Verbrauch von lediglich zwei Litern auf 100 Kilometern auf das Niveau der 125er-Vespa. Die Trommelbremsen blieben mit 125 Millimetern Durchmesser vorne und 127 Millimetern hinten so groß wie bei den Vorgänger-Rollern.

DIE 1960ER-JAHRE

NEUE MODELLE RETTEN DEN ROLLER

In den 1960er-Jahren war der Run auf die motorisierten Zweiräder erst einmal vorbei. Jetzt wollte man, egal ob Mann oder Frau, für die Fahrt zur Arbeit oder zum Wochenendausflug mit der Familie ein Automobil haben. Meistens war es zwar nur ein Kleinwagen, doch obwohl der Vesparoller laut Werbung einigermaßen vor der Witterung und vor schlechten Straßenzuständen schützte, ging auch bei Piaggio der Fahrzeugverkauf stark zurück. Mitte der 1960er-Jahre machte Piaggio das erste Mal seit Bestehen des Unternehmens beim Betriebsergebnis einen Verlust von 300 Millionen Lire. Im Jahr 1966 war der Verlust nochmals um mehr als das Dreifache angestiegen.

Trotz der Krise beim Verkauf von Zweirädern produzierte Piaggio die Vespa auch in den großen Hubraumklassen weiter.

Es kam hinzu, dass die Motorroller-Besitzer nun einen Führerschein brauchten. Um diese Umstellung nicht zu einem finanziellen Desaster beim Verkauf der Vespas werden zu lassen, gab Piaggio zusammen mit dem Vespa Club d'Italia Führerscheinkurse und organisierte sogar Prüfungen zum Erlangen des Führerscheins.

Von Italiens Straßen war die Vespa auch in den 1960er-Jahren nicht wegzudenken. Das Bild zeigt eine 150 GS in voller Fahrt.

Doch auch wenn die Zeit der 1960er-Jahre sehr schwer für die Italiener war, so gab es auch Tage, an denen Piaggio feiern konnte. Im Juli 1960 hatte die Vespa-Produktion die Zahl zwei Millionen erreicht. Drei Jahre später im März war bereits die Drei-Millionen-Grenze überschritten und Ende der 1960er-Jahre, im Mai 1969, war die viermillionste Vespa gebaut worden.

Trotz der schwierigen Zeiten im Zweirad-Markt hielt man in Pontedera in den folgenden Jahren daran fest, Motorroller mit 125, 150, 160 und 180 Kubikzentimetern zu bauen, doch setzte man gleichzeitig auf eine neue Variante der Motorroller-Idee. Mit diesem neuen Modell sollte die Zielgruppe erreicht werden, die ein preiswertes zweirädriges Fahrzeug nur aus Spaß fortbewegen wollte. Es war die Vespa 50, die Piaggio wieder aus den roten Zahlen half,

denn für dieses kleine Zweirad brauchte man keinen Führerschein und kein Nummernschild.

Zusätzlich hatte Piaggio mit der kleinen Vespa, die im Jahr 1963 erschien, wiederum eine neue Zielgruppe im Visier, die italienische Jugend ab 14 Jahren. Deutlich zeigte sich, dass die Jugendlichen der 1960er-Jahre mit dem ‚Mief" des Nachkriegs-Europas nichts mehr am Hut haben wollten. Minirock und lange Haare waren modern und zur Revolu- der jungen Leute ge- die dementsprechen- Kleidung. Die Mädchen Jungen wollten ihre eigene Welt und ihre eige- Freiheit entdecken, und was war da besser geeignet ein preisgünstiges Fortbewegungsmittel mit Motor. dem Jahr 1963 kam eine 90-Kubikzentimeter-Version hinzu, deren Motor mit dem Kraftwerk der 50er-Vespa fast identisch war. Dieses Modell wurde jedoch nur exportiert und war in Italien nicht erhältlich.

In den 1960er-Jahren waren bei der Jugend Revolution und Freiheit angesagt – da kam die Vespa, ob groß oder klein, gerade richtig.

Doch auch bei den großen Hubraumklassen gab es in dieser Zeit keinen Stillstand. Denn die Motoren wurden ständig weiterentwickelt. Eine 1:50-Mischung war nun die Regel, die Elektrik wurde stetig verbessert und verstärkt, und gegen Ende der 1960er-Jahre erschien auch ein erstes Modell mit 180 Kubikzentimetern Hubraum, die Vespa 180 Rally.

Durch die Vielzahl an Modellen ergab sich auch das erste Mal die Unterscheidung in zwei Motorroller-Fahrgestellgruppen, die Vespas mit kleiner und großer Karosserie (Smallframes, Largeframes). Die Vespas aus den 1950er-Jahren bezeichnet man heute als „Wideframes".

Ape Pentaro, der kleine Piaggio-Sattelzug

Mit der dritten Generation, der Ape C und D mit geschlossener Kabine, war Piaggio endgültig der Durchbruch auf dem Markt der Kleintransporter gelungen. Die Ape war überall auf den italienischen Straßen zu sehen, denn vor allem Kleinunternehmer nutzten das kleine Vehikel für ihre täglichen Transporte.

Im Jahr 1961 ersann die Technikabteilung von Piaggio eine ganz besondere Version der Ape, den winzigen Sattelschlepper Ape Pentaro 250. Die kleine Zugmaschine mit einem kleinen, runden Sattelauflieger hatte einen einachsigen Anhänger, der die Nutzlast des Fahrzeugs verdoppelte. Die Zugmaschine mit abkuppelbarem Anhänger stellte eine originelle Variante auf dem internationalen Markt der Kleintransporter dar.

Aufgrund des großen Verkaufserfolgs wurde im Jahr 1966 der Ape-Sattelzug erstmals überarbeitet. Der Motor wurde in das Heck

Die Ape Pentaro war zwar für Transportaufgaben von Kleinunternehmern gedacht. Doch waren der Phantasie beim Einsatz des originellen Kleintransporters keine Grenzen gesetzt.

Dass der Ape-Sattelzug auch schwere Lasten mühelos transportieren konnte, zeigt dieses Bild, dass den Pentaro weltweit bekannt machte.

eingebaut und sie bekam die Bezeichnung Ape MP 190. Das „MP" stand für „Motore Posteriore", also „Heckmotor". Die Kraftübertragung erfolgte nun direkt auf die hinteren Antriebsachsen. Im Programm waren die Varianten Kastenwagen, Pick-up, eine Pritschenversion mit Plane und ein Kipper. Die mögliche Nutzlast war nun auf über eine halbe Tonne gestiegen. Im Jahr 1968 wurde die Ape Pentaro nochmals überarbeitet und bekam jetzt auch ein Lenkrad statt des Roller-Lenkers.

1969 stellte Piaggio die Ape 50 vor. Dieses Modell war der erste Transporter, der der Klasse der Kleinkrafträder angehörte. Gebaut war er für leichte Transportaufgaben mit einer Zuladung bis maximal 200 Kilogramm. Auch die Piaggio Ape 50 war mit einer geschlossenen Kabine ausgestattet.

Auch USA-Vespas erhältlich

Die US-Marke Cushman gehörte in den 1950er-Jahren zu den meistverkauften Motorrollern der USA. Ursprünglich baute Cushman jedoch Husky-Industriemotoren und Motorroller, wie den Auto-Glide-Scooter nur als Nebenprodukt ab 1936. Nach dem Zweiten Weltkrieg entwickelte das Unternehmen im Auftrag des Militärs einen Klapp-Roller für die Luftlandetruppen, den Cushman-Highlander, der auch als zivile Variante erhältlich war. In den 1960er-Jahren importierte die Firma dann die Vespa-Roller aus Italien. Als Cushman im Jahr 1965 den Rollerverkauf eingestellt hatte, wurde in den 1970er-Jahren die „Vespa of America Corporation" gegründet. Das Unternehmen beschränkte sich auf den Import der Vespa-Modelle aus Europa. Doch Amerika war ein schwieriger Markt für den kleinen Zweitakter. Aufgrund außerordentlich komplizierter Zulassungsbestimmungen, die vor allem auf großvolumige Motorräder und Automobile abgestimmt waren, zog sich Piaggio im Jahr 1981 wieder aus dem amerikanischen Markt zurück. Erst im Jahr 2002 begann ein weiterer zaghafter Versuch zum Verkauf von Vespas nach Amerika.

Eine unrestaurierte Cushman-Vespa GS 150 VS5T der dritten Serie aus dem Jahr 1961.

Ein Mofa für die Jugend

Ab dem Jahr 1968 baute Piaggio nicht nur Motorroller, sondern auch ein Mofa. Es war das beliebte Ciao-Mofa. Bei dieser Modellreihe handelte es sich um ein 2-Takter-Kleinkraftrad, das als Mofa und

Bereits im Jahr 1968 setzte Piaggio bei der Ciao auf einen Riemenantrieb. Das Mofa, das es auch in verschiedenen Moped-Varianten gab, war so gut durchdacht, dass es bis zum Jahr 2006 fast unverändert gebaut wurde.

Moped erhältlich war. Bei den verschiedenen Modellen, die bis in die 2000er-Jahre gebaut wurden, gab es nur geringfügige Unterschiede bei den optischen Details.

Die erste Serie der Piaggio Ciao (M7E1T/C7E1T) wurde in Deutschland im Jahr 1968 vorgestellt. Es wurden drei Mofa-Varianten und ein Moped-Modell angeboten, die Ciao A, L und A/L Extra als Mofa mit einer Spitzengeschwindigkeit von 25 km/h und das Ciao-Moped mit 40 bzw. 50 km/h Höchstgeschwindigkeit.

Vom Verkaufsstart an konnte Piaggio die Ciao mit einer hervorragenden Technik ausstatten, was die Ciao-Modelle heute zu einem Klassiker macht. Sehr innovativ war der Keilriemenantrieb. Während andere Hersteller noch auf einen Kettenantrieb setzten, baute Piaggio in die Ciao schon früh einen Keilriemen ein, der viel wartungsärmer und auch noch leiser war.

Vespa 150

Bauzeit:	1960 bis 1967
Motorbauart:	luftgekühlter 1-Zylinder-2-Takt-Motor
Hubraum (cm³):	145,5
Leistung (PS bei 1/min):	5,5 bei 5000
V_{max} in (km/h):	80
Rahmen, Federung, Bremsen:	selbsttragend, Schraubenfedern, Stoßdämpfer vorne und hinten, Trommelbremsen
Gewicht (kg):	83

Vespa 150 (VBB1T, VBB2T), 2. Serie

Während der Motorradaustellung in Mailand im Jahr 1960 stellte Piaggio die zweite Serie der auf Drehschieber umgestellten Vespa 150 vor. Sie hatte, wie die Vorgängerin, einen Drehgriff mit vier Gängen und eine Kupplung im Ölbad. Eine Batterie war bei der 150er nicht vorhanden. Die Bremsen hatten vorne eine Größe von 125 Millimetern, die hintere Trommel hatte 150 Millimeter im Durchmesser. Die VBB1T war in einer hellblauen Lackierung gehalten und hatte ein kantigeres Heck als das Modell VBB2T. Beide Versionen kamen insgesamt auf 279.147 Exemplare.

Vespa 125 (VNB3T, VNB4T), 2. Serie

Statt einer zweiteiligen Halbschalenverkleidung am Lenker hatte die 125er der zweiten Serie eine einteilige Lenkerverkleidung. Das Material war Aluminium. Auch dieser Motorroller hatte keine Batterie für das Starten und für den Betrieb genügten ein Kickstarter und eine Magnetzündung. Mit ihrem 4,5 PS starken 123,7-Kubikzentimeter-Motor brachte es die Vespa auf beachtliche 75 km/h. Die Geschwindigkeit wurde mit einem Dreigang-Getriebe, das am Lenker per Drehgriff geschaltet wurde, erreicht. Die Lackierung für die 101.784 gebauten Zweiräder war ein helles Grau. Die Spritzwand war nun mit einer schmalen Chromleiste umrahmt und auch das Rücklicht war verchromt. Der Preis für diesen Roller belief sich auf 127.000 Lire.

Vespa 125

Bauzeit:	1961 bis 1963
Motorbauart:	luftgekühlter 1-Zylinder-2-Takt-Motor
Hubraum (cm³):	124
Leistung (PS bei 1/min):	4,5 bei 5000
V_{max} in (km/h):	75
Rahmen, Federung, Bremsen:	selbsttragend, Schraubenfedern, Stoßdämpfer vorne und hinten, Trommelbremsen
Gewicht (kg):	80

Piaggio Ape Pentaro (2. Serie)	
Bauzeit:	1961 bis 1968
Motorbauart:	luftgekühlter 1-Zylinder 2-Takt-Motor
Hubraum (cm³):	145,5
Leistung (PS bei 1/min):	5,8 bei 5100
V_{max} in (km/h):	45
Rahmen, Federung, Bremsen:	Profilstahlrahmen, Schwinge, Spiralfeder, Dämpfer, vorne, Torsionsstäbe, Dämpfer hint., Trommeln
Nutzlast (kg):	550

Piaggio Ape Pentaro (APA1T, APB1T, APC1/2T)

Bereits 1948 kam eine Vespa mit Ladefläche und einer Nutzlast von 200 Kilogramm auf den Markt. Nach dem Kleintransporter Modell Ape C (und D) folgte der kleine, 1961 vorgestellte Sattelschleppzug Pentaro 250, der eine äußerst originelle Bereicherung des Kleintransportermarktes darstellte. Das ungewöhnliche Fahrzeug bestand aus einer Zugmaschine, die die Kabine der Ape C (bzw. D) hatte, und einem einachsigen Anhänger. Der Anhänger konnte abgekoppelt werden. Mit dieser fünfrädrigen Gespann-Version der Ape C erhöhte sich die Nutzlast auf 500 Kilogramm, später auf 700 Kilogramm. Es wurden eine Pritschenversion mit Plane angeboten, ebenso ein Kipper sowie ein Kastenwagen. Angetrieben wurden die Hinterräder von dem mittig im Rahmen platzierten Motor, der seine Kraft mittels einer Hauptantriebswelle auf die rechts und links angebrachten Schwingen weitergab. 1968 folgte eine modifizierte Variante des Fahrzeugs. Der Nachfolger MP hatte bereits einen 190 Kubikzentimeter großen Zweitakt-Motor, wobei die Kraftübertragung direkt auf die Hinterräder erfolgte.

Bajaj Vespa 150 (VBA1T)

Bei Bajaj in Indien wurde der Vespa-Typ 150 (VBA1T) in Lizenz hergestellt. Zuerst kamen ausschließlich italienische Teile zur Verwendung. Doch mit der Zeit wurden immer mehr italienische Vespa-Originalteile durch Teile aus indischer Produktion ersetzt. Im Jahr 1971 lief der auf zehn Jahre befristete Vertrag aus und wurde nicht verlängert. Die Fertigung der Fahrzeuge lief jedoch weiter, sodass die Roller nun als Bajaj 150 verkauft wurden. Die indische Vespa 150 unterschied sich kaum von dem italienischen Schwestermodell. So war das Feld an der Kaskade sechseckig statt viereckig. Auch hatte die indische Vespa einen runden Tachometer. Die dafür notwendige Halterung wird gerne als „Volcano-Mount" bezeichnet.

Bajaj Vespa 150	
Bauzeit:	1961 bis 1971
Motorbauart:	luftgekühlter 1-Zylinder-2-Takt-Motor
Hubraum (cm³):	145,5
Leistung (PS bei 1/min):	5,5 bei 5000
V_{max} in (km/h):	80
Rahmen, Federung, Bremsen:	selbsttragend, Schraubenfedern, Stoßdämpfer vorne und hinten, Trommelbremsen
Gewicht (kg):	83

■ Vespa 150 GL	
Bauzeit:	1962 bis 1965
Motorbauart:	luftgekühlter 1-Zylinder-2-Takt-Motor
Hubraum (cm³):	145,5
Leistung (PS bei 1/min):	6 bei 5000
V_{max} in (km/h):	90
Rahmen, Federung, Bremsen:	selbsttragend, Schraubenfedern, Stoßdämpfer vorne und hinten, Trommelbremsen
Gewicht (kg):	97

Vespa 150 GL (VLA1T)

„GL" stand bei dieser großen Vespa 150 für „Gran Lusso", also „großen Luxus". Um diesem Anspruch auch gerecht zu werden, hatte der Motorroller nicht nur eine sehr gefällige Linienführung bekommen, sondern war auch mit vielen Chromteilen ausgestattet. Die Karosseriefarbe war daher in einem edlen Elfenbeinweiß gehalten. Mit ihren sechs PS und großen Zehn-Zoll-Rädern war sie gut gerüstet für eine Spitzengeschwindigkeit von 90 km/h und mehr. Von der Vespa 150 GL wurden insgesamt 79.855 Fahrzeuge für je 156.000 Lire verkauft.

Vespa 160 GS (VSB1T), 1. Serie

Ein sehr modisches Karosserie-Design zeichnete – zum Mailänder Salon 1961 – die schlank wirkende 160 GS aus. Auch die Seitenhauben, unter deren linker sich das Reserverad befand, wirkten nicht mehr so pausbäckig wie bei den Vorgängern. Eine Heckklappe über dem Rücklicht war für das mitzuführende Werkzeug gedacht. Der größere Zweitakt-Motor hatte nun eine Bohrung von 58 und einen Hub von 60 Millimetern. Der Hubraum betrug exakt 158,5 Kubikzentimeter. Als Vergaser kam ein Dell'Orto-Vergaser SI 20/15D zum Einsatz. In dem einen Jahr der Produktion kam der Verkauf der hellgrau gehaltenen Vespa nicht richtig ins Rollen und so wurden lediglich 29.000 Motorroller verkauft. Der Preis für diese Ausführung betrug 175.000 Lire.

■ Vespa 160 GS	
Bauzeit:	1962 bis 1963
Motorbauart:	luftgekühlter 1-Zylinder-2-Takt-Motor
Hubraum (cm³):	158,5
Leistung (PS bei 1/min):	8,2 bei 6500
V_{max} in (km/h):	100
Rahmen, Federung, Bremsen:	selbsttragend, Schraubenfedern, Stoßdämpfer vorne und hinten, Trommelbremsen
Gewicht (kg):	110

Vespa 50 N	
Bauzeit:	1963 bis 1971
Motorbauart:	luftgekühlter 1-Zylinder 2-Takt-Motor
Hubraum (cm³):	50
Leistung (PS bei 1/min):	1,5 bei 4500
V_{max} in (km/h):	40
Rahmen, Federung, Bremsen:	selbsttragend, Schraubenfedern, Stoßdämpfer vorne und hinten, Trommelbremsen
Gewicht (kg):	66

Vespa 50 N (V5A1T)

Als die Vespa 50 N im Jahr 1963 während des Mailander Salons vorgestellt wurde, ahnte noch niemand, wie groß der Erfolg dieses kleinen Motorrollers werden sollte. Doch der Vorteil, das Zweirad ohne Führerschein bereits mit 14 Jahren bewegen zu dürfen, ließ die Verkäufe innerhalb kürzester Zeit in die Höhe schnellen. Auch bei der Vespa 50 N waren die beiden Räder untereinander tauschbar und die Bremstrommeln hatten einen Durchmesser von 125 Millimetern. Um an den kleinen 49,8-Kubikzentimeter-Motor zu kommen, konnte man seitlich an der Karosserie eine Klappe öffnen. Insgesamt wurden 273.276 Vespas für je 98.000 Lire verkauft.

Vespa 50 S (V5SA1T)

Die Vespa 50 S war für den Export gedacht und bekam eine längere Sitzbank, die es ermöglichte, auch zu zweit zu fahren. Vor allem in Deutschland war diese kleine Vespa sehr beliebt. Statt Neun-Zoll-Rädern wie bei der 50 N hatte die 50 S Zehn-Zoll-Räder. Auch das Getriebe besaß nun vier statt der drei Gänge der N-Ausführung. Geschaltet wurde weiterhin am Lenker mit einem Drehgriff. Um auch mit Sozius zügig voranzukommen, leistete der Motor nun 2,5 PS bei 5800 Umdrehungen in der Minute. Die Vespa 50 S war im Gegensatz zur 50 N, die es in den Farben Grün, Gelb, Grau, Rot und Hellblau gab, nur in Amethystgrau zu haben. Während der fünf Produktionsjahre wurde der Roller 29.900 Mal verkauft. Der Kaufpreis betrug 112.000 Lire.

Vespa 50 S	
Bauzeit:	1963 bis 1968
Motorbauart:	luftgekühlter 1-Zylinder-2-Takt-Motor
Hubraum (cm³):	50
Leistung (PS bei 1/min):	2,5 bei 5800
V_{max} in (km/h):	60
Rahmen, Federung, Bremsen:	selbsttragend, Schraubenfedern, Stoßdämpfer vorne und hinten, Trommelbremsen
Gewicht (kg):	66

Vespa 90	
Bauzeit:	1963 bis 1967
Motorbauart:	luftgekühlter 1-Zylinder-2-Takt-Motor
Hubraum (cm³):	88,5
Leistung (PS bei 1/min):	7,2 bei 5250
V_{max} in (km/h):	80
Rahmen, Federung, Bremsen:	selbsttragend, Schraubenfedern, Stoßdämpfer vorne und hinten, Trommelbremsen
Gewicht (kg):	73

Vespa 90 (V9A1T)

Auch die Vespa 90 war ein reines Exportmodell, da sie den italienischen Verkehrsvorschriften nicht entsprach. Das Fahrwerk und die Karosserie der 90er-Vespa waren mit dem 50-Kubikzentimeter-Modell identisch. Lediglich das Fernlicht und das Bremslicht waren aufgrund der Gesetze im Ausland zusätzlich installiert worden. Auch der Motor baute auf den 50er-Modellen auf. Die Bohrung maß 47 und der Hub 51 Millimeter. Mit lediglich 24.000 Fahrzeugen war die Vespa 90 kein wirklicher Erfolg, bildete aber die Basis für die kräftigere Super Sprint.

Vespa 125 (VNB5T, VNB6T), 3. Serie

Auf dem Mailänder Salon im Jahr 1963 wurde unter anderem eine dritte Serie der beliebten Vespa 125 vorgestellt. Gegenüber der Vorgängerserie war die wichtigste Änderung das neue Getriebe mit nun vier Gängen. Trotz eines Preises von 138.000 Lire wurde der 125er-Vespa-Roller schnell von den Kunden angenommen und verkaufte sich gut. Bis zum Jahr 1966 waren 76.677 Motorroller vermarktet worden. Die Unterschiede zwischen den beiden Versionen VNB5T und VNB6T fielen nicht besonders groß aus. Das Schlusslicht war bei der ersten Version rund und bei der VNB6T eckig. Auch hatte die VNB5T ihre Felgen in der gleichen Farbe wie die Karosserie, also grau, lackiert. Die Felgen der VNB6T-Version waren silberfarben.

Vespa 125	
Bauzeit:	1963 bis 1966
Motorbauart:	luftgekühlter 1-Zylinder-2-Takt-Motor
Hubraum (cm³):	124
Leistung (PS bei 1/min):	4,5 bei 5000
V_{max} in (km/h):	75
Rahmen, Federung, Bremsen:	selbsttragend, Schraubenfedern, Stoßdämpfer vorne und hinten, Trommelbremsen
Gewicht (kg):	80

■ Vespa 160 GS	
Bauzeit:	1961 bis 1968
Motorbauart:	luftgekühlter 1-Zylinder 2-Takt-Motor
Hubraum (cm³):	145,5
Leistung (PS bei 1/min):	5,8 bei 5100
V_{max} in (km/h):	45
Rahmen, Federung, Bremsen:	selbsttragend, Schraubenfedern, Stoßdämpfer vorne und hinten, Trommelbremsen
Gewicht (kg):	110

Vespa 160 GS (VSB1T), 2. Serie

Obwohl die Vespa 160 GS zunächst nur wenige Kunden fand, behielt Piaggio seine Strategie bei und brachte ab dem Jahr 1963 eine zweite Serie des bis dahin hubraumstärksten Vespa-Rollers heraus. Dieses Vespamodell hatte nun ein richtiges Gepäckfach hinter dem Spritzschutzschild bekommen. Dieses Ablagefach war so groß dimensioniert, dass auch größere Gegenstände darin ohne Probleme deponiert werden konnten. Die Stückzahl blieb jedoch mit 31.000 Exemplaren ebenfalls klein.

Vespa 180 Super Sport (VSC1T)

Nach zwei Serien war der Bau der Vespa 160 GS im Jahr 1964 schließlich eingestellt worden. Dafür präsentierte Piaggio im gleichen Jahr ein neues Modell mit einem Hubraum von 181,1 Kubikzentimetern. Dieser Motorroller war zu seiner Zeit mit zehn PS der stärkste auf dem Markt und die Endgeschwindigkeit von 105 km/h konnte sich sehen lassen. Das Karosserie-Design war wiederum überarbeitet worden. Der Motorroller hatte eine noch gestrecktere Linienführung als seine Vorgänger und die Karosserie war kantiger geworden. Da in diesem Motor nach wie vor der Kolben das Kraftstoffgemisch regelte, kam hier eine 1:20-Mischung zum Einsatz. Für einen Preis von 182.000 Lire gingen insgesamt 35.700 Vespa 180 SS über den Ladentisch.

■ Vespa 180 Super Sport	
Bauzeit:	1961 bis 1971
Motorbauart:	luftgekühlter 1-Zylinder-2-Takt-Motor
Hubraum (cm³):	145,5
Leistung (PS bei 1/min):	5,5 bei 5000
V_{max} in (km/h):	80
Rahmen, Federung, Bremsen:	selbsttragend, Schraubenfedern, Stoßdämpfer vorne und hinten, Trommelbremsen
Gewicht (kg):	83

Vespa 50 Super Sprint	
Bauzeit:	1965 bis 1973
Motorbauart:	luftgekühlter 1-Zylinder-2-Takt-Motor
Hubraum (cm³):	50
Leistung (PS bei 1/min):	3,7 bei 7000
V_{max} in (km/h):	70
Rahmen, Federung, Bremsen:	selbsttragend, Schraubenfedern, Stoßdämpfer vorne und hinten, Trommelbremsen
Gewicht (kg):	81

Vespa 50 Super Sprint (V5SS1T)

Für das kleine 50-Kubikzentimeter-Motörchen hatte die Vespa 50 SS mit 70 km/h eine hohe Spitzengeschwindigkeit. Der Zweitakter war ebenfalls nicht für den italienischen Markt gedacht, sondern sollte die ausländischen Märkte bereichern. Dafür war der Winzling mit einer Doppelsitzbank ausgestattet, die sich über ein Scharnier nach hinten klappen ließ. Eine spektakuläre Neuerung war die Anordnung des Reserverades, das in Fahrtrichtung vor dem Fahrer stand. Mit 2525 Exemplaren ist der Flitzer, den es in den Farben weiß, blau und rot gab, heute ein rares Sammlerstück.

Vespa 90 Super Sprint (V9SS1T)

Die Sportvespa der 1960er-Jahre war zweifellos die Vespa 90 Super Sprint. Die 90er-SS gab es in Blau und Rot. Wie bei der 50 Super Sprint war das Reserverad zwischen der Sitzbank und der Frontverkleidung stehend parallel zur Fahrtrichtung montiert. Ein wie ein kleiner Tank aussehendes Gepäckfach mit einem Polsterkissen thronte auf dem Rad. Somit konnte der Fahrer sich, um den Luftwiderstand zu verringern, weit nach unten bis zum Lenker lehnen und eine höhere Endgeschwindigkeit von fast 100 km/h erzielen. Die gesamte Karosserie und der Lenker waren wesentlich schmaler gehalten als bei den anderen Vespa-Modellen. Für einen Stückpreis von 137.000 Lire wurden zwischen 1965 und 1971 insgesamt 5309 Vespa 90 SS verkauft.

Vespa 90 SS	
Bauzeit:	1965 bis 1971
Motorbauart:	luftgekühlter 1-Zylinder-2-Takt-Motor
Hubraum (cm³):	88,5
Leistung (PS bei 1/min):	6 bei 6000
V_{max} in (km/h):	93
Rahmen, Federung, Bremsen:	selbsttragend, Schraubenfedern, Stoßdämpfer vorne und hinten, Trommelbremsen
Gewicht (kg):	77

■ Vespa 125 Super	
Bauzeit:	1965 bis 1969
Motorbauart:	luftgekühlter 1-Zylinder 2-Takt-Motor
Hubraum (cm³):	124
Leistung (PS bei 1/min):	7,4 bei 6000
V_{max} in (km/h):	85
Rahmen, Federung, Bremsen:	selbsttragend, Schraubenfedern, Stoßdämpfer vorne und hinten, Trommelbremsen
Gewicht (kg):	87

Vespa 125 Super (VNC1T)

Die Vespa 125 Super entsprach von der Technik her der GL-Ausführung. Doch war die „Super" schlanker als ihre Vorgängerinnen. Auch hatte sich bei ihr das etwas kantigere Design der Karosserie durchgesetzt. Als kostengünstige Version brachte die Vespa 125 Super nur sehr wenig Chrom mit. Lediglich die Spritzwand zierte eine Leiste aus Aluminium. Die in einer Auflage von 24.146 Exemplaren produzierte Vespa 125 Super war die letzte Vespa, die mit Acht-Zoll-Rädern ausgestattet wurde. Die in zwei unterschiedlichen Weißtönen erhältliche Vespa kostete 145.000 Lire.

Vespa 125 Nuova (VMA1T)

Als im Dezember 1965 der Mailänder Salon eröffnete, stellte Vespa eine neue 125er vor: die Vespa 125 Nuova. Die sehr kleine und schmale Karosserie basierte auf den 50er-Modellen. Die hinteren Seitenbacken waren Teik der Karosserie und der Motor war über eine separate Seitenklappe erreichbar. Auch der Motor war eine komplette Neuentwicklung. So stand der Zylinder nicht mehr senkrecht auf dem Motorblock, sondern war um 45 Grad nach vorne geneigt. Doch trotz der vielen Änderungen traf die neue 125er den Geschmack der Kunden nicht. Obwohl der Preis von 128.000 Lire verlockend war, wurden in zwei Jahren lediglich 17.100 Fahrzeuge verkauft. Der Kunde bevorzugte die stärkere Variante „Primavera".

■ Vespa 125 Nuova	
Bauzeit:	1965 bis 1967
Motorbauart:	luftgekühlter 1-Zylinder-2-Takt-Motor
Hubraum (cm³):	121
Leistung (PS bei 1/min):	4,8 bei 4500
V_{max} in (km/h):	80
Rahmen, Federung, Bremsen:	selbsttragend, Schraubenfedern, Stoßdämpfer vorne und hinten, Trommelbremsen
Gewicht (kg):	76

Vespa 125 Super, Baujahr 1968

Parallel zur 125 mit der Bezeichnung „Primavera", die 1967 auf den Markt kam, wurde die Vespa 125 Super als Sparversion bis 1969 gefertigt. Sie war schmal, rollte als letztes Modell auf Acht-Zoll-Rädern und besaß den eher zahmen 7,4-PS-Motor. Die Höchstgeschwindigkeit lag um die 85 km/h.

Vespa 150 Super

Bauzeit:	1965 bis 1969
Motorbauart:	luftgekühlter 1-Zylinder-2-Takt-Motor
Hubraum (cm³):	145,5
Leistung (PS bei 1/min):	7,7 bei 5000
V_{max} in (km/h):	90
Rahmen, Federung, Bremsen:	selbsttragend, Schraubenfedern, Stoßdämpfer vorne und hinten, Trommelbremsen
Gewicht (kg):	87

Vespa 150 Super (VBC1T)

Der 125 Super wurde im gleichen Jahr auch eine 150er-Version zur Seite gestellt. Wie die kleinere Schwester hatte auch die 150 Super noch die kleineren Acht-Zoll-Räder. Doch auch hier gefiel den Italienern die schmalbrüstige und kantige Karosserie nicht sonderlich. Lediglich die blaue Lackierung kam beim jungen Publikum gut an. Der Preis betrug 150.000 Lire. Um dennoch die benötigten Stückzahlen zu erreichen, exportierte Piaggio die Vespa 150 Super ins Ausland. Mit dieser Maßnahme wurden bis 1969 dann doch noch 553.808 Zweiräder verkauft.

Vespa 150 Sprint (VLB1T, VLB2T)

Wer damals auf die Zehn-Zoll-Räder setzte, der kam an der rassigen Vespa 150 Sprint nicht vorbei. Auch sie erschien auf dem Mailänder Salon im Jahr 1965 und war mit einem Preis von 160.000 Lire höher angesiedelt als die 150 Super. Die Linien der Karosserie harmonierten perfekt mit der Länge des modernen Motorrollers. Diese Linie sollte in den nächsten Jahren die Vespa-Modelle von Piaggio prägen. Lackiert wurde die 150 Sprint in einem Grau-hellblaumetallic-Ton. Viele verchromte Zierleisten werteten die sportliche Optik zusätzlich auf und ließen den Roller sehr schnell erscheinen. Mit den vier Gängen und dem 20-Millimeter-Dell'Orto-Vergaser vom Typ ST20/17 C erreichte sie spielend 95 Stundenkilometer.

Vespa 150 Sprint

Bauzeit:	1965 bis 1974
Motorbauart:	luftgekühlter 1-Zylinder-2-Takt-Motor
Hubraum (cm³):	145,5
Leistung (PS bei 1/min):	7,7 bei 5000
V_{max} in (km/h):	95
Rahmen, Federung, Bremsen:	selbsttragend, Schraubenfedern, Stoßdämpfer vorne und hinten, Trommelbremsen
Gewicht (kg):	89

Vespa 50 L	
Bauzeit:	1966 bis 1970
Motorbauart:	luftgekühlter 1-Zylinder 2-Takt-Motor
Hubraum (cm³):	50
Leistung (PS bei 1/min):	1,5 bei 4500
V_{max} in (km/h):	40
Rahmen, Federung, Bremsen:	selbsttragend, Schraubenfedern, Stoßdämpfer vorne und hinten, Trommelbremsen
Gewicht (kg):	66

Vespa 50 L (V5A1T)

Im Jahr 1966 wurde der Vespa 50 N eine Luxusausführung zur Seite gestellt: die 50 L. Bei dieser Version wurde viel Chrom verbaut, der an der Kante des Knieschutzes, am vorderen Kotflügel und am Scheinwerfergehäuse prangte. Die gummibewehrten Trittschutzleisten waren aus Aluminium. Sogar an einen Gepäckhaken an der Vorderseite des Sitzes war gedacht worden. Mit einem Ladenpreis von 105.000 Lire lag die Vespa 50 L noch unter der „S"-Version. Insgesamt wurden von der 50er-Vespa 117.995 Fahrzeuge verkauft.

Vespa 125 GT (VNL2T)

Für das jugendliche und sportliche Publikum erschien im Verkaufsprogramm von Piaggio des Jahres 1966 die Vespa 125 GT. Die Karosserie entsprach jener der im Jahr zuvor erschienenen 125 Super. Doch war diese 125er bereits mit den Zehn-Zoll-Rädern ausgestattet. Die Verdichtung des Motors war gegenüber der normalen 125er, wie auch bei der „Super", von 7,2:1 auf 7,7:1 erhöht worden. Mit einer Leistung von 6,27 PS und dem zeitgemäßen Viergang-Getriebe wirkte das Zweirad im Fahrbetrieb jetzt wesentlich agiler. Dies wusste vor allem die jugendliche Kundschaft zu würdigen. Zwar war der Preis mit 152.000 Lire relativ hoch, dennoch konnten zwischen 1966 und 1973 etwa 51.582 in Hellgraublau lackierte Vespas 125 GT verkauft werden.

Vespa 125 GT	
Bauzeit:	1966 bis 1973
Motorbauart:	luftgekühlter 1-Zylinder-2-Takt-Motor
Hubraum (cm³):	123
Leistung (PS bei 1/min):	6,3 bei 4500
V_{max} in (km/h):	88
Rahmen, Federung, Bremsen:	selbsttragend, Schraubenfedern, Stoßdämpfer vorne und hinten, Trommelbremsen
Gewicht (kg):	89

■ Vespa 125 Primavera	
Bauzeit:	1967 bis 1973
Motorbauart:	luftgekühlter 1-Zylinder-2-Takt-Motor
Hubraum (cm³):	121
Leistung (PS bei 1/min):	5,8 bei 5000
V_{max} in (km/h):	88
Rahmen, Federung, Bremsen:	selbsttragend, Schraubenfedern, Stoßdämpfer vorne und hinten, Trommelbremsen
Gewicht (kg):	78

Vespa 125 Primavera, 1. Serie (VMA2T)

Mit einer Gesamtstückzahl von 185.000 verkauften Exemplaren war die Vespa 125 Primavera ein großer Verkaufsschlager in den 1960er-Jahren. Mit den gelungenen fließenden Karosserielinien der 125 Nuova und den dynamischen Fahreigenschaften war sie der Traum vieler Jugendlicher. Vor allem der kräftige Motor mit der akzeptablen Beschleunigung und der hohen Endgeschwindigkeit hatte es den 16-Jährigen, die den Roller bereits fahren durften, angetan. Auch der Preis von 137.000 Lire spielte eine Rolle beim Verkauf der „Primavera".

Vespa 125 GTR (VNL2T)

Während des Mailänder Salons im Jahr 1968 stellte Piaggio die R-Version der Vespa 125 GT vor. Das „R" stand für „rinnovata", was so viel bedeutet wie „modernisiert". Die GTR bekam im Gegensatz zur Primavera die größere Karosserieform von der 150 Sprint Veloce und der Rally. Mit fast acht PS lief der Motorroller leicht über die 90 km/h-Marke. Zur Verzögerung waren Trommelbremsen mit einem Durchmesser von 170 Millimetern eingebaut. Vorder- und Hinterrad blieben untereinander tauschbar. Für die Gemischaufbereitung sorgte ein 20-Millimeter-Dell'Orto-SI-20/17-Drehschiebervergaser. Als Frontscheinwerfer war bei der GTR ein rundes Licht mit einem Durchmesser von 130 Millimetern verbaut. Produziert wurden 51.788 Fahrzeuge.

■ Vespa 125 GTR	
Bauzeit:	1968 bis 1975
Motorbauart:	luftgekühlter 1-Zylinder-2-Takt-Motor
Hubraum (cm³):	123
Leistung (PS bei 1/min):	7,8 bei 5000
V_{max} in (km/h):	92
Rahmen, Federung, Bremsen:	selbsttragend, Schraubenfedern, Stoßdämpfer vorne und hinten, Trommelbremsen
Gewicht (kg):	93

Vespa 180 Rally	
Bauzeit:	1968 bis 1973
Motorbauart:	luftgekühlter 1-Zylinder 2-Takt-Motor
Hubraum (cm³):	181
Leistung (PS bei 1/min):	10 bei 5700
V_{max} in (km/h):	105
Rahmen, Federung, Bremsen:	selbsttragend, Schraubenfedern, Stoßdämpfer vorne und hinten, Trommelbremsen
Gewicht (kg):	102

Vespa 180 Rally (VSD1T)

Um die 180-Kubikzentimeter-Klasse weiter zu bedienen, ersetzte im Jahr 1968 die Vespa 180 Rally die Vorgänger-Vespa 180 SS. Das komplett neue Triebwerk hatte nun auch einen Drehschiebereinlass und kam dadurch mit einem Gemisch von 1:50 aus. Mit dem Ziel, den sportlichen Stil herauszuarbeiten, waren viele Anbauteile, wie Tachozifferblatt, Handgriffe am Lenker und Haubenkeder, in Schwarz gehalten. Die Farben der Vespa 180 Rally waren Gelb und Orange. Lediglich der Prototyp der „Rally" war blau. Der Preis betrug 187.000 Lire. Es wurden 26.495 Rallys gebaut.

Piaggio Ciao A (M7E1T)

1968 stieg das Unternehmen aus Pontedera in ein völlig neues Zweiradgeschäft ein: das Mofa. Die Piaggio Ciao wurde in Deutschland erstmals 1968 vorgestellt. Die erste Serie, die Ciao A, mit der Bezeichnung M7E1T hatte noch eine eckige Sattelstütze und das Rücklicht am Schutzblech. Lediglich die amerikanische Exportversion hatte ein großes, freistehendes Rücklicht. Die Räder waren mit verchromten 19-Zoll-Felgen ausgestattet. Das kleine Mofa hatte keine Hinterradfederung. Auch das Vorderrad war ungefedert und war von einer Art Fahrradgabel geführt. Mit dem Keilriemenantrieb unterschied sich die Ciao von den meisten anderen Mofas jener Zeit. Er war im Vergleich zu vielen anderen Antrieben damaliger Modelle mit Kette sehr leise.

Piaggio Ciao A	
Bauzeit:	1968 bis 1975
Motorbauart:	luftgekühlter 1-Zylinder-2-Takt-Motor
Hubraum (cm³):	49
Leistung (PS bei 1/min):	1,4 bei 3900
V_{max} in (km/h):	80
Rahmen, Federung, Bremsen:	Stahlblech, keine Federung vorne und hinten, Trommelbremsen
Gewicht (kg):	40

Piaggio Ciao L und A/L	
Bauzeit:	1968 bis 1975
Motorbauart:	luftgekühlter 1-Zylinder-2-Takt-Motor
Hubraum (cm³):	49
Leistung (PS bei 1/min):	1,4 bei 3900
V_{max} in (km/h):	25
Rahmen, Federung, Bremsen:	Stahlblech, vorne gefedert, A/L auch hinten gefedert, Trommelbremsen
Gewicht (kg):	40

Piaggio Ciao L und A/L Extra (M7E1T, M9E1T)

Auch die Ciao L hatte als Luxusausführung die eckige Sattelstütze, jedoch eine gefederte Frontgabel. Der Unterschied bestand darin, dass das Ciao-Mofa A/L Extra vorne und hinten gefedert war. Wie die Standardversion haben beide Mofas ebenfalls ein Rücklicht direkt auf dem hinteren Schutzblech. Für die verchromten 17-Zoll-Felgen wurde bei der ersten Serie noch kein Nirostastahl verwendet. Als weitere Besonderheiten hatte die A/L Extra verchromte Schutzbleche und einen Tachometer. Herausragend bei den ersten Ciao-Modellen war der Drehschiebereinlass der klassischen Piaggio-Motoren.

Piaggio Ape 50 (TL1T, TL2T, TL3T)

Die Ape 50 war das kleinste Modell der Ape-Familie. Im Jahr 1969 kam die Ape auf den Kleintransportermarkt. Sie war die erste Ape, die in die Gruppe der Kleinkrafträder fiel. Dadurch war der kleine Transporter führerscheinfrei. Die Ape 50 wurde vor allem für den leichten Transport gebaut, konnte 200 Kilogramm transportieren und war mit einer für ihre Größe geräumigen Kabine ausgestattet. Beim geschlossenen Kastenwagen stand ein Frachtraum von 1,5 Kubikmetern zur Verfügung. Dank seiner Wendigkeit und den überschaubaren Ausmaßen wurde er für Auslieferungen in der Stadt schnell unentbehrlich. Die Ape hatte ein unsynchronisiertes Vierganggetriebe. Kuppeln,Schalten und Gasgeben erfolgen wie beim Roller am Lenker.

Piaggio Ape 50	
Bauzeit:	1969 bis 1986
Motorbauart:	luftgekühlter 1-Zylinder-2-Takt-Motor
Hubraum (cm³):	50
Leistung (PS bei 1/min):	2,8 bei 5800
V_{max} in (km/h):	40
Rahmen, Federung, Bremsen:	selbsttragend, Einzelradaufh., Schraubenfedern, Stoßdämpfer vorne und hinten, Trommelbremsen
Nutzlast (kg):	205 bis 230

Vespa 50 R	
Bauzeit:	1969 bis 1975
Motorbauart:	luftgekühlter 1-Zylinder 2-Takt-Motor
Hubraum (cm^3):	50
Leistung (PS bei 1/min):	1,5 bei 4500
V_{max} in (km/h):	40
Rahmen, Federung, Bremsen:	selbsttragend, vorne Schwinge mit Gummielement, hinten Schraubenfeder, Stoßdämpfer, Trommelbrems.
Gewicht (kg):	67

Vespa 50 R, 1. Serie (V5A1T)

Als sparsamste Version der 50er-Modelle kostete die Vespa 50 R lediglich 119.000 Lire. Dafür gab es am Vorderrad jedoch nur eine Federung aus Gummielementen. Bloß das Hinterrad war an einer Schraubenfeder/Stoßdämpfer-Kombination aufgehängt. Der weitere Aufbau, wie Neun-Zoll-Räder, 1,5-PS-Motor, Drehschieber-Vergaser oder Trommelbremsen, war mit den parallel produzierten 50er-Vespas identisch. Die Vespa 50 R gab es in den Farben Blau, Gelb Hellblau und Rot. Während der Bauzeit von 1969 bis 1975 wurden insgesamt 420.000 Fahrzeuge produziert.

Vespa 50 Special, 1. Serie (V5A2T, V5B1T)

Um auch dem zahlungskräftigeren Publikum eine kleine 50er zur Seite zu stellen, bot Piaggio ab 1969 die Vespa 50 Spezial mit gehobener Ausstattung an. Sofort erkennbar war die 50 Spezial durch die Verkleidung des Lenkers mit dem integrierten eckigen Scheinwerfer. Eine weitere Besonderheit war die Kaskade in Kontrastfarbe. Die vordere Einarmschwinge besaß ein Gummi-Federelement. Im Gegensatz zur V5A2T, die noch Neun-Zoll-Räder hatte, bekam die V5B1T ab dem Jahr 1972 Zehn-Zoll-Räder. Im Vergleich zur 50 R war die 50 Special mit 132.000 Lire um einiges teurer. Dies wirkte sich auch auf die Verkaufszahlen aus: In den sechs Jahren der Produktion entstanden 189.682 Fahrzeuge.

Vespa 50 Special	
Bauzeit:	1969 bis 1975
Motorbauart:	luftgekühlter 1-Zylinder-2-Takt-Motor
Hubraum (cm^3):	50
Leistung (PS bei 1/min):	1,5 bei 4500
V_{max} in (km/h):	40
Rahmen, Federung, Bremsen:	selbsttragend, Einarmschwinge, Gummielement vorn, Schraubenf., Dämpfer hinten, Trommelbremsen
Gewicht (kg):	72

Vespa 50 Elestart

Bauzeit:	1969 bis 1975
Motorbauart:	luftgekühlter 1-Zylinder-2-Takt-Motor
Hubraum (cm^3):	50
Leistung (PS bei 1/min):	1,5 bei 4500
V_{max} in (km/h):	40
Rahmen, Federung, Bremsen:	selbsttragend, Einarmschwinge, Gummielement vorn, Schraubenf., Dämpfer hinten, Trommelbremsen
Gewicht (kg):	76

Vespa 50 Elestart, 1. Serie (V5A3T, V5B2T)

Speziell für das weibliche Geschlecht war die Vespa 50 Elestart gedacht, die im Jahr 1969 vorgestellt wurde. Auch wenn das Anlassen der kleinen 50er-Vespas nicht schwierig war, wollte Piaggio der Damenwelt das Kickstarten nicht zumuten. Daher entwickelten die Techniker in Pontedera einen Motorroller mit einem elektrischen Anlasser, der keinen Kickstarter hatte. Da sich die Batterien auf der linken Seite unter der Seitenhaube befanden, musste das Reserverad hinter dem Knieschutz mitgeführt werden. Es wurden 7373 Elestart in den Farben Gelb, Rot und Weiß verkauft.

Vespa 150 Sprint Veloce (VLB1T)

Auf dem Mailänder Salon 1968 war den Fachjournalisten auch eine 150er-Vespa aufgefallen. Sie sah der kleineren 125 GTR zum Verwechseln ähnlich. Neu war lediglich die Lenkerverkleidung mit einem Scheinwerfer, der einen Durchmesser von 130 Millimeter hatte. Mit der Leistung von achteinhalb Pferdestärken erreichte der Motorroller fast die 100-km/h-Grenze. Serienmäßig waren auch die Zehn-Zoll-Reifen, der Drehschiebervergaser und das Viergang-Getriebe. Die Räder mit den 150-Millimeter-Bremstrommeln waren untereinander tauschbar. Die Farbpalette war groß. Man konnte die Vespa in den Farben Blau, Graumetallic, Grün, Hellblau und Rot bekommen. Der Verkaufspreis lag bei den 218.119 produzierten Vespas bei 165.000 Lire.

Vespa 150 Sprint Veloce

Bauzeit:	1969 bis 1976
Motorbauart:	luftgekühlter 1-Zylinder-2-Takt-Motor
Hubraum (cm^3):	145,5
Leistung (PS bei 1/min):	8,5 bei 5800
V_{max} in (km/h):	97
Rahmen, Federung, Bremsen:	selbsttragend, Schraubenfedern, Stoßdämpfer vorne und hinten, Trommelbremsen
Gewicht (kg):	95

■ Motovespa 160 GT	
Bauzeit:	1969 bis 1979
Motorbauart:	luftgekühlter 1-Zylinder 2-Takt-Motor
Hubraum (cm³):	161
Leistung (PS bei 1/min):	7,8 bei 5200
V_{max} in (km/h):	95
Rahmen, Federung, Bremsen:	selbsttragend, Schraubenfedern, Stoßdämpfer vorne und hinten, Trommelbremsen
Gewicht (kg):	98

Motovespa 160 GT (09C)

Die Motovespa, eine spanische Lizenz der Vespa 160 GT, wurde ab dem Jahr 1969 in drei Versionen gefertigt. Bis 1973 war die Standardversion nur in Blau erhältlich. Die Zierleisten an den Kotflügeln und am Spritzschutz waren aus Aluminium. Ab 1973 wurde die Motovespa bis zum Produktionsende im Jahr 1979 in vielen unterschiedlichen Karosseriefarben angeboten. Die Aluminiumleisten waren nun verchromten gewichen. Nur ein Jahr lang, 1974, wurde auch eine Motovespa 160 GTi gefertigt. Sie hatte an den Lenkerenden je einen Blinker montiert.

Cushman Vespa GS 150 (VS5)

Die Cushman Company wurde bereits im Jahr 1903 gegründet. Zunächst baute sie Husky-Motoren, bevor das Unternehmen im Jahr 1936 den ersten Auto-Glide-Scooter, ein kleines Transportvehikel, vorstellte. Im Jahr 1960 unterzeichnete Piaggio einen Lizenzvertrag mit den Cushman Motor Works als US-Distributor für Vespas durch das Cushman-Händlernetz. Im Laufe des dreijährigen US-Verkaufs lieferte Cushman rund 6000 Vespas, davon nur 500 GS-150-Deluxe-Versionen aus. Da die Vespas direkt aus Italien kamen, wurde lediglich das Cushman-Logo auf der rechten Seite des Beinschildes angebracht. Der Verkauf endete 1963. Cushman gab im Jahr 1965 die Scooterproduktion endgültig auf.

■ Cushman Vespa GS 150	
Bauzeit:	1960 bis 1963
Motorbauart:	luftgekühlter 1-Zylinder-2-Takt-Motor
Hubraum (cm³):	146
Leistung (PS bei 1/min):	8 bei 7500
V_{max} in (km/h):	100
Rahmen, Federung, Bremsen:	selbsttragend, Schraubenfedern, Stoßdämpfer vorne und hinten, Trommelbremsen
Gewicht (kg):	104

DIE 1970ER-JAHRE

BUNTES PROGRAMM IM POP-JAHRZEHNT

Noch zum Ende des Jahres 1969 hatte Piaggio den italienischen Motorrad- und Motorrollerhersteller Gilera aus Arcore übernommen. Doch das Unternehmen konzentrierte sich mit seinen Zweiradmodellen auf eine immer stärker anwachsende Gruppe von Käufern – die Jugendlichen und jungen Erwachsenen. Denn längst hatten die Eltern der jungen Generation das Auto als wirtschaftliches Fortbewegungsmittel in ihr Herz geschlossen. Ein Zweirad war nicht mehr standesgemäß. Die Jugend jedoch träumte von Unabhängigkeit und einem motorisierten Untersatz, der diesen Traum verwirklichen konnte. In den Kinos liefen die „Love Story“ und „Saturday Night Fever“.

Ab den 1970er-Jahren wurden die Vespa-Karosserien klar in Smallframes und Largeframes getrennt. Dabei wurden von den Vespas mit kleinen Rahmen wesentlich mehr produziert als von den Modellen mit wuchtigen Karosserien.

Die 1970er-Jahre waren auch die Zeit, in der sich die beiden Karosserievarianten groß oder klein voneinander unabhängig machten. Vor allem die kleinen 50er-Modelle mit den lebhaften Lackierungen wurden den Händlern förmlich aus den Händen gerissen. Zahlreiche Neuerungen, die auch zukunftsweisend sind, fließen in diese Hubraumklasse ein. Doch die kleine Vespa 50 Elestart kommt für die Käufer zu früh. Der Verkauf bringt nicht die gewünschten Umsätze.

Auch die 125er-Klasse ist mit der 125 Primavera stark vertreten. Sie verkörperte perfekt die Phantasie der 16-Jährigen in Bezug auf Mobilität und wurde dementsprechend in großer Zahl verkauft. Auch sie hatte die kleine Karosserie, die weiterhin aus Stahlblech bestand. Nun komplett mit der neuen Gemischsteuerung ausgestattet, war sie auf dem technischen Höhepunkt. Die schnelle 125er ET3 hatte sogar drei Überströmkanäle. Die 125er-Modelle 125 GTR und 125 TS, die beide die größere Karosserievariante hatten, verkauften sich weit weniger gut als die Vespa Primavera mit der schlanken und gleichmäßigen Linienführung. Auch die hubraumstarken Vespa-Roller 150 Sprint Veloce und 200 Rally hatten die große Karosserie mit den abnehmbaren Seitenbacken. Vor allem die 200 Rally mit der erstmals eingesetzten elektronischen Zündung war eine Meisterleistung. Mit einem 12,5 PS starken Motor erreichte sie eine Spitzengeschwindigkeit von 115 km/h. Doch bei diesem Motorroller war die Grenze des Fahrwerks erreicht. Dennoch war die „Rally“ bei sportlich ambitionierten Fahrern aufgrund ihrer Leistungen sehr geschätzt und blieb für lange Zeit die im Hubraum größte Vespa.

Trotz einer rückläufigen Nachfrage bei den Motorrollern konnte Piaggo mit den 1970er-Jahren zufrieden sein. Im September 1974 erreichte die gesamte Vespa-Produktion die Fünfmillionen-Marke und im August 1977 war eine weitere Million Vespa-Roller produziert worden.

Der Mofa-Boom der 1970er-Jahre

Gleichzeitig zum Verkaufserfolg der 50er-Vespa-Motorroller hatte Piaggio an einem weiteren Verkaufserfolg einen enormen Anteil. Seit das Ciao-Mofa Ende der 1960er-Jahre in den Zweiradläden erschienen war, hatten sich die Verkaufszahlen stetig nach oben bewegt und Anfang der 1970er-Jahre wurden riesige Umsätze erreicht. So bekam im Jahr 1970 das Ciao-Mofa die Boxer und drei Jahre später die Bravo zur Seite gestellt. Nach vielen Modellvarianten der drei 50er Bravo, Boxer und Ciao kam Ende der 1970er-Jahre noch die Piaggio SI Prima in das Verkaufsprogramm, ebenfalls ein Zweirad mit 50 Kubikzentimetern.

Im Jahr 1972 kam die stärkste Vespa auf den Markt, die 200 Rally mit 12,5 PS, elektronischer Zündung und einer Spitzengeschwindigkeit von 115 km/h.

Vespa-Kleinkrafträder in Spanien

Wie der Seat 600 bei der erwachsenen spanischen Bevölkerung war die Vespino das Fortbewegungsmittel der spanischen Jugend der 1970er-Jahre. Mehr als 20 verschiedene Modelle, wie die L (1968, links), GL (1976), Super Confort (1980), AL mit Reed-Einlass (1985), New Look (1991), F-9 (1992), Velofax (1995) und F-18 (1999), wurden von Motovespa in Spanien vertrieben. Die F-18 war das letzte Modell der beliebten Vespino. Alle Modelle hatten einen 50-Kubikzentimeter-Zweitakt-Motor, einen Pedalantrieb und einen Riemenantrieb mit Fliehkraftkupplung. Ein neues Konzept war die Lage des Kraftstofftanks, der sich zwischen Vorderrad und Motor befand. Die ersten Modelle hatten Speichenräder mit einer Größe von 18 Zoll. Ab dem Jahr 1980 wurden 17-Zoll-Räder aus Aluminium montiert. Die Vespino wurde auch ins Ausland exportiert. Die ersten Exportländer, die dieses Moped bekamen, waren Frankreich, Großbritannien, Deutschland, Marokko, Kolumbien und Chile. Für den Verkauf der Vespino wurde das internationale Vertriebsnetz von Piaggio genutzt.

■ Piaggio Boxer	
Bauzeit:	1970 bis 1983
Motorbauart:	luftgekühlter 1-Zylinder-2-Takt-Motor
Hubraum (cm³):	50
Leistung (PS bei 1/min):	1,5 bei 4500
V_{max} in (km/h):	40
Rahmen, Federung, Bremsen:	Stahlblech, Schwinge od. hydraulische Telegabel vorne, Cantilever od. Federb. hinten, Trommelbremsen
Gewicht (kg):	53

Piaggio Boxer/Boxer 2 (B1M, B2V, B3M)

Die erste Serie der Piaggio-Boxer hatte den Kraftstofftank, der aus Kunststoff bestand, unter dem langen und bequemen Sattel. Die Räder des Mopeds hatten eine Größe von 18 Zoll. Einige Boxer der B1M-Serie hatten noch die gefederte Vordergabel der Ciao eingebaut. Später bekamen die Boxer-Modelle vorne eine Telegabel. Die zweite Boxerserie unterschied sich vor allem durch die 17-Zoll-Räder. Beide Serien hatten eine Getriebeautomatik mit Fliehkraftkupplung.

Vespa 200 Rally (VSE1T)

Die Vespa 200 Rally war der erste Motorroller mit elektronischer Zündung anstelle der klassischen Unterbrecherkontaktzündung. Mit ihren Rallyestreifen und dem „ELECTRONIC"-Schriftzug auf Kotflügel und Backen war die Vespa für viele Jahre das Flaggschiff bei Piaggio. Erstmalig wurde in den Piaggio-Prospekten eine Beschleunigung bis 100 km/h angepriesen. Die 200 Rally erreichte diese Geschwindigkeit beim Ausdrehen der vier Gänge in 42 Sekunden. Die modische Lackierung des Rollers war meist sehr grell in Orange oder Rot gehalten. Lediglich das Graumetallic wich davon ab. Mit 187.000 Lire war auch der Kaufpreis an der oberen Spitze angesiedelt. Dennoch wurden von dem spritzigen Motorroller insgesamt 41.275 Exemplare verkauft.

■ Vespa 200 Rally	
Bauzeit:	1972 bis 1979
Motorbauart:	luftgekühlter 1-Zylinder-2-Takt-Motor
Hubraum (cm³):	198
Leistung (PS bei 1/min):	12,5 bei 5700
V_{max} in (km/h):	116
Rahmen, Federung, Bremsen:	selbsttragend, Schraubenfedern, Stoßdämpfer vorne und hinten, Trommelbremsen
Gewicht (kg):	106

Piaggio Ape Car 220	
Bauzeit:	1972 bis 1977
Motorbauart:	luftgekühlter 1-Zylinder 2-Takt-Motor
Hubraum (cm³):	216
Leistung (PS bei 1/min):	10,4 bei 5000
V_{max} in (km/h):	62
Rahmen, Federung, Bremsen:	Leiterrahmen, Schwinge, Spiralfeder-Dämpfer vorne, Querlenker, Gummihohlfeder hinten, Trommeln
Traglast (kg):	550

Piaggio Ape Car (AF1T – AF5T)

Größer und komfortabler wurde im Jahr 1972 das neue Ape Car vorgestellt. Das Ape Car war ein kompletter Modellwechsel, der die Ape nicht mehr wie einen dreirädrigen Roller aussehen ließ, sondern das Nutzfahrzeug mehr in Richtung Kraftwagen brachte. Wesentlich besser ausgestattet, mit einer geräumigen Kabine und einem richtigen Lenkrad, hatte das Fahrzeug mit seinen Vorgängern nichts mehr gemeinsam. Der Einzylinder-Zweitakt-Motor, der auf einem speziellen „Schlitten" angebracht war, hatte nun 216 Kubikzentimeter. Die Nutzlast war auf der Ladefläche mit den Abmessungen von 1,5 x 2 Metern auf 550 Kilogramm angestiegen.

Piaggio Bravo (EEM3T)

Ab dem Jahr 1973 wurde die Bravo als Kleinkraftrad vom italienischen Fahrzeughersteller Piaggio angeboten. Das Moped verfügte über einen Zweitakt-Motor und war in zwei Varianten erhältlich, als Mofa-Version mit einer Höchstgeschwindigkeit von 25 km/h und als Moped-Variante mit einer Spitzengeschwindigkeit von 50 km/h. Die erste Serie bestand aus den Modellen A, L und L/S. Ab der zweiten Serie (S, SC) wurde die Form des Tanks verändert und ab dem Jahr 1976 wurde er aus Blech statt aus Kunststoff gefertigt. Die dritte, nun komplett gefederte Serie (P, PX) erhielt eine neue, bulligere Verkleidung. Auch der Kraftstofftank wurde nochmals überarbeitet. Das zulässige Gesamtgewicht betrug 140 Kilogramm.

Piaggio Bravo	
Bauzeit:	1973 bis 2001
Motorbauart:	luftgekühlter 1-Zylinder-2-Takt-Motor
Hubraum (cm³):	48
Leistung (PS bei 1/min):	2,7 bei 5250
V_{max} in (km/h):	25
Rahmen, Federung, Bremsen:	Stahlblech, hydraulische Teleskopgabel vorne, Federbein hinten, Trommelbremsen
Gewicht (kg):	48

Piaggio Super Bravo	
Bauzeit:	1973 bis 1987
Motorbauart:	luftgekühlter 1-Zylinder-2-Takt-Motor
Hubraum (cm³):	48
Leistung (PS bei 1/min):	2,7 bei 550
V_{max} in (km/h):	25
Rahmen, Federung, Bremsen:	Stahlblech, hydraulische Teleskopgabel vorne, Federbein hinten, Trommelbremsen
Gewicht (kg):	56

Piaggio Super Bravo (EEM3T)

Die vierte Serie der Piaggio Bravo wurde zeitgleich mit der dritten Serie produziert und hörte auf die Bezeichnung „SuperBravo". Die Super Bravo wurde in der Werbung als sportliches Cross-Mofa vermarktet und man hatte sich auch dementsprechend beim Design dem Thema angepasst. Eine Telegabel, ein großer Stoßdämpfer hinten und hochgezogene Schutzbleche waren Markenzeichen der Super Bravo. Von der Super Bravo wurde auch ein Sondermodell mit Zweigang-Handschaltung und manueller Kupplung gefertigt. In Deutschland wurde die Super Bravo als Mofa mit 25 km/h Höchstgeschwindigkeit vertrieben.

Vespa 125 Primavera, 2. Serie (VMA2T)

Der Übergang von der ersten 125-Primavera-Serie zur zweiten war fließend. Es gab keine Präsentation. Auch waren die Unterschiede sehr gering. Lediglich die Handgriffe am Lenker waren nun schwarz anstatt grau und die Form war anders geworden. Die Fahrzeuglogos waren nun nicht mehr schräg angebracht, sondern waagerecht ausgerichtet.

Die Primavera gab es in den trendigen Farben Braunmetallic, Graumetallic, Hellblau und Weiß für einen Stückpreis von 264.000 Lire. Dieser vermeintlich hohe Preis resultierte aus einem starken Wertverlust der Lira, der bereits Anfang der 1970er-Jahre begonnen hatte. Doch der Preis hatte keine Auswirkungen auf die Verkaufszahlen. Mit 35.329 Fahrzeugen wurde auch die zweite Serie gut verkauft.

Vespa 125 Primavera	
Bauzeit:	1974 bis 1977
Motorbauart:	luftgekühlter 1-Zylinder-2-Takt-Motor
Hubraum (cm³):	121
Leistung (PS bei 1/min):	5,6 bei 5000
V_{max} in (km/h):	88
Rahmen, Federung, Bremsen:	selbsttragend, Schraubenfedern, Stoßdämpfer vorne und hinten, Trommelbremsen
Gewicht (kg):	76

Vespa 50 R	
Bauzeit:	1975 bis 1983
Motorbauart:	luftgekühlter 1-Zylinder 2-Takt-Motor
Hubraum (cm³):	50
Leistung (PS bei 1/min):	1,5 bei 4500
V_{max} in (km/h):	40
Rahmen, Federung, Bremsen:	selbsttragend, vorne Einarmschw. mit Gummielement, hinten Schraubenfeder, Stoßdämpfer, Trommelbrems.
Gewicht (kg):	67

Vespa 50 R, 2. Serie (V5A1T)

Dank einer kaufkräftigen Gruppe von 14-jährigen Jugendlichen in Italien stand die Vespa 50 R der zweiten Serie der ersten in nichts nach. Mit einer Stückzahl von 448.000 verkauften Fahrzeugen übertrumpfte sie sogar die Vorgänger-Serie. Mit leichten optischen Retuschen, wie waagerecht verlaufenden Schriftzügen, hatte sich der Preis für den kleinen Roller mit 269.000 Lire jedoch fast verdoppelt. Nach wie vor besaß sie die kleineren Neun-Zoll-Räder und hatte statt einer Schraubenfeder und eines Stoßdämpfers an der Vordergabel lediglich federnde Gummielemente. Die Farben waren weiterhin Blau, Gelb, Hellblau und Rot.

Vespa 50 Special, 2. Serie (V5B3T)

Auch die 50 Special bekam 1975 eine Neuauflage verpasst. Wie bei der 50 R der zweiten Serie waren es vor allem optische Details, die sie von ihrer Vorgängerin unterschieden. Mit den Zehn-Zoll-Rädern war der Motorroller nicht nur in seinem Design ein Hingucker. Da als technisches Bonbon bei der 50 Spezial der zweiten Serie jetzt ein Viergang-Getriebe eingebaut war, was sie vor allem beim Beschleunigen wesentlich agiler machte als die zuvor angebotenen 50er-Vespas, war sie bei den Jugendlichen besonders stark gefragt. Diese Nachfrage drückte sich auch in der Produktion von 563.955 Fahrzeugen aus, trotz des stolzen Preises von 289.000 Lire. Zu den bekannten Farben kam eine Variante in Weiß dazu.

Vespa 50 Special	
Bauzeit:	1975 bis 1983
Motorbauart:	luftgekühlter 1-Zylinder-2-Takt-Motor
Hubraum (cm³):	50
Leistung (PS bei 1/min):	1,5 bei 4500
V_{max} in (km/h):	40
Rahmen, Federung, Bremsen:	selbsttragend, Einarmschw., Gummielement vorn, Schraubenf., Dämpf. hinten, Trommelbremsen
Gewicht (kg):	72

Vespa 50 Elestart	
Bauzeit:	1975 bis 1976
Motorbauart:	luftgekühlter 1-Zylinder-2-Takt-Motor
Hubraum (cm³):	50
Leistung (PS bei 1/min):	1,5 bei 4500
V_{max} in (km/h):	40
Rahmen, Federung, Bremsen:	selbsttragend, Einarmschw., Gummielement vorn, Schraubenf., Dämpf. hinten, Trommelbremsen
Gewicht (kg):	76

Vespa 50 Elestart, 2. Serie (V5B4T)

Wie die beiden anderen 50er-Vespas wurde auch die 50 Elestart im Jahr 1975 überarbeitet. Mit ihrem elektrischen Anlasser und ohne Kickstarter kam der Roller bei der männlichen Käuferschar nicht besonders an. Auch die Damen verhielten sich eher zurückhaltend beim Kauf des Motorrollers. Der Preis von 330.000 Lire hielt ebenfalls so manchen Käufer davon ab, sich für die Elestart zu entscheiden. Somit war nach einem Jahr die Idee eines Rollers mit Anlasser ausgeträumt. Zum Produktionsende waren nur 432 Roller der zweiten Serie verkauft.

Vespa 125 TS (VNL3T)

Auch in der 125er-Klasse tat sich 1975 einiges. Die GTR wurde aus dem Programm genommen und durch die 125 TS ersetzt. Sie hatte ebenfalls die größere Vespa-Karosserie und entsprach auch sonst optisch fast dem Vorgänger. Lediglich die verchromten Zierleisten waren von den Seitenbacken und dem vorderen Kotflügel verschwunden. Hatte die GTR noch Bremstrommeln mit 160 Millimetern Durchmesser eingebaut, besaß die „Turismo Speciale" Trommelbremsen mit einem Durchmesser von 150 Millimetern. Beim Motor wurde die Drehzahl leicht erhöht, sodass es die TS auf eine Leistung von acht PS und eine Geschwindigkeit von 93 km/h brachte. Insgesamt wurden 28.704 Exemplare zum Stückpreis von 411.600 Lire produziert.

Vespa 125 TS	
Bauzeit:	1975 bis 1978
Motorbauart:	luftgekühlter 1-Zylinder-2-Takt-Motor
Hubraum (cm³):	123
Leistung (PS bei 1/min):	8 bei 5600
V_{max} in (km/h):	93
Rahmen, Federung, Bremsen:	selbsttragend, Schraubenfedern, Stoßdämpfer vorne und hinten, Trommelbremsen
Gewicht (kg):	101

Vespa 125 Primavera	
Bauzeit:	1976 bis 1977
Motorbauart:	luftgekühlter 1-Zylinder 2-Takt-Motor
Hubraum (cm³):	121
Leistung (PS bei 1/min):	5,6 bei 5000
V_{max} in (km/h):	88
Rahmen, Federung, Bremsen:	selbsttragend, Schraubenfedern, Stoßdämpfer vorne und hinten, Trommelbremsen
Gewicht (kg):	76

Vespa 125 Primavera, 3. Serie (VMA2T)

1976 wurde die Vespa 125 Primavera nochmals überarbeitet. Sie bekam nun ein schwarzes Ziffernblatt und die große Rückleuchte der ET3, der sie auch gehörig Konkurrenz machte. Daher wurde diese dritte Serie der Primavera nur ein Jahr im Verkaufsprogramm gehalten und nach einer Stückzahl von rund 40.000 Zweirädern in den Ruhestand geschickt. Der beliebte Motorroller, den es original in den Farben Braunmetallic, Graumetallic, Hellblau und Weiß gab und der zuletzt 426.000 Lire kostete, war nun Vergangenheit.

Vespa 125 Primavera ET3 (VMB1T)

Die ET3 war ab dem Jahr 1976 das Zugpferd in der 125er-Klasse und stellte eine sehr sportliche Variante der Vorgänger-Primavera dar. Das „E" stand für elektronische Zündung, das „T" für Travasi (Kanäle) und die „3" für die Anzahl der Kanäle. Mit starkem Sechs-PS-Motor und neuem Auspuff versprach sie wesentlich bessere Fahrleistungen. Auch optisch präsentierte sich die Vespa 125 Primavera ET3 als Sportler. Leistung satt, schicke Streifen wie bei der Rally und – bei den ersten Exemplaren eine Sitzbank im Jeans-Look, überzeugten so manchen Jugendlichen zum Kauf des Rollers. Doch der Preis hatte es in sich: 487.000 Lire mussten für den Sportler hingelegt werden. So war die Stückzahl mit 144.211 Rollern eher gering.

Vespa 125 Primavera ET3	
Bauzeit:	1976 bis 1983
Motorbauart:	luftgekühlter 1-Zylinder-2-Takt-Motor
Hubraum (cm³):	121
Leistung (PS bei 1/min):	6 bei 5500
V_{max} in (km/h):	90
Rahmen, Federung, Bremsen:	selbsttragend, Schraubenfedern, Stoßdämpfer vorne und hinten, Trommelbremsen
Gewicht (kg):	78

Vespa 50 Special, Baujahr 1977

Perfekt getunte 50er-Vespa aus den 1970er-Jahren. Der kleine 50-Kubikzentimeter-Motor wich einem 130-ccm-Motor, der rund 19 PS leistet. Mit einer dem Fahrgestell angepassten Bitubo-Stoßdämpfereinheit und einer Gabel aus der PK-Serie dürfte der Straßenkontakt kaum verloren gehen.

■ Vespa P 200 E	
Bauzeit:	1977 bis 1982
Motorbauart:	luftgekühlter 1-Zylinder-2-Takt-Motor
Hubraum (cm³):	198
Leistung (PS bei 1/min):	10 bei 5600
V_{max} in (km/h):	110
Rahmen, Federung, Bremsen:	selbsttragend, Schraubenfedern, Stoßdämpfer vorne und hinten, Trommelbremsen
Gewicht (kg):	90

Vespa P 200 E (VSX1T)

Ab dem Jahr 1977 bekam die Vespa 200 Rally Konkurrenz von der P 200 E. Der Aufbau der Karosserie entsprach fast vollständig den 125/150-Vespas ohne seitliche Lüftungsschlitze in der Seitenverkleidung. Im Gegensatz zu den 125er- und 150er-Klassen hatte die P 200 E von Anfang an elektronische Zündung. Diese wurde bei den anderen PX-E-Modellen erst ab 1981 eingeführt. Von der Vespa P 200 E wurden während der fünf Jahre Bauzeit 158.999 Motorroller für einen Stückpreis von 908.000 Lire verkauft. Die Farbpalette der P 200 E war Grau, Rot oder Weiß.

Piaggio SI (SIM - SIV)

1978 kam ein weiteres Moped im Stil der Piaggio Ciao in die Zweiradgeschäfte: die Piaggio SI. Sie war so ähnlich wie die Ciao aufgebaut und besaß, bis auf wenige Ausnahmen, den gleichen Motor. Lediglich der Rahmen war nun ein Bauteil, bei der Ciao waren es noch zwei. Bis 1979 wurde das Basismodell lediglich mit einem kleinen Sattel und den Aluminiumspeichenrädern der Ciao produziert. Doch bekam die SI von Anfang an eine vordere Teleskopgabel und hinten zwei Stoßdämpfer und später eine Cantileverfederung. Das Kleinkraftrad gab es, wie damals bei Piaggio üblich, in zwei Ausführungen: als Mofa und als Moped mit einer Höchstgeschwindigkeit von 40 km/h. Von der SI existierten drei Varianten: die Tuttorosso, die Monte Carlo und die Cross.

■ Piaggio SI	
Bauzeit:	1978 bis 1987
Motorbauart:	luftgekühlter 1-Zylinder-2-Takt-Motor
Hubraum (cm³):	50
Leistung (PS bei 1/min):	1,5 bei 4000
V_{max} in (km/h):	25
Rahmen, Federung, Bremsen:	Schalenbauweise, Telegabel vorn, Stoßdämpfer hinten, Trommelbremsen
Gewicht (kg):	54

■ Vespa P 125 X	
Bauzeit:	1978 bis 1980
Motorbauart:	luftgekühlter 1-Zylinder 2-Takt-Motor
Hubraum (cm³):	123
Leistung (PS bei 1/min):	8 bei 5600
V_{max} in (km/h):	95
Rahmen, Federung, Bremsen:	selbsttragend, Schraubenfedern, Stoßdämpfer vorne und hinten, Trommelbremsen
Gewicht (kg):	80

Vespa P 125 X (VNX1T)

Die Vespa-PX-Serie von Piaggio, die Ende der 1970er-Jahre mit der P 125 X und der P 150 X begann, wurde einer der größten Erfolge des italienischen Zweiradherstellers. So war es nicht verwunderlich, dass die PX-Modelle auch heute noch im Programm von Piaggio sind. Zunächst stellte das neu geplante Zweirad die Piaggio-Techniker vor schier unlösbare Aufgaben. Wie sollte ein noch modernerer Motorroller gebaut werden? Doch das Zweirad fiel perfekt aus und so konnten in zwei Jahren bereits 197.147 Vespas P 125 X zu einem Stückpreis von 767.000 Lire verkauft werden.

Vespa P 150 X (VLX1T)

Doch noch größer als bei der P 125 X ist der Erfolg der Vespa P 150 X. In zwei Jahren, bis zum Jahr 1980, hatten bereits 345.301 Exemplare für 823.000 Lire ihren Besitzer gefunden. Diese hohe Stückzahl war vor allem durch den neuen, sehr elastischen gebläsegekühlten Motor mit einer Leistung von fast neun PS entstanden. Das Drehmoment lag bei 1,3 mkg bei 4000 U/min. Trotz dieser Mehrleistung und einer Spitzengeschwindigkeit von 100 km/h war der kräftige Motorroller mit drei Litern Verbrauch auf 100 Kilometer sparsamer als sein Vorgänger. Der Motorroller wurde durch Trommelbremsen mit einem Durchmesser von 150 Millimetern vorne und hinten gebremst. Die Trendfarben für dieses Vespamodell waren Beige, Grün und Weiß.

■ Vespa P 150 X	
Bauzeit:	1978 bis 1980
Motorbauart:	luftgekühlter 1-Zylinder-2-Takt-Motor
Hubraum (cm³):	150
Leistung (PS bei 1/min):	8,8 bei 5600
V_{max} in (km/h):	100
Rahmen, Federung, Bremsen:	selbsttragend, Schraubenfedern, Stoßdämpfer vorne und hinten, Trommelbremsen
Gewicht (kg):	80

DIE 1980ER-JAHRE

MOTORROLLER WERDEN WIEDER HIP

Nach 35 Produktionsjahren der Vespa hatte sich an dem Motorroller viel geändert. Inzwischen bestand das Zweirad aus rund 1400 Einzelteilen, die es in rund 19.000 unterschiedlichen Teilevarianten gab. Lediglich ein Teil war noch mit dem der ersten Vespa identisch: das Magnetschwungrad. Dennoch hielt Piaggio an den typischen Eigenschaften der ursprünglichen Vespa fest. Die Vespa hatte immer noch eine Karosserie aus Stahlblech, eine Gebläsekühlung, einen Zweitakt-Motor und die kleinen Räder. Auch geschaltet wurde das Zweirad immer noch mit einem Drehgriff am Lenker.

Mit Beginn der 1980er-Jahre war die bis dahin treue Zielgruppe der Jugendlichen fast verschwunden. Vor allem die 50er-Vespa-Modelle (oben) taten sich beim Verkauf schwer. Nur die größeren PX- und später die Cosa-Modelle (links) halfen Piaggio, dieses Jahrzehnt zu überstehen.

Die Piaggio-Werke waren weiter auf Erfolgskurs. Als im Jahr 1981 der Zweiradpionier Bianchi aus Mailand übernommen wurde, beschäftigte Piaggio inzwischen 13.470 Menschen. Die Jahresproduktion betrug 512.630 Fahrzeuge und sorgte für einen Umsatz von 626 Milliarden Lire, was umgerechnet rund 350 Millionen D-Mark waren. Doch zeigte sich nun im Verlauf der Jahre, dass die Nachfrage nach Zweirädern immer verhaltener wurde. Auch junge Leute hatten das Auto für sich entdeckt als das Fortbewegungsmittel, das Unabhängigkeit und persönliche Freiheit versprach. Auch die ab 1986 geltende Helmpflicht für Zweiradfahrer in Italien führte zu einem Einbruch der Vespa-Verkäufe. Ein weiteres Problem war das Image, das Motorroller in den 1980er-Jahren hatten. Längst waren diese Zweiräder nicht mehr „cool". Japanische Motorräder und der amerikanische Hersteller Harley-Davidson hatten der Vespa den Rang abgelaufen. Suzuki GSX 1100, Honda VF 750 S, Honda NS 125 R, BMW K 100 RS oder die Yamaha Vmax waren nun die gefragten Maschinen der Zweirad-Fans.

Diese Situation führte dazu, dass die internationalen Motorroller-Hersteller diese Produktnische nicht mehr bedienten und Piaggio Mitte der 1980er-Jahre der einzige erwähnenswerte Produzent für Motorroller war. Doch obwohl auch bei Piaggio bis zum Jahr 1989 fast die halbe Belegschaft entlassen werden musste, setzte Piaggio alles daran, diese schwere Zeit zu überleben.

Attraktive Motorräder aus Japan, den USA, Deutschland und auch aus Italien machten es Piaggio schwer, seine Motorroller in einer gewinnbringenden Stückzahl zu verkaufen.

Neue Vespamodelle mit bewährter Technik

In der Werbung sprach Piaggio mit der Vespa nicht mehr nur das junge Publikum an, sondern auch die reifere Bevölkerung. Dabei sah man deutlich, dass selbst das Piaggio-Marketing keine klare Linie bei der Ausrichtung auf eine bestimmte Zielgruppe finden konnte. So hieß es zur Fußballweltmeisterschaft

Lediglich die PX-Modelle mit der großen Karosserie fanden auch in den 1980er-Jahren ihre Besitzer. Bis heute zählen sie, wie hier die Vespa PX 150 E aus dem Jahr 1984, zu den beliebtesten.

1982 in Italien einfach „Italien ist Vespa!". Im Finale besiegte Italien übrigens die deutsche Mannschaft klar und wurde Weltmeister.

Bei den Modellen wurde weiterhin auf die 50er-, 125er-, 150er- und 200er-Klasse gesetzt. Motovespa in Spanien produzierte auch einen Motorroller in der 75er-Klasse: die Motovespa 75 PK. Die Karosserien wurden für die 1980er-Jahre stark überarbeitet. Dennoch ging das Design der klassischen Vespa nicht verloren. Auch in den 1980er-Jahren unterschied Piaggio zwischen den kleinen PK- und den großen PX-Karosserien. Doch da gerade die PK-Karosserien für den damaligen Geschmack zu kantig ausfielen, lief der Verkauf der kleinen Vespas nicht mehr so rasant. Piaggio reagierte zwar mit den größeren XL-Baureihen, doch diese Vespas entfalteten noch weniger Charisma und blieben so ebenfalls in den Ausstellungsräumen stehen.

Alle Vespas, ob groß oder klein, waren nun mit Zehn-Zoll-Rädern ausgestattet. Auch die Trommelbremsen wurden immer größer. Die Cosa-Versionen Ende der 1980er-Jahre hatten bereits einen Durchmesser von 170 Millimetern.

Lediglich auf den Straßen der italienischen Badeorte (oben) oder in der spanischen Werbung (links) war in den 1980er-Jahren noch das besondere Flair der ehemals hochgeschätzten Vespa-Motorroller zu spüren.

Um den Besitzern einer Vespa den Betrieb ihres Zweirads immer leichter zu machen, wurde im großen Maße die Getrenntschmierung eingesetzt. Bei der Getrenntschmierung wird im Gegensatz zur Gemischschmierung, bei der das Zweitaktöl dem Kraftstoff direkt zugesetzt wird, das Zweitaktöl über eine Ölpumpe dem Kraftstoff zugesetzt. Die PK-Modelle gab es überdies ab 1984 mit Automatik.

Die Ape wird erwachsen

Im Jahr 1982 entwickelte Piaggio eine komplett neue Ape mit einem 220-Kubikzentimeter-Motor und einer Tragkraft von 700 Kilogramm: die Ape TM.

Die Ape TM gab es in zwei Ausführungsvarianten, als Pritsche und als Kasten. Die Pritschenversion hatte eine Länge von zwei Metern, der Kastenaufbau war 1,8 Meter lang. Die Breite war bei beiden Ausführungen mit 1,45 Metern gleich. Zusätzlich wurde auch ein Kipper mit Hydraulik angeboten, der eine Ladefläche von 1,4 x 1,8 Metern hatte. Zwei Jahre später kam

Sind die Vespa-Roller nicht mehr interessant, sind doch die Ape-Kleintransporter von Italiens Straßen nicht mehr wegzudenken.

Ein wichtiges Transportmittel: die Piaggio Ape P 601 aus dem Jahr 1981 in voller Fahrt.

zusätzlich eine Ape mit einem Einzylinder-Viertakt-Dieselmotor ins Verkaufsprogramm: die Piaggio Ape Diesel TM, eine Weiterentwicklung des Ape Car. Auch dieses Nutzfahrzeug hatte eine Nutzlast von 700 Kilogramm und wird mit leichten Modifikationen noch bis heute angeboten.

Heute wird die kleine Ape oft aufgestylt. Dazu wird der gesamte Motorblock bearbeitet und ein Rennmotor mit 102 bis 133 Kubikzentimetern eingesetzt. Die italienischen Tuningbetriebe Folini und Malossi haben dazu viel in ihrem Programm. Unter den jungen Leuten in Italien ist der Besitz einer mit Spoilern, Sportauspuff und Ähnlichem aufgemotzten Ape besonders imageträchtig. 1986 wurde dann die bisher größte Ape vorgestellt: das Ape Car Max mit einer Ladefäche von 1,5 bis 2,3 Metern und einer Traglast von 900 Kilogramm.

Piaggio setzt zusätzlich auf Kleinkrafträder

1982 wurde die dritte Serie der Ciao eingeführt. Viel hatte sich bei dem kleinen Einsitzer nicht geändert. Zusätzlich wurde in den 1980er-Jahren eine Transporter-Version der Ciao auf dem Markt gebracht: die Ciao Porter. Die zweite Serie der Piaggio SI wurde 1987 eingeführt und war bis 1997 im Programm. Sie hatte eine elektronische Zündung. Die Piaggio Boss war ein Kleinkraftrad mit 50-Kubikzentimeter-Motor und stammte von der SI ab. Das kleine Moped mit 2,3 PS Leistung bei 5000 Umdrehungen in der Minute wurde nur ein Jahr ab 1988 produziert und hatte eine elektronische Zündung. 1989 war die Boss bereits wieder aus dem Verkaufsprogramm von Piaggio verschwunden. Dafür füllte das Unternehmen den frei gewordenen Raum im Sortiment mit der Piaggio SI Grillo auf. Die 1980er-Jahre waren auch die Zeit, in denen junge Menschen neue Techniken für sich entdeckten. Zwar war der Computer bereits in den 1970er-Jahren eingeführt worden, doch war er bis dahin vor allem in Unternehmen zu finden. Erst in den 1980er-Jahren wurde auch der Heimcomputer salonfähig und 1988 wurde der erste Apple-Computer vorgestellt. Auch der Walkman war in den 1980er-Jahren unter den Jugendlichen ein Statussymbol und Ausdruck einer neuen Lebensform. Von diesen Geräten wurden bis 2004 ca. 335 Millionen Stück verkauft. Ebenfalls in den 1980er-Jahren hatte das Internet seine anfängliche Versuchsphase überwunden und wurde bis 1989 zum „World Wide Web" weiterentwickelt. Dies führte zu einer umfassenden Umwälzung in vielen Lebensbereichen der Menschen.

Vespa PX 125 E	
Bauzeit:	1981 bis 1982
Motorbauart:	luftgekühlter 1-Zylinder-2-Takt-Motor
Hubraum (cm³):	123
Leistung (PS bei 1/min):	8 bei 5600
V_{max} in (km/h):	95
Rahmen, Federung, Bremsen:	selbsttragend, Schraubenfedern, Stoßdämpfer vorne und hinten, Trommelbremsen
Gewicht (kg):	80

Vespa PX 125 E (VNX2T)

Der Verfall der Lira zeigte sich nun deutlich beim Verkaufspreis der Vespa-Motorroller. Die Vespa PX 125 E als zweite Serie der erfolgreichen PX-Baureihe kostete nun 1,343 Mio. Lire. Dennoch kam man in Pontedera auf eine Stückzahl von 134.300 Vespas PX 125 E. Das „E" stand für elektronische Zündung, die nun serienmäßig war. Sie war die letzte Vespa, die ausschließlich noch einen Reservehahn für den Kraftstoff hatte. Danach wurde bei ihr eine Benzinuhr im Tacho eingebaut. Die Vespa 125 wurde in drei Farben gebaut. Man bekam sie in Hellblau, Rot und Weiß.

Vespa PX 150 E (VLX1T)

Auch die stärkere Vespa PX 150 war nun mit einer elektronisch gesteuerten Zündung als PX E zu bekommen. Wie die kleinere 125er-Schwester hatte auch sie besser gesicherte Seitenbacken, deren Verschlüsse unter der Sitzbank verborgen bleiben. Die PX 150 E konnte mit dem Kickstarter gestartet werden. Als Extra gab es nun auch einen Elektrostarter.

Während der einjährigen Bauzeit wurde der Roller 206.007 Mal in den Farben Beige, Grün und Weiß verkauft. Auch die Radnaben hatten sich von 19 auf 22 Millimeter vergrößert. Alle PX-Modelle hatten nun eine Anti-Dive-Vorderradaufhängung, die das Eintauchen beim Bremsen verringerte. Die Bremstrommeldurchmesser betrugen an Vorder- und Hinterrad 150 Millimeter.

Vespa PX 150 E	
Bauzeit:	1981 bis 1982
Motorbauart:	luftgekühlter 1-Zylinder-2-Takt-Motor
Hubraum (cm³):	150
Leistung (PS bei 1/min):	8,8 bei 5600
V_{max} in (km/h):	100
Rahmen, Federung, Bremsen:	selbsttragend, Schraubenfedern, Stoßdämpfer vorne und hinten, Trommelbremsen
Gewicht (kg):	80

Vespa PK 50/PK 50 S	
Bauzeit:	1982 bis 1986
Motorbauart:	luftgekühlter 1-Zylinder 2-Takt-Motor
Hubraum (cm^3):	50
Leistung (PS bei 1/min):	1,5 bei 4500
V_{max} in (km/h):	40
Rahmen, Federung, Bremsen:	selbsttragend, Schraubenfedern, Stoßdämpfer vorne und hinten, Trommelbremsen
Gewicht (kg):	70

Vespa PK 50/PK 50 S (V5X1T, V5X2T)

Die neue Vespa der 50er-Baureihe kam sehr kantig daher. Sie war von der größeren 125er-Serie kaum zu unterscheiden. Zwar war die Sitzposition wesentlich entspannter als bei den Vorgängermodellen, da der Abstand zwischen Blechboden und Sitzposition größer geworden war, doch stieß die Karosserieform auf wenig Verständnis. So fielen auch die Stückzahlen eher gering aus. Die PK 50 wurde nur 16.411 Mal verkauft, die Luxusversion PK S schaffte es auf 220.477 Exemplare. Die kleine Vespa gab es in Blau, Grün, Rot und Weiß für zwischen 1,1 und 1,4 Mio. Lire.

Vespa PK 125/PK 125 S (VMX1T, VMX5T)

Die Vespa PK 125/PK 125 S sollte ihre Vorgängerin 125 Primavera ersetzen und wurde auf der IFMA 1982 vorgestellt. Auch wenn bei dieser Vespa die Sitzposition besser war als bei der Primavera, störten sich viele potenzielle Käufer an dem harten und eckigen Design ihrer Karosserie. Sie hatten die Linienführung der Primavera ins Herz geschlossen. Daher scheiterten Standard- wie Luxusversion mit dem großen Gepäckfach und den serienmäßigen Blinkleuchten. Sie kamen nicht an die geplanten Stückzahlen heran. Lediglich 7278 Standard-125er und 61.505 Luxusausführungen wurden verkauft. Bereits 1986 wurde der Motorroller von der XL ersetzt. Für 1,8 Millionen Lire gab es das Zweirad in den Farben Grün, Rot und Weiß.

Vespa PK 125/PK 125 S	
Bauzeit:	1982 bis 1986
Motorbauart:	luftgekühlter 1-Zylinder-2-Takt-Motor
Hubraum (cm^3):	121
Leistung (PS bei 1/min):	6,8 bei 5600
V_{max} in (km/h):	90
Rahmen, Federung, Bremsen:	selbsttragend, Schraubenfedern, Stoßdämpfer vorne und hinten, Trommelbremsen
Gewicht (kg):	88

■ Piaggio Ciao P/PX	
Bauzeit:	1982 bis 2006
Motorbauart:	luftgekühlter 1-Zylinder-2-Takt-Motor
Hubraum (cm³):	48
Leistung (PS bei 1/min):	2,7 bei 5000
V_{max} in (km/h):	25
Rahmen, Federung, Bremsen:	Stahlblech, Schraubenfedern, Stoßdämpfer vorne und hinten, Trommelbremsen
Gewicht (kg):	40

Piaggio Ciao P/PX (M7E3T)

Die Piaggio Ciao P hatte im Gegensatz zur Ciao PX eine eckige Sattelstütze, bei der nur der Sattel gefedert war. Bei der PX war ein eckiges Sattelrohr verbaut, der Sattel und die Sattelstütze waren gefedert. Das Rücklicht war bei beiden Modellen am Gepäckträger angebracht. Mit der Bezeichnung C7E3T kam im Jahr 1982 ebenfalls eine Mopedversion auf den Markt. Das Moped hatte die gleiche Ausstattung wie die P/PX-Versionen. Jedoch hatte es eine Endgeschwindigkeit von 50 Stundenkilometern.

Piaggio Ape TM (ATM1T – ATM3T)

„Ist das ein Auto?“, fragte der Sohn seinen Vater. Es passte in keine Schublade, das völlig neue Fahrzeug mit 220 Kubikzentimetern Hubraum, das Piaggio 1982 als Transporter präsentierte. Das Dreirad mit geschlossener Kabine hatte eine Sitzbank für zwei Personen und ein richtiges Lenkrad. Die Ape TM war für größere Lasttransporte bis zu einer Traglast von 700 Kilogramm im Stadtbereich unentbehrlich. Mit den serienmäßigen Zwölf-Zoll-Rädern hatte das kleine Mobil einen Wendekreis von sieben Metern. Die Ape TM wird bis heute im Piaggo-Programm angeboten und ist eines der vielfältigsten Transportmittel der Welt. Auch wenn das langsame Dreirad im Stadtverkehr eine echte Behinderung darstellt, hupt oder drängelt kaum ein Verkehrsteilnehmer.

■ Piaggio Ape TM	
Bauzeit:	1982 bis 1983
Motorbauart:	luftgekühlter 1-Zylinder-2-Takt-Motor
Hubraum (cm³):	218
Leistung (PS bei 1/min):	10,4 bei 5000
V_{max} in (km/h):	65
Rahmen, Federung, Bremsen:	Profilstahl, Schwinge, Spiralfeder, Dämpfer vorne, Querlenker, Gummihohlfeder hinten, Trommeln
Nutzlast (kg):	700

Vespa PK 125 S Automatica	
Bauzeit:	1983 bis 1986
Motorbauart:	luftgekühlter 1-Zylinder 2-Takt-Motor
Hubraum (cm³):	121
Leistung (PS bei 1/min):	7,5 bei 6200
V_{max} in (km/h):	90
Rahmen, Federung, Bremsen:	selbsttragend, Schraubenfedern, Stoßdämpfer vorne und hinten, Trommelbremsen
Gewicht (kg):	90

Vespa PK 125 S Automatica (VAM1T)

Im Jahr 1983 wurde während des Mailänder Salons die erste Vespa mit ausgeklügeltem Automatikgetriebe vorgestellt: die PK 125 S Automatica. Sie sollte wegweisend für viele Vespa-Nachfolgemodelle werden. Die Karosserie blieb identisch mit der Standard-Version. Der Motor erhielt jedoch nun drei Überströmkanäle und einen größeren Vergaser, was den Fahrleistungen zugute kam. Von der rund zwei Millionen Lire teuren Vespa wurden bis 1986 10.024 Fahrzeuge in den Werksfarben Blau und Grau verkauft.

Vespa PX 125 Lusso (VNX2T)

Die 125er-Vespa, die in Italien Arcobaleno (zu Deutsch: Regenbogen) genannt wurde, wurde im Jahr 1983 in Mailand zur jährlich stattfindenden Zweiradmesse präsentiert. Mit ihrer großen Fußablage und einem voluminösen Gepäckfach fand die in Hellblau, Rot oder Weiß erhältliche PX 125 Lusso 149.444 Abnehmer. Auch bei der Sitzposition war einiges von den Piaggio-Technikern verbessert worden. So war sie nun wesentlich günstiger geformt und weicher gepolstert. Der stärkere Scheinwerfer und die Benzinuhr vervollständigten das Lenkerarangement. Für eine gleichbleibende Bremswirkung waren die Bremsbacken des Vorderrads jetzt selbst nachstellend. Der Preis für die Vespa PX 125 Lusso betrug jetzt bereits 2,2 Mio. Lire.

Vespa P 150 X	
Bauzeit:	1983 bis 1992
Motorbauart:	luftgekühlter 1-Zylinder-2-Takt-Motor
Hubraum (cm³):	123
Leistung (PS bei 1/min):	8 bei 5600
V_{max} in (km/h):	95
Rahmen, Federung, Bremsen:	selbsttragend, Schraubenfedern, Stoßdämpfer vorne und hinten, Trommelbremsen
Gewicht (kg):	80

Vespa PX 200 E Lusso

Bauzeit:	1983 bis 1992
Motorbauart:	luftgekühlter 1-Zylinder-2-Takt-Motor
Hubraum (cm³):	198
Leistung (PS bei 1/min):	10 bei 5600
V_{max} in (km/h):	95
Rahmen, Federung, Bremsen:	selbsttragend, Schraubenfedern, Stoßdämpfer vorne und hinten, Trommelbremsen
Gewicht (kg):	90

Vespa PX 200 E Lusso (VSX1T)

Die Anfang der 1980er-Jahre stärkste Vespa war, wie bereits zuvor, die 200-Kubikzentimeter-Version. Wie die 125er- und 150er-Varianten hatte auch dieser Motorroller selbstnachstellende Bremsen, ein Lenkradschloss, das mit dem Zündschlüssel verriegelt werden konnte, und ein großes Gepäckfach. Mit einer Leistung von zehn PS und 110 km/h Spitzengeschwindigkeit kam er fast an die Daten der 200 Rally heran. Von dieser 200er wurden insgesamt 124.578 Exemplare bis 1992 für einen Stückpreis von 2,9 Mio. Lire verkauft.

Vespa PK 50 S Automatica (VA51T, VA52T)

Die Vespa PK 50 S Automatica war mit der Standard-PK-50 bis auf das Getriebe identisch. Statt des Kupplungshebels am linken Lenkerende wurde dort jetzt das Hinterrad gebremst. Ein Bremspedal auf dem Bodenblech war nicht mehr vorhanden. Ab dem Jahr 1987 verdrängte die Plurimatic die PK 50 S Automatica aus dem Vespaprogramm bei den 50er-Rollern. Der kleinen Vespa mit Automatikgetriebe fehlte es jedoch an kaufbereiten Fans. Daher wurde das interessante Fahrzeug in drei Jahren Bauzeit nur 2121 Mal verkauft. Angeboten wurde die Vespa PK 50 S Automatica in den Farben Blau, Rot und Weiß. Für den Exportmarkt gab es die Automatikversionen auch mit 80 und 100 Kubikzentimetern. Der Preis betrug 1,96 Millionen Lire.

Vespa PK 50 S Automatica

Bauzeit:	1984 bis 1986
Motorbauart:	luftgekühlter 1-Zylinder-2-Takt-Motor
Hubraum (cm³):	50
Leistung (PS bei 1/min):	1,5 bei 4500
V_{max} in (km/h):	40
Rahmen, Federung, Bremsen:	selbsttragend, Schraubenfedern, Stoßdämpfer vorne und hinten, Trommelbremsen
Gewicht (kg):	70

Vespa PK 125 ETS	
Bauzeit:	1984 bis 1985
Motorbauart:	luftgekühlter 1-Zylinder 2-Takt-Motor
Hubraum (cm³):	121
Leistung (PS bei 1/min):	8,5 bei 6000
V_{max} in (km/h):	97
Rahmen, Federung, Bremsen:	selbsttragend, Schraubenfedern, Stoßdämpfer vorne und hinten, Trommelbremsen
Gewicht (kg):	88

Vespa PK 125 ETS (VMS1T)

Mit vielen schwarzen Accessoires und einem ebenfalls in Schwarz gehaltenen Lüfterrad wurde die Vespa PK 125 ETS als sportliche Version angeboten. Sie sollte die Primavera ET3 ersetzen. Durch die sportliche Lenkerverkleidung und die dynamischen Zierstreifen erinnerte sie ein wenig an die 200 Rally. Technisch wurden die Kurbelwelle verstärkt und die Kanäle im Vergaser vergrößert. Den Motorroller gab es nur in Rot mit grauen und schwarzen Streifen. Insgesamt wurden 11.711 Fahrzeuge produziert. Der Preis der sportlichen Vespa belief sich auf 1,8 Millionen Lire, umgerechnet rund 1800 DM.

Vespa PX 150 E Lusso (VLX1T)

Mit sanfteren Rundungen als die kleineren Vespa-Modelle hatte die Vespa 150 PX-E Lusso eine echte Chance, ihre Vorgänger befriedigend zu ersetzen. Nicht nur für den Soziusbetrieb war die Sitzbank größer und anatomisch günstiger geformt worden. Eine breitere Fußablage bot eine größere Sicherheit. Eine Benzinuhr war auch bei der PX 150 E im Instrumentenbrett integriert. Darunter war – hinter einem kleinen Grill – die Hupe versteckt. Die Radnaben wurden von 19 auf 22 Millimeter Durchmesser vergrößert. Mit einem Drehmoment von 1,3 mkg bei 4000 U/min schien die Modellerneuerung in dieser Hubraumklasse aufzugehen. Bis 1992 waren 203.232 Motorroller, die es in den Farben Beige, Grün und Weiß gab, für je 2,4 Millionen Lire verkauft.

Vespa PX 150 E Lusso	
Bauzeit:	1984 bis 1992
Motorbauart:	luftgekühlter 1-Zylinder-2-Takt-Motor
Hubraum (cm³):	150
Leistung (PS bei 1/min):	8,8 bei 5600
V_{max} in (km/h):	100
Rahmen, Federung, Bremsen:	selbsttragend, Schraubenfedern, Stoßdämpfer vorne und hinten, Trommelbremsen
Gewicht (kg):	80

Vespa PX 200, Baujahr 1987

Um die 1500 Euro kostet heute ein Motor-Tuning-Kit für die Vespa PX 200. Dafür erhält man jedoch eine Leistung von rund 30,5 PS bei 7955 Umdrehungen in der Minute und ein Drehmoment von 29,4 Newtonmetern bei 6568 U/min. Dringend nötig nach solchen Umbauarbeiten sind eine spezielle Kupplung und eine größere Bremsanlage. Mit dieser Umbaumaßnahme sind dann Spitzengeschwindigkeiten von 150 km/h und mehr möglich. Jedoch sollte bei so einem „Geschoss" auch eine Überlegung sein, ob nicht zudem das Design, wie bei dieser Vespa PX 200 aus dem Jahr 1987, geändert werden soll.

FEINSTE
Gebäck
AUSLESE
KOFFIE
BIGGELAAR
THE
KOFFIE
RT
TW17
49
SCOOTER
& SERVICE

■ Piaggio Ape TM Diesel	
Bauzeit:	1984 bis 1998
Motorbauart:	luftgekühlter 1-Zylinder-4-Takt-Dieselmotor, Direkteinspritzer
Hubraum (cm³):	422
Leistung (PS bei 1/min):	13 bei 4500
V_{max} in (km/h):	65
Rahmen, Federung, Bremsen:	Profilstahl, Schwinge, Spiralfeder, Dämpfer vorne, Querlenker, Gummihohlfeder hinten, Trommeln
Nutzlast (kg):	715 bis 755

Piaggio Ape TM Diesel (ATD1T/ATD2T)

Im Jahr 1984 gab es für das Piaggio Ape Car TM auch den ersten Dieselmotor. Dabei handelte es sich um einen Einzylinder-Viertakt-Dieselmotor, der mit leichten Modifizierungen auch im Jahr 2016 noch im Piaggio-Programm ist. Die Ape stand in drei Aufbauarten zur Verfügung: als Pritsche mit einer Ladefläche von 1,45 Metern Breite und zwei Metern Länge, als Kastenwagen und als Kipper. Gegen einen Aufpreis waren die Bordwände der Pritschenversion aus Aluminium erhältlich. Der Kastenwagen hatte einen nicht abnehmbaren Aufbau aus Stahlblech mit einer Länge von 1,8 Metern. Der hydraulischer Kipper hatte eine Ladefläche von 1,4 x 1,8 Metern.

Vespa PX 125 T5 (VNX5T)

Mit einer Leistung von elf PS konnte es die sportliche Vespa 125 PX-T5 mit so manchem anderen Zweirad aufnehmen. Um die Leistung zu erreichen, war ein Dell'Orto SI 24/24 mit einem Durchlass von 24 Millimetern eingebaut. Auch der Motor war stark modifiziert. Fünf Überströmkanäle und ein Bohrung/Hub-Verhältnis von 52,4 x 57 brachten zusätzliche Leistung. Der Kurzhuber mit der verstärkten Kurbelwelle hatte auch einen halbkugelförmigen Brennraum und eine Quetschkante. Um die größere Wärmeentwicklung besser abzuleiten, waren die Kühlrippen größer. Für 2,8 Mio. Lire gingen insgesamt 36.060 Exemplare über den Ladentisch. Diese Vespa trug auch den Beinamen „Pole Position".

■ Vespa PX 125 T5	
Bauzeit:	1985 bis 1990
Motorbauart:	luftgekühlter 1-Zylinder-2-Takt-Motor
Hubraum (cm³):	123
Leistung (PS bei 1/min):	12 bei 6700
V_{max} in (km/h):	108
Rahmen, Federung, Bremsen:	Schalenbauweise, Telegabel vorn, Stoßdämpfer hinten, Trommelbremsen
Gewicht (kg):	110

Vespa PK 50 XL/XLS	
Bauzeit:	1986 bis 1989
Motorbauart:	luftgekühlter 1-Zylinder 2-Takt-Motor
Hubraum (cm³):	50
Leistung (PS bei 1/min):	1,5 bei 4500
V_{max} in (km/h):	40
Rahmen, Federung, Bremsen:	selbsttragend, Schraubenfedern, Stoßdämpfer vorne und hinten, Trommelbremsen
Gewicht (kg):	70

Vespa PK 50 XL/XLS (V5X3T)

Im Jahr 1986 reagierte Piaggio auf den nur schleppenden Verkauf der kleinen 50er-Klasse und stellte bereits zum Mailänder Salon im Jahr 1985 die XL- und XLS-Modelle vor. Zwar war es den italienischen Designern gelungen, die Karosserielinien – vor allem im vorderen Bereich – flüssiger zu gestalten, doch entsprach die Karosserie unterhalb der Sitzbank und das viel zu große, eckige Rücklicht nicht wirklich dem damaligen Geschmack. Lediglich durch die neu eingeführten Radkappen fielen die Verbesserungen unter dem Strich positiv aus. Bis 1989 wurden dann doch 192.418 Fahrzeuge mit einem Stückpreis von 1,7 Mio. Lire verkauft.

Vespa 50 PK XL Plurimatic (VA52T)

Piaggio versuchte, auch die Vierzehnjährigen zum Kauf eines Automatik-Rollers zu bewegen. Daher erschien parallel zur normalen PK 50 XL auch eine Plurimatic-Ausführung, die es in einer Standard- und einer Luxusversion gab. Jedoch merkte Piaggio sehr schnell, dass ein Automatikroller bei der italienischen Jugend nicht im Trend lag. Denn die jungen Leute wollten schalten und wissen, wo die Obergrenze im Drehzahlband lag. So wurde das kleine Rollerchen nicht akzeptiert. Auch die eckige Karosserieform blieb weiterhin ein negativer Punkt. Nur 18.396 Standard-PK-50-XL-Plurimatic und 1569 Luxusversionen wurden für rund 1,9 Mio. Lire pro Stück verkauft. Schwache Stückzahlen für das an andere Verkaufszahlen gewohnte Unternehmen.

Vespa 50 PK XL Plurimatic	
Bauzeit:	1986 bis 1989
Motorbauart:	luftgekühlter 1-Zylinder-2-Takt-Motor
Hubraum (cm³):	50
Leistung (PS bei 1/min):	1,5 bei 4500
V_{max} in (km/h):	40
Rahmen, Federung, Bremsen:	selbsttragend, Schraubenfedern, Stoßdämpfer vorne und hinten, Trommelbremsen
Gewicht (kg):	70

Vespa PK 125 XL/XLS

Bauzeit:	1986 bis 1990
Motorbauart:	luftgekühlter 1-Zylinder-2-Takt-Motor
Hubraum (cm³):	121
Leistung (PS bei 1/min):	8,5 bei 6000
V_{max} in (km/h):	97
Rahmen, Federung, Bremsen:	selbsttragend, Schraubenfedern, Stoßdämpfer vorne und hinten, Trommelbremsen
Gewicht (kg):	88

Vespa PK 125 XL/XLS (VMX6T)

Der Unterschied zwischen den großen und kleinen Karosserieformen war für die Kunden zu groß. Die Formen der PX-Modelle hatten ein gut gestaltetes Gesamtbild. Doch die Smallframes waren für den Geschmack der Konsumenten zu eckig. Piaggio reagierte auf die Kritik und brachte für die kleinen Karosserien eine überarbeitete Vespa auf den Markt: die XL. Sie wurde jedoch von den Kunden nicht aktzeptiert. Nur 53.750 Vespas für einen Stückpreis von 1,8 Mio. Lire konnten verkauft werden.

Vespa PK 125 XL Plurimatic (VVM1T)

Die Automatik-Vespa kam auch in der 125er-Klasse nur sehr mäßig an. Hier störte den potentiellen Käufer, wie so oft, vor allem das gewöhnungsbedürftige Design. Dennoch war die einfache Schaltautomatik ein gelungener Weg in eine zukunftsweisende Richtung. Die Fliehkraftautomatik verbrauchte nicht mehr Kraftstoff und auch die Fahrleistungen waren so gut wie bei den Schalt-Vespas. Für rund zwei Millionen Lire war das Fahrzeug in den Farben Rot und Weiß zu haben.

Vespa PK 125 XL Plurimatic

Bauzeit:	1987 bis 1990
Motorbauart:	luftgekühlter 1-Zylinder 2-Takt-Motor
Hubraum (cm³):	121
Leistung (PS bei 1/min):	6,8 bei 5600
V_{max} in (km/h):	90
Rahmen, Federung, Bremsen:	selbsttragend, Schraubenfedern, Stoßdämpfer vorne und hinten, Trommelbremsen
Gewicht (kg):	88

Vespa PK 50 Rush	
Bauzeit:	1988 bis 1990
Motorbauart:	luftgekühlter 1-Zylinder-2-Takt-Motor
Hubraum (cm³):	50
Leistung (PS bei 1/min):	2,2 bei 5000
V_{max} in (km/h):	50
Rahmen, Federung, Bremsen:	selbsttragend, Schraubenfedern, Stoßdämpfer vorne und hinten, Trommelbremsen
Gewicht (kg):	70

Vespa PK 50 Rush (V5X4T)

„Rush", also auf Deutsch „Eile", war Programm bei der Vespa PK 50 Rush, die im Jahr 1987 auf dem Mailänder Salon vorgestellt wurde. Durch eine Änderung der Zulassungsvorschriften in Italien war die Leistung kleiner Zweiräder mit 50 Kubikzentimetern nun nicht mehr auf 1,5 PS begrenzt. Mit über zwei PS war der kleine Motorroller nun wesentlich agiler geworden. Dieser Umstand ließ die Verkaufszahlen bei der 50er-PK-Serie nochmals nach oben gehen. In zwei Jahren konnten 61.069 Vespas für einen Stückpreis von 1,7 Mio. Lire in den Farben Rot oder Weiß an eine vor allem jugendliche Kundschaft verkauft werden.

Piaggio Cosa 125 (VNR1T)

Um das Design der PX-Reihe zu modernisieren, entschloss sich Piaggio Ende der 1980er-Jahre zu einem neuen Rollerentwurf mit viel PX-Technik. Damit sich der Roller von dem Vorgänger deutlich abhob, verzichteten die Italiener auf die Bezeichnung „Vespa" und ließen ihn unter dem Namen „Cosa" laufen. Diese Entscheidung war ein großer Fehler, wie sich im Laufe der Zeit herausstellte. Außerdem überzeugte die Formgebung nicht wirklich, denn durch den Wegfall des Vespa-Logos waren die Kaufinteressenten irritiert. Dies schlug sich auf die Verkaufszahlen nieder. Trotz interessanter Neuerungen wurden in drei Jahren nur 17.314 Cosas mit 125 Kubikzentimetern verkauft. Auch der Preis war mit fast drei Millionen Lire sehr hoch.

Piaggio Cosa 125	
Bauzeit:	1988 bis 1991
Motorbauart:	luftgekühlter 1-Zylinder-2-Takt-Motor
Hubraum (cm³):	123
Leistung (PS bei 1/min):	8,3 bei 6000
V_{max} in (km/h):	90
Rahmen, Federung, Bremsen:	selbsttragend, Schraubenfedern, Stoßdämpfer vorne und hinten, Trommelbremsen
Gewicht (kg):	115

■ VPiaggio Cosa 150	
Bauzeit:	1978 bis 1980
Motorbauart:	luftgekühlter 1-Zylinder 2-Takt-Motor
Hubraum (cm^3):	123
Leistung (PS bei 1/min):	8 bei 5600
V_{max} in (km/h):	95
Rahmen, Federung, Bremsen:	selbsttragend, Schraubenfedern, Stoßdämpfer vorne und hinten, Trommelbremsen
Gewicht (kg):	80

Piaggio Cosa 150 (VLR1T)

Der Cosa 150 ging es fast noch schlechter als der kleineren 125er-Schwester. Auch sie blieb in den Vespa-Läden stehen. Dennoch wartete sie mit vielen gut durchdachten Neuerungen auf. Der Helm konnte nun unter der Sitzbank verstaut werden und die Instrumentenkonsole bot zahlreiche neue Details. Auch ein Drehzahlmesser war vorhanden. Die Leistung des Motors stieg auf neun PS. Das Pedal der Integralbremse wurde auf dem Trittbrett platziert und wirkte hydraulisch über einen Bremskraftverstärker auf Vorder- und Hinterrad. Das Vorderrad wurde mit dem Handbremshebel gebremst. Gestartet wurde über einen elektrischen Anlasser.

Piaggio Cosa 200 (VSR1T)

Mit elf PS, einer elektronischen Zündung und einer Spitzengeschwindigkeit von 100 Stundenkilometern zählte die Cosa 200 zu den Spitzenprodukten von Piaggio. Doch der Motorroller scheiterte trotz einer großen farblichen Vielfalt, wie die beiden kleineren 125er- und 150er-Motorroller, an der ungewohnten Namensgebung und der gewöhnungsbedürftigen Karosserieform. Dies konnten auch die technischen Neuerungen wie die Integralbremse nicht ändern. Für einen Preis von 3,4 Mio. Lire wurde nur eine geringe Stückzahl verkauft.

■ Piaggio Cosa 200	
Bauzeit:	1978 bis 1980
Motorbauart:	luftgekühlter 1-Zylinder-2-Takt-Motor
Hubraum (cm^3):	150
Leistung (PS bei 1/min):	8,8 bei 5600
V_{max} in (km/h):	100
Rahmen, Federung, Bremsen:	selbsttragend, Schraubenfedern, Stoßdämpfer vorne und hinten, Trommelbremsen
Gewicht (kg):	80

■ Vespa PK 50 N	
Bauzeit:	1989 bis 1990
Motorbauart:	luftgekühlter 1-Zylinder 2-Takt-Motor
Hubraum (cm³):	50
Leistung (PS bei 1/min):	2,2 bei 5000
V_{max} in (km/h):	40
Rahmen, Federung, Bremsen:	selbsttragend, Schraubenfedern, Stoßdämpfer vorne und hinten, Trommelbremsen
Gewicht (kg):	90

Vespa PK 50 N (V5X5T)

Piaggio stellte im Jahr 1989 auf dem Mailänder Salon die neue Vespa PK 50 N für einen Preis von rund 2,15 Millionen Lire vor. Die kleine Vespa war nun noch schlanker als ihre Vorgängerin und die Front mit dem Kotflügel besaß eine fast spitze Form. Sie hatte einen elektrischen Anlasser, der über einen Knopf am Lenker betätigt werden konnte. Das Dreigang-Getriebe wurde immer noch über einen Drehgriff am Lenker betätigt. Der Motor hatte die moderne Drehschieber-Technik und eine Leistung von 2,2 PS. Mit den im Durchmesser 150 Millimeter großen Bremstrommeln hatte der Roller genügend Sicherheit beim Bremsen. Der 50er-Roller war in den Farben Grün und Weiß erhältlich und wurde insgesamt 43.478 Mal verkauft.

Vespa PK 50 N Speedmatic (V5P2T)

Nur der Schriftzug „Speedmatic" unterschied äußerlich die Normalversion und den Automatikroller. Am Motor hatte man die Leistung über den Drehzahlbereich leicht angehoben. Statt des Drehschiebervergasers wurde nun der Dell'Orto-SHB-16-Membranvergaser eingebaut. Da das Bremspedal am Karosserieboden entfiel, bremste man nun mit einer Handbremse an der linken Lenkerseite. Das Automatikgetriebe wurde durch einen Drehgriff mit zwei Stellungen für Leerlauf und Gangautomatik aktiviert. Lediglich 4924 Zweiräder wurden verkauft.

■ Vespa PK 50 N Speedmatic	
Bauzeit:	1990
Motorbauart:	luftgekühlter 1-Zylinder-2-Takt-Motor
Hubraum (cm³):	50
Leistung (PS bei 1/min):	2,5 bei 6250
V_{max} in (km/h):	40
Rahmen, Federung, Bremsen:	selbsttragend, Schraubenfedern, Stoßdämpfer vorne und hinten, Trommelbremsen
Gewicht (kg):	90

DIE 1990ER-JAHRE

In den 1990er-Jahren bot Piaggio verschiedene Motorroller an, die nicht unter der bekannten Marke „Vespa“ liefen. Es sind Piaggio Hexagon, Piaggio Sfera, Piaggio Skipper und Piaggio Zip. Damit versuchten die Italiener neue Märkte zu erschließen. Dies gelang schlussendlich auch und die Piaggio-Zweiräder verkauften sich ganz gut. Zum 50. Geburtstag der Marke „Vespa“ wurde schließlich eine neue Vespa-Generation im Retro-Look vorgestellt: die Vespa ET.

DIE MODERNISIERUNGSWELLE ROLLT

In den 1990er-Jahren vergrößerte Piaggio das Modellangebot bei den Motorrollern. Zwar wurde die PX nochmals als „Classic" angeboten, doch die kleinen Mopeds und später die weiteren Typen Sfera, Hexagon, Skipper oder Zip mit Kunststoffkarosserien und Automatikgetrieben ließen sich besser verkaufen.

Der Grund für die breite Aufstellung von Piaggio im Zweiradmarkt lag darin, dass der Verkauf von Motorrollern weiterhin stagnierte und das italienische Unternehmen daher versuchte, neue Märkte zu erschließen. Die 1990er-Jahre waren auch von innerer Unruhe im Konzern geprägt. Bereits 1988 war der seit 23 Jahren an der Spitze des Unternehmens stehende Umberto Agnelli gegangen, er hatte Gustavo Denegri den Chefsessel überlassen. Zur gleichen Zeit feilte man auch kräftig an der Unternehmensstruktur.

Renaissance der klassischen PX-Vespa

Im Jahr 1996, man feierte den 50. Geburtstag der Vespa, präsentierte Piaggio die PX Classic. Heute ist die PX Classic die letzte rechtmäßige Nachfolgerin der klassischen Vespa-Motorroller aus Pontedera. Wie die teilweise über 30 Jahre älteren Vorgänger besaß sie eine Stahlblech-Karosserie mit abnehmbaren Seitenhauben, einen überarbeiteten Zweitakt-Motor, ein Viergang-Getriebe mit Drehgriffschaltung und Zehn-Zoll-Räder. Lediglich die Scheibenbremse am Vorderrad (seit 1998) zeigte, dass die Technik in den 1990er-Jahren weiter fortgeschritten war. Dennoch waren die Fahrleistungen in etwa die gleichen wie bei den Vespas der 1970er-Jahre. Die PX-Vespas gab es weiterhin in den Motorgrößen mit 125, 150 und 200 Kubikzentimetern. Viel hatte sich an der Technik des Motorrollers nicht geändert. Der Motor wurde leicht überarbeitet.

Piaggio Cosa – „das hässliche Entchen"

Der Entwurf von Paolo Martin aus dem Jahr 1980 zeigt die H2O, die einen 200-Viertakter mit Wasserkühlung hätte haben sollen.

Die große Vespa, die als „Cosa" angeboten wurde und in deren Entwicklung Piaggio rund 50 Millionen D-Mark investiert hatte, stand bleiern in den Ausstellungsräumen der Händler. Obwohl die mit einem völlig neuen Design ausgestattete Cosa technisch sehr fortschrittlich und auf dem höchsten Stand der Motorroller war, hatte es Piaggio schwer, den Kunden eine Vespa anzubieten, die nicht mehr den Namen „Vespa" trug.

Piaggio erklärte später diesen radikalen Namenswechsel damit, dass man mit der Vergangenheit endgültig abschließen wollte und eine neue, internationale Bezeichnung suchte, die leicht in jeder Sprache auszusprechen war und auch die Jugend der Welt ansprechen sollte. Diese Werbestrategie blieb jedoch ein Wunschdenken der Vorstände Piaggios. Auch die zweite Auflage der Cosa konnte ab dem Jahr 1992 den im Windkanal entwickelten Motorroller nicht wirklich auf dem Zweiradmarkt etablieren. Nach drei Jahren des Verkaufs wurde die Cosa zu den Akten gelegt und nicht mehr produziert.

Die kleinen Vespas im Aufwind

Anders sah es bei der kleinen Vespa-Serie aus. Die 50er- und 125er-PK-Modelle verkauften sich weiter recht gut und vergrößerten auch in den 1990er-Jahren ihren Marktanteil. Die kantigen Modelle waren inzwi schen vom Markt verschwunden und es wurden nur noch die PK-XL-Karosserie-Versionen verkauft. Um die kleinen Roller zudem optisch wertvoller zu machen, wurde mit Anzeigeinstrumenten wie

So wie die großen Vespas immer mehr Marktanteile verloren, gewannen die kleinen Vespas sie hinzu.

Guggenheim-Museum New York

Solomon R. Guggenheim, Mitglied einer wichtigen Industriellen-Familie in den USA, war ein begeisterter Sammler moderner Kunst. Im Jahr 1943 beauftragte der Millionär den US-Architekten Frank Lloyd Wright damit, ein Museumsgebäude für seine umfangreiche Sammlung zu entwerfen. Die Kosten des Gebäudes beliefen sich auf ca. drei Millionen US-Dollar. Als das Museum in den Jahren 1990 bis 1992 restauriert wurde, dachte man daran, die Ausstellung mit einem Anbau zu erweitern. 1998 eröffnete auch die Ausstellung „The Art of the Motorcycle" (in Las Vegas), in der die 114 wichtigsten Zweiräder begutachtet werden können. In dieser Ausstellung durfte natürlich auch eine Vespa nicht fehlen. So entschied man sich für ein schönes 150-GS-Modell, das in Weiß lackiert ist.

Benzinanzeige oder Warnleuchten nicht gespart und auch der Tachometer war nun erheblich größer und gut ablesbar. Der größte technische Schritt war jedoch das neue, mechanisch arbeitende Speedmatic-Automatik-Getriebe, das das komplizierter aufgebaute hydraulische Plurimatic-Getriebe ablöste.

Ein interessantes Modell mit kleiner Karosserie wurde im Jahr 1990 auf dem Kölner Salon vorgestellt. Die kleine Zweitakter-Vespa, die mit einem Elektroantrieb kombiniert war, hörte auf die Bezeichnung „Vespa Bimodale". Gedacht war die Vespa mit dem 50er-Motor für die Möglichkeit, in der Stadt mit Elektroantrieb zu fahren, über Land jedoch den Benzinmotor zu nutzen. Die Reichweite sollte mit Elektroantrieb 15 Kilometer bei einer Geschwindigkeit von 25 km/h betragen. Letztendlich blieb es jedoch bei diesem einen Experimentalprototypen.

Im Jahr 1990 stellte Piaggio einen Prototypen einer Vespa mit Elektro- und Zweitakt-Antrieb vor.

Das Transporter-Geschäft floriert!

Anfang der 1990er-Jahre stieg Piaggio auch ins Kleintransportergeschäft ein. Ab November 1992 bis zum Februar 2002 wurde der Hijet von Piaggio für den japanischen Automobilhersteller Daihatsu in Italien produziert.

Der Piaggio Porter ist ein Lizenzprodukt und basierte auf dem japanischen Daihatsu Hijet.

Als im Jahr 2002 Daihatsu Europa in Insolvenz ging und der Verkauf des Hijet in Europa endete, baute Piaggio den Hijet als Piaggio Porter in Lizenz weiter. Die Motoren für die erste vierrädrige „Ape" werden bis heute in Indien gefertigt. Zunächst gab es zwei Motorvarianten: Benzin- und Dieselfahrzeuge. Ab 1995 wurde auch ein elektrisch angetriebener Porter angeboten.

Als richtiges Spaßmobil, das auch die Jugend ansprechen sollte, brachte Piaggio im Jahr 1994 die Ape 50 Cross Country auf den Markt.

Das Ape-Modell Cross Country war für die junge Käuferschicht gedacht und ist bis heute im Piaggio-Programm.

Mit Überrollbügeln, vorderer und hinterer Stoßstange, einem dritten Bremslicht und großzügigen Rückspiegeln war die Cross Country bestens für den Transport eines Mountainbikes, Snowboards oder Surfbretts geeignet. Als Highlight war auch ein Radio mit Dachantenne installiert. Mitte der 1990er-Jahre begann Piaggio die Ape 50 TL5T anzubieten. Sie hatte, wie die Cross Country, nun zwei Frontscheinwerfer und war wiederum für den einfachen Handwerker oder kleinen Betrieb gedacht, der nur eine geringe Menge an Waren transportieren wollte. Die Ape 50 TL5T wurde von 1995 bis 1999 als kurze Pritsche oder auch mit Kastenaufbau produziert.

Piaggio-Zweiräder erobern den Markt

Am 16. Mai 1991 verließ die dreimillionste Vespa die Montagestraße bei Piaggio. Neben der Vespa und der Cosa begann in den 1990er-Jahren der große Aufstieg der Zweiräder, die auf den Namen Piaggio hörten. Inzwischen war der Konzern mit sieben Tochtergesellschaften, 15 Lizenzfirmen in 14 Ländern und 50 Vertriebsgesellschaften weltweit als Großunternehmen im Zweiradmarkt tätig.

Bei den 50-Kubikzentimeter-Mopeds lieferte Piaggio in den 1990er-Jahren bereits die vierte Serie der beliebten Ciao aus. Gleichzeitig wurden die beiden Moped-Serien Boxer und Bravo eingestellt und von einer ganzen Reihe neuer Modelle ersetzt.

Zunächst kamen im Jahr 1991 die Sfera-Motorroller-Modelle mit 50 und 80 Kubikzentimetern auf den Markt. Zusammen mit der RST 50, die 1995 erschien, waren es alles noch Zweitakter. Erst die Sfera RST 125, die von 1995 bis 1997 gebaut wurde, bekam einen Viertakt-Motor. Dieses Rollermodell hatte einen ganz entscheidenden Vorteil gegenüber den Vespa-Rollern. Der Motor war jetzt tiefer in der Karosserie eingebettet und lag weiter vorne. Dadurch wurde ein wesentlich besserer Schwerpunkt erreicht, der das Fahrverhalten des Motorrollers

Obwohl das Ciao-Moped ein großer Verkaufserfolg war, entwickelte Piaggio in den 1990er-Jahren weitere Zweiräder, die die unbefriedigenden Verkaufszahlen der Vespa-Motorroller ausgleichen sollten.

Aus den ersten Sfera-Motorrollern entwickelte Piaggio im Jahr 1992 den Quartz mit flüssigkeitsgekühltem Zweitakt-Motor und Scheibenbremse am Vorderrad.

gegenüber den Vespamodellen wesentlich verbesserte. Das Automatikgetriebe, das ein Schalten an einem Drehgriff nicht mehr nötig machte, war ein weiterer Unterschied gegenüber der Vespa. In nur vier Jahren waren bereits 250.000 Piaggio Sfera verkauft worden. 1992 wurde der Quartz-Motorroller von der Sfera abgeleitet. Er hatte bereits eine Flüssigkeitskühlung und eine Scheibenbremse am Vorderrad. Der 50 Kubikzentimeter-Motor brachte knapp 2,5 PS mehr als bei der Sfera auf den Prüfstand. Die beliebte Sfera-Baureihe erhielt 1995 eine Überarbeitung an der Karosserie und einen modifizierten Antrieb. Für das Vorderrad gab es nun eine Scheibenbremse. Im Gegensatz zu den Sfera-Motorrollern fiel die Ausstattung des am Anfang der 1990er-Jahre präsentierten Zip-Rollers eher spartanisch aus. Die Modellreihe sollte den billigen

Der Piaggio Zip ist wegen seines geringen Gewichts und dem einfachen Aufbau bis heute ein beliebtes Tuning-Objekt.

Fernost-Modellen, die zur damaligen Zeit den Markt bestimmten, die Stirn bieten. Der luftgekühlte 50-Kubikzentimeter-Zweitakt-Variomatik-Antriebsblock entsprach dem der Sfera-Baureihe. Durch das geringe Gewicht wurden die zuverlässigen Zip-Roller bald auch für das Tuning sehr beliebt. Inzwischen gibt es für die kleinen Roller auch eine eigene Rennserie. Viele Teile der Zip-Baureihe sind auch bei anderen Piaggio-Baureihen im Einsatz. Da die Zip-Modelle gegen Ende der 1990er-Jahre immer mehr Zulassungsprobleme wegen des Abgasausstoßes bekamen, kam 1999 die Zip 2 auf den Markt.

Als Bindeglied zwischen den kleinen 50-Kubikzentimeter-Piaggio-Motorrollern und den größeren Modellen führte der italienische Großkonzern im Jahr 1993 eine weitere Baureihe,

Kurvenlagen wie bei den Motorrädern – für die 50er-Piaggio-Zip-Motorroller gibt es eine eigene Rennserie, die Malossi-Zip-RS-Trofeo.

Piaggio brachte den ersten Großroller aus Italien auf den Markt. Der Hexagon war die Antwort auf die erfolgreiche Honda CN 250 Helix.

die auf die Bezeichnung „Typhoon" hörte, ein. Die Karosserie des Motorrollers war komplett aus Kunststoff gefertigt. Zunächst wurden Roller mit 50, 80 und 125 Kubikzentimetern als Zweitakter angeboten. In Deutschland gab es die Typhoon aus markenrechtlichen Gründen als TPH. Während der langen Bauzeit der TPH wurde das Zweirad immer wieder leichten Modelländerungen unterworfen. In Frankreich, Italien und Spanien wurde die TPH auch als Sportvariante Gilera Typhoon verkauft. Später wurde der Roller auch als Gilera Storm angeboten. In Österreich hießen die Modelle Puch Typhoon.

Ab dem Jahr 1994 wurde ein weiterer Piaggio-Kleinroller von der TPH abgeleitet: der NRG 50. Die erste Serie des Rollers unterschied sich nur dezent von den Typhoon-Modellen. Die hervorstechenden Unterschiede waren vor allem die größeren Felgen und der wassergekühlte Einzylindermotor. Die ab dem Jahr 1996 erhältliche NRG mc^2 erhielt zwei Jahre später zudem eine hintere Scheibenbremse. Auch dieser Roller, der sich durch einen sehr robusten Motor auszeichnet, wird bis heute im Motorsport in großen Zahlen eingesetzt.

Als Großroller stellte Piaggio im Mai 1993 in Nizza den Motorroller Skipper vor. Doch da die Bezeichnung „Skipper" in Deutschland geschützt war, wurde er hier als SKR eingeführt. Die Skippermodelle gab es mit 125 und 150 Kubikzentimetern. Im Jahr 1997 wurde die Produktion der ersten Serie eingestellt und durch die beiden Modelle LX 125 und LXT 150 ersetzt, die bis zum Jahr 1999 gebaut wurden. Alle luftgekühlten Motoren der Skippermodelle der 1990er-Jahre arbeiteten im Zweitaktprinzip.

Parallel zu den Vespas mit den großen Blechkarosserien entwickelte Piaggio bis zum Jahr 1994 einen großen Motorroller mit Stahlrohrrahmen und Kunststoffkarosserie, der auf die Bezeichnung „Hexagon" hörte. Er sollte den unbefriedigten Verkauf der Cosa-Vespas mit Drehgriffschaltung wieder auf den richtigen Weg bringen. Zudem sollte der Roller eine Antwort auf den Honda-CN250-Helix-Motorroller sein, der seit dem Jahr 1984 aufgrund seiner bequemen Sitzfläche und der starken Leistung von 17 PS immer mehr Fans bekam. Ab 1994 wurde eine wassergekühlte 150 Kubikzentimeter-Version des „Sofa"-Rollers mit rund 16 PS angeboten. Zwei Jahre später kam auch eine 125er-Variante hinzu. Mit dem stufenlos schaltenden Getriebe war der Motorroller sehr einfach zu fahren. Die ersten Hexagon waren noch mit Zweitakt-Motoren ausgestattet. Ab dem Jahr 1998 gab es dann nur noch Viertakt-Motoren.
Mit einem schicken Retro-Design im Stil der 1960er-Jahre stellte Piaggio im Jahr 1997 einen Großrad-Motorroller, den Liberty oder Free, in der 50er-Klasse vor. Auch dieser Motorroller war auf die kaufkräftige Jugend der 1990er-Jahre ausgerichtet. Doch sollte er auch Autofahrer begeistern, die sich als Zweitfahrzeug einen Roller zulegen wollten. Mit einer Leistung von 4,6 PS, der flotten Optik, dem sehr guten Fahrwerk und der kinderleichten Handhabung überzeugte er viele Interessenten vom Kauf.

Die Indien-Vespa der Baureihe PX

Die ursprüngliche LML NV wurde als Lizenz der Vespa PX ab dem Jahr 1986 in Indien gefertigt. Die NV wurde dann bis zum Jahr 1995 von Lohia Machinery Limited weiterentwickelt und als LML Star in den Markt eingeführt. Das erste Modell wurde noch mit einem 110-Kubikzentimeter-Piaggio-Motor angeboten. Es folgten im Jahr 1996 das Modell mit 125 Kubikzentimeterm und 1997 das 150-Kubikzentimeter-Modell. Im Jahr 1999 verkaufte Piaggio seine Unternehmensanteile an LML. Seit diesem Zeitpunkt entwickelte LML den Motorroller in eigener Regie weiter.

Die LML Star aus Indien verbindet das klassische Design der Vespa mit der modernen Technik von heute.

■ Vespa PK 125 FL2	
Bauzeit:	1991 bis 1996
Motorbauart:	luftgekühlter 1-Zylinder-2-Takt-Motor
Hubraum (cm³):	121
Leistung (PS bei 1/min):	8,2 bei 5500
V_{max} in (km/h):	100
Rahmen, Federung, Bremsen:	selbsttragend, Schraubenfedern, Stoßdämpfer vorne und hinten, Trommelbremsen
Gewicht (kg):	90

Vespa PK 125 FL2 (VMX7T)

Mit einer sehr gelungenen Linienführung der Karosserie stellte Piaggio während des Mailänder Salons im Jahr 1991 die letzte neue Version der 125er-Klasse vor. Dann kam die ET 125 mit dem Viertaktmotor auf den Markt. Doch gerade die Ankündigung des neuen Viertakt-Modells führte dazu, dass dieses eigentlich sehr gut gelungene kleine Zweirad nicht sonderlich gut verkauft wurde. Das Ende der drehschiebergesteuerten Zweitakt-Vespas konnten auch die größere Sitzbank, der gut positionierte Startknopf und die vielen Zusatzinstrumente nicht mehr aufhalten. Bis 1996 war die Vespa für 2,84 Millionen Lire zu haben.

Vespa PK 125 FL2 Plurimatic (VMX7T)

Die Vespa Plurimatic war die Automatikversion der PK 125 FL2. Sie wurde zeitgleich mit ihrer drehgriffgeschalteten Schwester eingeführt. Im Unterschied zur Schalt-125er entfiel das Bremspedal auf der Trittfläche bei der Automatikversion. Gebremst wurde die Vespa PK 125 FL2 Plurimatic mit dem linken Hebel am Lenker. Durch einen anderen luftgekühlten Zweitakt-Motor mit Aluminiumzylinder und einem membrangesteuerten Vergasereinlass hat der Motorroller eine Pferdestärke weniger. Durch den geänderten Motor war unter der Sitzbank auch kein Werkzeugfach mehr vorhanden. Die Automatik-Vespa war zunächst für die Exportmärkte reserviert und kam erst später auch in Italien in den Zweiradhandel.

■ Vespa PK 125 FL2 Plurimatic	
Bauzeit:	1991 bis 1996
Motorbauart:	luftgekühlter 1-Zylinder 2-Takt-Motor
Hubraum (cm³):	121
Leistung (PS bei 1/min):	7,2 bei 5500
V_{max} in (km/h):	100
Rahmen, Federung, Bremsen:	selbsttragend, Schraubenfedern, Stoßdämpfer vorne und hinten, Trommelbremsen
Gewicht (kg):	90

Piaggio Zip 50 2T	
Bauzeit:	1991 bis 2009
Motorbauart:	luftgekühlter 1-Zylinder-2-Takt-Motor
Hubraum (cm³):	49
Leistung (PS bei 1/min):	4 bei 6500
V_{max} n (km/h):	45
Rahmen, Federung, Bremsen:	Stahl-Zentralrohrrahmen, Telegabel, Stoßdämpfer, Trommelbremsen
Gewicht (kg):	84

Piaggio Zip 50 2T

Die Zip 50 hatte Anfang der 1990er-Jahre ihren ersten Auftritt auf der internationalen Zweiradbühne. Sie sollte das Modellprogramm von Piaggio nach unten abrunden und war die italienische Antwort auf die günstigen Motorroller von Honda, Kymco und Yamaha, die nun den Markt immer stärker übernahmen. Die Motor/Getriebe-Einheit des Rollers bildete der 50-Kubikzentimeter-Zweitakt-Variomatik-Antriebsblock. Um die Piaggio Zip 50 zu einem günstigen Preis anbieten zu können, verzichtete man in Italien auf kostspielige Extras. So stellten ein Elektrostarter, ein Kombiinstrument und ein Helmfach unter der Sitzbank den einzigen Komfort dar.

Vespa PK 50 FL2 (V5N1T)

Im Jahr 1992 erhielt die Vespa PK 50 FL2 ein rundlicheres Design, das auch das nun konkave Gepäckfach hinter dem Beinschild betraf. Dadurch wurde die Beinfreiheit für den Fahrer wesentlich vergrößert. Für 2,1 Millionen Lire konnte man das 50-Kubikzentimeter-Motorröllerchen in der einzigen verfügbaren Farbe Weiß kaufen. Dafür bekam man einen Zweitakt-Motor mit einer Leistung von 2,2 PS bei 5000 Umdrehungen in der Minute. Das Kraftstoffgemisch strömte über einen Vergaser Dell'Orto SHB 16 mit zwölf Millimetern Durchmesser und Drehschieber in den Verbrennungsraum. Geschaltet wurden die drei Gänge mit dem obligatorischen Drehgriff am Lenker. Statt eines Kickstarters war der Roller nur noch mit einem Anlasser ausgestattet.

Vespa PK 50 FL2	
Bauzeit:	1992 bis 1996
Motorbauart:	luftgekühlter 1-Zylinder-2-Takt-Motor
Hubraum (cm³):	50
Leistung (PS bei 1/min):	2,2 bei 5000
V_{max} in (km/h):	40
Rahmen, Federung, Bremsen:	selbsttragend, Schraubenfedern, Stoßdämpfer vorne und hinten, Trommelbremsen
Gewicht (kg):	90

Vespa PK 50 FL2 Speedmatic

Bauzeit:	1992 bis 1996
Motorbauart:	luftgekühlter 1-Zylinder-2-Takt-Motor
Hubraum (cm^3):	50
Leistung (PS bei 1/min):	2,5 bei 6250
V_{max} in (km/h):	40
Rahmen, Federung, Bremsen:	selbsttragend, Schraubenfedern, Stoßdämpfer vorne und hinten, Trommelbremsen
Gewicht (kg):	90

Vespa PK 50 FL2 Speedmatic (V5P1T)

Im Jahr 1992 gab es ein neues Automatikgetriebe für die kleine Vespa, das auf die Bezeichnung „Speedmatic" hörte. Auch bei dieser 50er-Vespa wurde die Linienführung nochmals geändert und sah nun mit der rundlicheren Lenkerverkleidung wesentlich gefälliger aus. Die in Schwarz gehaltene Instrumentenkonsole war sehr gut ablesbar und hatte ein weißes Ziffernblatt. Auch die Abstellfläche für die Füße war in Schwarz gehalten. Den Roller gab es nur in Weiß für einen Preis von 3,3 Mio. Lire.

Piaggio Cosa 2 125 (VNR1T)

Die italienischen Designer von Piaggio erhofften sich viel, als sie im Jahr 1992 die überarbeitete Cosa 125 vorstellten. Doch die gestalterischen Neuheiten fielen zu gering aus, als dass sich beim Absatz der Motorroller etwas ändern sollte. Eine in einer anderen Position angebrachte Rückleuchte, eine größere, besser gepolsterte Sitzbank und zwei Haltegriffe für den Sozius waren zu wenig. Auch konnte eine Version mit einer hydraulischen Integralbremse mit Bremskraftregler, kurz „EBC" genannt, den flauen Abverkauf nicht beflügeln. Das EBC-System war eine fortschrittliche Einrichtung, die den Bremsdruck zwischen Vorder- und Hinterrad über einen Sensor regeln konnte. Doch für diese Technik war der Vespafahrer noch nicht bereit.

Piaggio Cosa 2 125

Bauzeit:	1992 bis 1995
Motorbauart:	luftgekühlter 1-Zylinder 2-Takt-Motor
Hubraum (cm^3):	123
Leistung (PS bei 1/min):	8,3 bei 6000
V_{max} in (km/h):	90
Rahmen, Federung, Bremsen:	selbsttragend, Schraubenfedern, Stoßdämpfer vorne und hinten, Trommelbremsen
Gewicht (kg):	115

Piaggio Cosa 2 200

Bauzeit:	1992 bis 1995
Motorbauart:	luftgekühlter 1-Zylinder-2-Takt-Motor
Hubraum (cm³):	198
Leistung (PS bei 1/min):	11 bei 6000
V_{max} in (km/h):	100
Rahmen, Federung, Bremsen:	selbsttragend, Schraubenfedern, Stoßdämpfer vorne und hinten, Trommelbremsen
Gewicht (kg):	115

Piaggio Cosa 2 200 (VSR1T)

Optisch bot auch die Cosa 2 200 nicht mehr als ihre kleinen 125er- und 150er-Schwestern. Erkennen konnte man sie sofort an den zwei Haltegriffen seitlich der hinteren Sitzbank für den Sozius. Auch die Cosa 200 hatte jetzt das EBC-System eingebaut, das ein Blockieren des Vorderrades beim Bremsen unterbinden sollte. Die Fahrleistungen waren für anspruchsvolle Motorrollerfahrer mehr als zufriedenstellend, jedoch fehlte das Flair der vorangegangenen Vespa-Baureihen. Auch der Verlust des „magischen" Namens Vespa schmälerte sicherlich den Erfolg des sich technisch auf hohem Stand befindlichen Zweirads. Der Preis für die Cosa 2 200 betrug 4,6 Millionen Lire.

Piaggio Porter, Benzinversion

Anfang der 1990er-Jahre bekam die dreirädrige Ape Zuwachs. Ab dem November 1992 wurde der Daihatsu Hijet S80 für den europäischen Markt von Piaggio in Italien gefertigt. Zum Einsatz kamen 1,3-Liter-Motoren aus Indien. Angeboten wurde der Porter als Kleinbus, Kastenwagen, Pritschenwagen und Kipper in mehreren Ausführungen. Für unbefestigtes Gelände gab es auch eine 4x4-Ausführung. Dieser Porter konnte eine Steigung von bis zu 28 Prozent erklimmen. Als im Jahr 2002 Daihatsu Europa insolvent wurde und damit der Verkauf des Hijet in Europa endete, übernahm Piaggio komplett die Lizenz zum Bau des Transporters. Seit 1995 stand auch ein Porter mit Elektroantrieb zur Verfügung.

Piaggio Porter

Bauzeit:	1992 bis 2011
Motorbauart:	wassergekühlter 4-Zylinder-4-Takt-Reihenmotor
Hubraum (cm³):	1308
Leistung (PS bei 1/min):	71 bei 5300
V_{max} in (km/h):	130
Rahmen, Federung, Bremsen:	selbsttragend, Schraubenfedern, Stoßdämpfer vorne, Starrachse hinten, Scheiben-, Trommelbremsen
Gewicht (kg):	950

Vespa PX 80, Baujahr 1994

Die Vespa PX 80 wurde in den 1980er-Jahren vor allem für die deutschen Jugendlichen gebaut. Im Jahr 1980 war der Führerschein der Klasse 1b eingeführt worden, der es erlaubte, auch Kleinkrafträder bis zu einem Hubraum von 80 Kubikzentimetern zu fahren. Doch schnell fanden einfallsreiche Techniker zahlreiche Tricks, um die etwas müde PX 80 im Straßenverkehr ein wenig schneller zu machen. Aber das Ergebnis der Tuningarbeiten machte meistens den größeren Führerschein der Klasse 1a erforderlich.

■ Piaggio Porter	
Bauzeit:	1992 bis 2011
Motorbauart:	wassergekühlter 2-Zylinder-4-Takt-Dieselmotor
Hubraum (cm³):	1201
Leistung (PS bei 1/min):	64 bei 3500
V_{max} in (km/h):	130
Rahmen, Federung, Bremsen:	selbsttragend, Schraubenfedern, Stoßdämpfer vorne, Starrachse hinten, Scheiben-, Trommelbremsen
Gewicht (kg):	1360

Piaggio Porter, Dieselversion

Zeitgleich mit der Benzinvariante kam auch eine Dieselversion auf den Markt. Als wichtiger Helfer im täglichen Transportgeschäft begann mit dem Porter ein unaufhaltsamer Siegeszug des kleinen Arbeitstieres. Gerade der Kastenwagen ließ mit seinen seitlichen Schiebetüren und dem Ladevolumen von drei Kubikmetern und einer Nutzlast von 700 Kilogramm kaum Wünsche offen. Dabei betrugen seine Gesamtlänge nur 3,4 Meter und die Breite 1,4 Meter. Der Radstand maß 1810 Millimeter und die Höhe 1870 Millimeter. Zudem hatte der Kastenwagen eine Ladefläche von 1750 x 1270 Millimeter.

Vespa PX 125/PX Classic (VNX2T)

Die PX 125 war das letzte Modell, das Piaggio noch mit Trommelbremsen an Vorder- und Hinterrad baute. Diese Bauform mit den tauschbaren Rädern und der abnehmbaren Radnabe war über Jahrzehnte ein wesentliches Markenzeichen der Vespas mit Gebläsekühlung. Als Bremsen wurden auch hier nun die großen Trommeln mit 170 Millimetern Durchmesser eingebaut. In Bezug auf Neuerungen tat sich jedoch nur wenig. Lediglich einige Details, wie Knieschutzumrandung oder die Lüfterradabdeckung, waren nun in Schwarz gehalten. Auch die braune, etwas schmale Sitzbank konnte das gewöhnungsbedürftige Design nicht aufhübschen. Ab 1993 konnte die 125er-Vespa für 4,2 Mio. Lire in den beiden Farben Blau und Gelb geordert werden.

■ Vespa PX 125/PX Classic	
Bauzeit:	1992 bis 1995
Motorbauart:	luftgekühlter 1-Zylinder 2-Takt-Motor
Hubraum (cm³):	123
Leistung (PS bei 1/min):	8,3 bei 6000
V_{max} in (km/h):	90
Rahmen, Federung, Bremsen:	selbsttragend, Schraubenfedern, Stoßdämpfer vorne und hinten, Trommelbremsen
Gewicht (kg):	115

Vespa PX 150/PX Classic	
Bauzeit:	1993 bis 1996
Motorbauart:	luftgekühlter 1-Zylinder-2-Takt-Motor
Hubraum (cm^3):	149
Leistung (PS bei 1/min):	9 bei 6000
V_{max} in (km/h):	95
Rahmen, Federung, Bremsen:	selbsttragend, Schraubenfedern, Stoßdämpfer vorne und hinten, Trommelbremsen
Gewicht (kg):	115

Vespa PX 150/PX Classic (VLX1T)

Da die Vespa PX zu Anfang der 1990er-Jahre immer noch eine eingefleischte Fangemeinde hatte, wurde der PX 125 auch eine stärkere Version, die PX 150, zur Seite gestellt. Auch hier bot Piaggio zum 50. Geburtstag der Vespa im Jahr 1996 ein Sondermodell, die „Classic", an. Sie war im Wesentlichen mit ihrer 15 Jahre alten Vorgängerin identisch. Lediglich die Verzierung wurde, ähnlich wie bei der PX 125 T5 rund zehn Jahre zuvor, in Schwarz statt in Chrom ausgeführt. Den Motorroller gab es in den Farben Blau und Gelb für einen Preis von 4,4 Mio. Lire.

Vespa PX 200/PX Classic (VSX1T)

Anfang der 1990er-Jahre wurde natürlich auch die 200er-Klasse mit einer leicht überarbeiteten Version, der PX 200, abgedeckt. Sie sollte mit ihrer Leistung von zehn PS mit zu den stärksten klassischen Vespas gehören. Zum 50. Geburtstag kam von ihr ebenfalls ein Classic-Sondermodell heraus, das jedoch das Ende der Vespas mit Drehgriffschaltung und der charakteristischen Karosserie aus Stahlblech einleiten sollte. Doch die Fans brauchten sich hierüber nicht den Kopf zerbrechen, denn die unglaubliche Geschichte der Vespas ging auch im neuen Jahrtausend weiter. Der Preis der Vespa PX 200 lag Mitte der 1990er-Jahre bei rund 4,6 Mio. Lire. 1997 wurde die PX 200 Classic von der Version mit einer vorderen Scheibenbremse abgelöst.

Vespa PX 200/PX Classic	
Bauzeit:	1993 bis 1996
Motorbauart:	luftgekühlter 1-Zylinder-4-Takt-Reihenmotor
Hubraum (cm^3):	198
Leistung (PS bei 1/min):	10 bei 6000
V_{max} in (km/h):	100
Rahmen, Federung, Bremsen:	selbsttragend, Schraubenfedern, Stoßdämpfer vorne und hinten, Trommelbremsen
Gewicht (kg):	115

Piaggio Ape P 50 Cross Country

Bauzeit:	1993 bis 1994
Motorbauart:	luftgekühlter 1-Zylinder-2-Takt-Motor
Hubraum (cm³):	50
Leistung (PS bei 1/min):	2,8 bei 5800
V_{max} in (km/h):	45
Rahmen, Federung, Bremsen:	Profilstahl Einzelradaufh., Schraubenfed., Dämpfer vorne und hinten, Trommelbremsen
Gewicht (kg):	160 bis 247

Piaggio Ape P 50 Cross Country (TL5T)

Mit einem stabilen Überrollbügel, kleinen Stoßstangen vorne und hinten und einem serienmäßig eingebauten Radio mit Dachantenne war es klar, auf welche Käufer es der italienische Zweiradkonzern Piaggio absah. Man buhlte um die Jugendlichen, die Spaß an einem kleinen Gefährt mit einem Dach über dem Kopf hatten. Als weitere großzügige Details erhielt die kleine Pick-up Ape P 50 Cross Country zwei große Rückspiegel, ein drittes Bremslicht und viel mattschwarzen Kunststoff als Zierrat. Um bequem Gegenstände für das Hobby oder für die Wochenendparty mit einer Geschwindigkeit von bis zu 45 km/h transportieren zu können, hatte die charmante Ape eine Ladefläche von 1,25 x 1,26 Metern. Die Ape 50 Cross Country gab es in Rot und Schwarz.

Piaggio Ape 50 Europa (TL5T)

Die Ape 50 TL5T von Piaggio wurde zwischen 1995 bis 1999 gebaut. Ab dieser Baureihe wurde auch die Standard-Ape mit der erneuerten Frontmaske mit den zwei Scheinwerfern der Cross Country ausgeliefert. Die Ladefläche war auch hier circa 1,20 x 1,20 Meter. Zusätzlich gab es eine Maxiversion mit den Abmessungen 1,20 x 1,40 Meter. Für die kurze Variante war auch ein Kastenaufbau erhältlich. Ebenso wie bei der späteren TL6T-Ape gab es das Modell mit Elektrostarter und zusätzlichem Handkickstarter. Der Rückwärtsganghebel war wie bei den Vorgängern unter der Sitzbank eingebaut.

Piaggio Ape 50 Europa

Bauzeit:	1995 bis 1999
Motorbauart:	luftgekühlter 1-Zylinder-2-Takt-Motor
Hubraum (cm³):	50
Leistung (PS bei 1/min):	2,8 bei 5800
V_{max} in (km/h):	40
Rahmen, Federung, Bremsen:	Profilstahl Einzelradaufh., Schraubenfed., Dämpfer vorne und hinten, Trommelbremsen
Gewicht (kg):	160 bis 247

■ Piaggio Hexagon EX 125	
Bauzeit:	1996 bis 1998
Motorbauart:	luftgekühlter 1-Zylinder-2-Takt-Motor
Hubraum (cm³):	124
Leistung (PS bei 1/min):	14,3 bei 7500
V_{max} in (km/h):	105
Rahmen, Federung, Bremsen:	Stahlrohr-, rahmen, Schwinge mit Stoßdämpfer vorne und hinten, Scheibe/Trommel
Gewicht (kg):	143

Piaggio Hexagon EX 125 (EXS1M, EXS1T)

Die Piaggio Hexagon 125 sollte diejenigen Zweirad-Kaufinteressenten erreichen, die eine A1-Fahrerlaubnis besaßen, oder auch Führerscheininhaber der Klasse 3, die ihre Fahrerlaubnis vor dem 1. April 1980 erlangt hatten. Damit sich auch Zweirad-Fahranfänger mit dem Motorroller schnell zurechtfinden konnten, war die Piaggio Hexagon EX 125 mit einem sehr gutmütigen Fahrwerk ausgerüstet. Den Vortrieb des Motorrollers erledigte ein 125 Kubikzentimeter großer Einzylinder-Zweitakt-Motor mit einer Leistung von fast 15 PS.

Vespa ET4 50 (ZAP C384)

Um den 50. Geburtstag der Vespa auch gebührend zu feiern, entwickelte Piaggio bis zum Jahr 1996 völlig geheim die ET-Serie, die die alten Vespamodelle ablösen sollte. Damit wandte sich das italienische Unternehmen von den zweitaktenden Vespas der Vergangenheit ab. Dies war auch nötig geworden, da die Zweitakt-Modelle immer schwerer die Abgasnorm Euro 1 erfüllen konnten. Der 50-Kubikzentimeter-Viertaktmotor HiPer 4 von Piaggio war der erste Motor dieser Technik in Europa. Die ET4 50 hatte eine selbsttragende Karosserie aus Stahlblech. Ab 1996 gab es den kleinen Viertakter in den Farben Blau, Grau, Grün, Hellgrün, Orange, Rot oder Schwarz für 2200 Euro. Insgesamt wurden 42.700 Fahrzeuge verkauft.

■ Vespa ET4 50	
Bauzeit:	1996 bis 2004
Motorbauart:	luftgekühlter 1-Zylinder-4-Takt-Motor
Hubraum (cm³):	50
Leistung (PS bei 1/min):	4,4 bei 7500
V_{max} in (km/h):	40
Rahmen, Federung, Bremsen:	selbsttragend, Schwingw mit Stoßdämpfer vorne und hinten, Scheibe/Trommel
Gewicht (kg):	96

Vespa ET4 125, Bauzeit 1996

Mit der Vespa ET4 125 begann bei dem italienischen Piaggio-Konzern ein völlig neues Kapitel der Zweirad-Geschichte. Zum 50. Geburtstag der Vespa präsentierte das Unternehmen auf dem Mailänder Salon eine Vespa mit einem Einzylinder-Viertaktmotor. Bei diesem neuen Modell war die Karosserie als tragender Teil aus Stahlblech gearbeitet. Auch die Linien der Karosserie waren an die Vorgänger-Vespas angelehnt und überzeugten mit elegantem Stil.

Vespa
PIAGGIO

■ Vespa ET2 50 (ZAP C16)	
Bauzeit:	1997 bis 2005
Motorbauart:	luftgekühlter 1-Zylinder-2-Takt-Motor
Hubraum (cm³):	49
Leistung (PS bei 1/min):	4,5 bei 6500
V_{max} in (km/h):	40
Rahmen, Federung, Bremsen:	selbsttragend, Schwinge mit Stoßdämpfer vorne und hinten, Scheibe/Trommel
Gewicht (kg):	92

Vespa ET2 50 (ZAP C16) Vergaserversion

Da vor allem die jugendlichen Vespa-Begeisterten bei der ET4 50 die gewohnte, aggressive Leistung der Zweitakt-Roller vermissten, änderte Piaggio ab dem Jahr 1997 seine Programmpolitik und brachte die neue Karosserie auch mit einem Zweitakt-Motor und mit 50 Kubikzentimetern Hubraum heraus. Da diese Version mit 2150 Euro recht günstig war, war auch der Abverkauf beeindruckend. Zusammen mit der Einspritz-Version, die parallel angeboten wurde, konnten insgesamt 170.000 Exemplare verkauft werden.

Vespa PX 125 (VNX1T)

Die PX-Modellreihe hatte nun ab dem Jahr 1997 ebenfalls eine Scheibenbremse am Vorderrad. Der Durchmesser der Bremsscheibe betrug 200 Millimeter. Der Handbremshebel mit dem dazugehörigen Bremsflüssigkeitsbehälter war auf der rechten Seite des Lenkers montiert. Im Heck hatte man weiterhin die Trommelbremse mit einem Durchmesser von 170 Millimetern eingebaut. Auch das offene Federbein an der Vorderradfederung sowie die rundlich gehaltene Sitzbank waren neu und ließen der Vespa einen sportlichen Charakter zukommen. Auf der Seitenverkleidung prangte der Schriftzug „Vespa" in großen kursiven Lettern. Die Farbe dieser 125er-Version war Hellgrün. Inzwischen stieg der Kaufpreis auf 5,2 Millionen Lire an.

■ Vespa PX 125	
Bauzeit:	1997 bis 1999
Motorbauart:	luftgekühlter 1-Zylinder-2-Takt-Motor
Hubraum (cm³):	123
Leistung (PS bei 1/min):	8,3 bei 6000
V_{max} in (km/h):	90
Rahmen, Federung, Bremsen:	selbsttragend, Schraubenfedern, Stoßdämpfer vorne und hinten, Scheibe/Trommel
Gewicht (kg):	115

Vespa PX 150	
Bauzeit:	1997 bis 1999
Motorbauart:	luftgekühlter 1-Zylinder-2-Takt-Motor
Hubraum (cm³):	149
Leistung (PS bei 1/min):	9 bei 6000
V_{max} in (km/h):	95
Rahmen, Federung, Bremsen:	selbsttragend, Schraubenfedern, Stoßdämpfer vorne und hinten, Scheibe/Trommel
Gewicht (kg):	115

Vespa PX 150 (VLX1T)

Für 5,4 Mio. Lire gab es die Vespa mit Bremsscheibe zudem in der größeren 150-Kubikzentimeter-Ausführung. Auch hier war vorne eine Scheibenbremse verbaut und die Ära der nur mit Trommelbremsen ausgestatteten Vespas ging damit zu Ende. Die Leistung der Vespa PX 150 Disco unterschied sich nur unwesentlich von der Classic-Version. Da nun wieder viel Chromzierrat im Design Einzug gehalten hatte, erfreute die Karosserieform der Vespa erneut alle Liebhaber der klassischen Motorroller. Somit wurde gerade dieses Vespamodell ein bis heute gesuchter Klassiker.

Vespa PX 200 (VSX1T)

Auch die stärkste Vespa PX 200 mit zwölf Pferdestärken bei 6000 Umdrehungen in der Minute überzeugte im Aussehen und in der Technik. Obwohl es bereits 20 Jahre her war, seit die erste PX auf den Markt kam, wirkte das neueste PX-Modell keineswegs veraltet. Die Vespa PX 200 hatte mit einem Drehmoment von 1,48 mkg bei 4500 Umdrehungen in der Minute und der Vorderradführung mit dem offenen Federbein wesentlich bessere Fahrleistungen als alle vorangegangenen Modelle. Eine rundere Sitzbank mit viel Komfort für Fahrer und Sozius und zahlreiche Chromteile ließen das Herz der Vespafans beim Anblick der 200er höher schlagen. Der in Hellgrün ausgelieferte Motorroller war bei Interesse für einen stolzen Preis von 5,7 Mio. Lire zu haben.

Vespa PX 200	
Bauzeit:	1997 bis 1999
Motorbauart:	luftgekühlter 1-Zylinder-2-Takt-Motor
Hubraum (cm³):	198
Leistung (PS bei 1/min):	12 bei 6000
V_{max} in (km/h):	100
Rahmen, Federung, Bremsen:	selbsttragend, Schraubenfedern, Stoßdämpfer vorne und hinten, Scheibe/Trommel
Gewicht (kg):	115

Vespa ET2 50	
Bauzeit:	1997 bis 2005
Motorbauart:	wassergekühlter 1-Zylinder-2-Takt-Motor
Hubraum (cm^3):	49
Leistung (PS bei 1/min):	4,5 bei 6500
V_{max} in (km/h):	40
Rahmen, Federung, Bremsen:	selbsttragend, Schwinge mit Stoßdämpfer vorne und hinten, Scheibe/Trommel
Gewicht (kg):	92

Vespa ET2 50 FAST (ZAP C16) Einspritzversion

1997 stellte Piaggio der Zweitakter-ET2-50 mit Vergaser eine Version mit Benzineinspritzung zur Seite. Diese im jugendlichen Zielgruppensegment angesiedelte kleine 50er-Vespa war dringend nötig, da die Vergaserversion die in Europa vorgeschriebenen Abgaswerte nur sehr schwer erreichen konnte. Die neue Benzineinspritzung half erheblich, den Spritverbrauch des Zweitakters zu senken, da der Spültakt des Verbrennungsraums nur mit Luft erfolgte. Das Einspritzen des Kraftstoffgemischs fand bei geschlossenem Auspufftakt statt. Da durch diese Technik eine Schmierung im Motorgehäuse und in der Benzinpumpe nur ungenügend gewährleistet gewesen wäre, wurde das Öl extra über eine elektrische Zweiwegepumpe verteilt.

Piaggio Zip 2 Cat II

Der Verkauf der Piaggio Zip 2 Cat II begann 1999. Auch dieser Motorroller war wie der Vorgänger der 1. Serie sehr klein und agil. Der Preis lag bei 1300 Euro und das Modell hatte eine Endgeschwindigkeit von 45 km/h. Piaggios Kleinster rollte zwar auf Zehn-Zoll-Rädern, hatte aber trotz seines kompakten Formats und günstigen Preises einiges zu bieten, wie beispielsweise eine in drei Höhen arretierbare Sitzbank. Von diesem Roller gab es eine Mofa-Variante mit Variomatik-Drossel, gedrosseltem Motor und geändertem Nebenrohr im Auspuff. Da das Automatikgetriebe sehr kurz übersetzt war, wurde der leichte Roller vor allem bei der Jugend für „Frisier"-Maßnahmen sehr geschätzt. Die Piaggio Zip 2 Cat II wurde auch als SP-Variante mit Wasserkühlung angeboten.

Piaggio Zip 2 Cat II	
Bauzeit:	1999 bis 2010
Motorbauart:	luftgekühlter 1-Zylinder-2-Takt-Motor
Hubraum (cm^3):	49
Leistung (PS bei 1/min):	3,8 bei 7250
V_{max} in (km/h):	45
Rahmen, Federung, Bremsen:	Stahlrohrrahmen, Teleg., Stoßdämpf. vorne, Einarmschw., Monofederb. hinten, Scheibe/Trommel
Gewicht (kg):	84

Piaggio Ape 50

Bauzeit:	1999 bis 2014
Motorbauart:	luftgekühlter 1-Zylinder-2-Takt-Motor
Hubraum (cm³):	50
Leistung (PS bei 1/min):	2,8 bei 5800
V_{max} in (km/h):	40
Rahmen, Federung, Bremsen:	Profilstahl, Einzelradaufh., Schraubenfed., Dämpfer vorne und hinten, Trommelbremsen
Gewicht (kg):	160 bis 247

Piaggio Ape 50 (ZAPC80)

1999 wurde die Ape 50 TL5T von der Ape 50 ZAPC abgelöst. Diese Ape ist bis auf kleinere Änderungen mit der noch heute angebotenen Ape baugleich. Sie besaß eine Getrenntschmier-Einrichtung, die dem Besitzer das zeitraubende Gemisch-Tanken abnahm. Ein Katalysator sorgte für eine saubere Umwelt. Das Getriebe war unsynchronisiert und hatte vier Gänge, per Drehgriff am Lenker geschaltet. Das Umschalten auf den Rückwärtsgang erfolgte über einen Hebel im Fußraum. Die hydraulische Bremse für die Hinterräder wurde mit einem Pedal im Fußraum betätigt. Die Trommelbremse am Vorderrad wurde über einen Lenkerhebel mittels Seilzug bedient.

Vespa ET4 150, 1. Serie (ZAP M1900)

Mit fast 150 Kubikzentimetern erhöhte sich die Leistung der ET4 auf 12,5 PS bei 7500 U/min. Die 150er-Version hatte aufgrund der völligen Neuentwicklung eines Leader-Motors (Low Emission Advanced Engine Range) fast drei Jahre auf sich warten lassen. Durch diese lange Erprobungszeit konnte das Antriebsaggregat jedoch als besonders gelungen angesehen werden. Der Motor wurde später auch bei der Piaggio Fly und bei Aprillia-Zweirädern eingebaut. Die ET4 150 fand vor allem auf dem nordamerikanischen Markt großen Absatz. Sie konnte in der Regel mit einer Spitzengeschwindigkeit von 65 mph mit dem PKW-Verkehr spielend mitschwimmen. Rund 32.000 Fahrzeuge wurden original in den Farben Blau, Grün, Rot, Schwarz, Silber und Violett verkauft.

Vespa ET4 150

Bauzeit:	1999 bis 2000
Motorbauart:	luftgekühlter 1-Zylinder-4-Takt-Motor
Hubraum (cm³):	149,5
Leistung (PS bei 1/min):	12,5 bei 7500
V_{max} in (km/h):	97
Rahmen, Federung, Bremsen:	selbsttragend, Schraubenfedern, Stoßdämpfer vorne und hinten, Scheibe/Trommel
Gewicht (kg):	105

Vespa PX 125	
Bauzeit:	1999 bis 2001
Motorbauart:	wassergekühlter 1-Zylinder-2-Takt-Motor
Hubraum (cm³):	123
Leistung (PS bei 1/min):	8,3 bei 6000
V_{max} in (km/h):	90
Rahmen, Federung, Bremsen:	selbsttragend, Schraubenfedern, Stoßdämpfer vorne und hinten, Scheibe/Trommel
Gewicht (kg):	115

Vespa PX 125 Katalysator (ZAP M09040)

Um den immer strengeren Abgasvorschriften in Europa zu entsprechen, entschied sich Piaggio, die Vespa PX 125 mit einem Zweiwege-Oxydationskatalysator auszurüsten. Damit erfüllte das Modell die Euro-1-Norm. Die Nachfrage nach der klassischen Vespa war auch gegen Ende des alten Jahrtausends, obwohl keine Werbung mehr gemacht wurde, ungebrochen. Der Mode entsprechend hatte die PX 125 nun durchsichtige Blinkergläser. Den 90 km/h schnellen Motorroller gab es in den Fachgeschäften für 2850 Euro.

Vespa PX 150 Katalysator (ZAPM 09045)

Die 150er-Version der PX-Vespa wurde ab dem Jahr 1999 ebenfalls mit einem Katalysator ausgerüstet und kostete 3150 Euro. Ansonsten entsprach sie der kleineren 125er-Vespa. Selbst die erhältliche Karosseriefarbe Grau und die Scheibenbremse am Vorderrad war bei beiden Modellen identisch. Mit neun PS bei 6000 Umdrehungen in der Minute war die 150 PX die stärkste klassische Vespa im Verkaufsprogramm. Die Vespa PX 200 war Opfer der europäischen Abgasvorschriften geworden. Wie ihre Vorgänger hatte die 150er-Vespa Gebläsekühlung und elektronische Zündung. Der Motorroller konnte sowohl mit einem Anlasser als auch mit einem Kickstarter angelassen werden. Der Preis für den Roller betrug 3150 Euro.

Vespa PX 150	
Bauzeit:	1999 bis 2001
Motorbauart:	luftgekühlter 1-Zylinder-2-Takt-Motor
Hubraum (cm³):	149
Leistung (PS bei 1/min):	9 bei 6000
V_{max} in (km/h):	92
Rahmen, Federung, Bremsen:	selbsttragend, Schraubenfedern, Stoßdämpfer vorne und hinten, Scheibe/Trommel
Gewicht (kg):	115

LML 125 Star de Luxe	
Bauzeit:	1999 bis 2001
Motorbauart:	luftgekühlter 1-Zylinder-2-Takt-Motor
Hubraum (cm³):	125
Leistung (PS bei 1/min):	6,7 bei 5500
V_{max} in (km/h):	80
Rahmen, Federung, Bremsen:	selbsttragend, Schraubenfedern, Stoßdämpfer vorne und hinten, Trommelbremsen
Gewicht (kg):	109

LML 125 Star de Luxe

Als Lizenzprodukt wurde die Vespa 125 PX seit dem Jahr 1986 auch von der indischen Firma LML (Lohia Machinery Limited) produziert. Dort war die Bezeichnung schlicht LML NV. LML entwickelte zusammen mit dem italienischen Unternehmen Piaggio die LML NV weiter und präsentierte im Jahr 1995 den ersten Motorroller mit dem Namen „Star". Dieses Modell hatte noch 110 Kubikzentimeter. Ab dem Jahr 1996 waren es dann 125 Kubikzentimeter. Als Piaggio seine Anteile am indischen Unternehmen im Jahr 1999 verkaufte, entwickelte LML die Motorroller weiter und stellte im gleichen Jahr das Modell Star de Luxe vor.

LML 150 Star

Noch mit Piaggio zusammen kam ein Jahr nach der Präsentation der LML 125 Star 1997 die LML 150 Star auf den Markt. Mit einer Leistung von acht PS hatte das 109 Kilogramm schwere Zweirad ein Drehmoment von zwölf Nm bei 3500 U/min. Der gebläsegekühlte Zweitakt-Motor hatte noch eine Frischölschmierung. Der echte Vespa-Lizenzbau kam mit allem, was zum Vespa-Kult gehörte, auf den Markt: mit Viergang-Handschaltung und Drehgriff, einem Blechpressrahmen und der nostalgischen Kurzschwinge vorn. Ein Großteil der LML-Modelle ging in den Export, darunter in Länder wie Ägypten, Australien, die USA, den gesamten asiatischen Raum, Italien, Frankreich, Belgien, Großbritannien und Südafrika.

LML 150 Star	
Bauzeit:	1999 bis 2001
Motorbauart:	luftgekühlter 1-Zylinder-2-Takt-Motor
Hubraum (cm³):	150
Leistung (PS bei 1/min):	8 bei 5500
V_{max} in (km/h):	85
Rahmen, Federung, Bremsen:	selbsttragend, Schraubenfedern, Stoßdämpfer vorne und hinten, Trommelbremsen
Gewicht (kg):	109

DIE 2000ER-JAHRE

MIT SCHWUNG INS NEUE JAHRTAUSEND

Es ist die Zeit, in der zahlreiche Hersteller von Zweirädern ein mehr als reichhaltiges Angebot an Motorrollern anbieten. In diesem stark umkämpften Marktsegment buhlt auch Piaggio um jeden Kunden. Dabei kommt dem Konzern zugute, dass die Namen Piaggio und Vespa einzigartig sind und für Spitzenprodukte mit einem besonderen Design und einer Technik auf höchstem Stand stehen. Doch moderne Viertaktmotoren und Automatikgetriebe in ihren Motorrollern bieten auch alle anderen Hersteller. Somit blieb für Piaggio nur ein einziger Weg übrig, um sich gegen die Konkurrenz zu behaupten: Die Italiener mussten abermals technische Innovationen entwickeln und parallel dazu weitere neue Märkte erschließen. Dies gelang dem Motorroller-Hersteller ausgezeichnet. So wurde ein breitgefächertes Modellprogramm angeboten.

Vor allem mit den Viertakt-Motorrollern versuchte das italienische Unternehmen Piaggio in den 2000er-Jahren völlig neue Zielgruppen für seine Produkte zu gewinnen. Dies gelang dem Konzern auch, dennoch blieb der Zweirad-Hersteller der klassischen Vespa treu.

Durch die positive Entwicklung der Bevölkerung in den Bereichen Bildung, Einkommen und Freizeit waren Anfang des neuen Jahrtausends auch die Freizeitaktivitäten außer Haus enorm angestiegen. Wie stark die Freizeitangebote genutzt werden konnten, hing vor allem von der eigenen Mobilität ab. So ließ sich zwischen 1960 und 2000 eine deutliche Zunahme der privat genutzten Fahrzeuge erkennen. Waren im Jahr 1960 noch 4,8 Millionen auf deutschen Straßen unterwegs, war der Bestand von Pkws bis zum Jahr 2000 auf 42,8 Millionen Fahrzeuge angewachsen.

Vor allem die Großstädte waren davon stark betroffen und während der Hauptverkehrszeiten ergaben sich teils chaotische Zustände. In der „Rushhour" stoßen Berufs-, Einkaufs- und Schulverkehr aufeinander.

Als Folge dieser teils dramatischen Verkehrssituation mit nicht enden wollenden Autokolonnen begannen die Menschen in den Städten abermals das Zweirad zu entdecken. Denn mit diesem motorisierten Fahrzeug konnte man bequem am täglichen Stau vorbeifahren und somit viel kostbare Zeit sparen. Dabei wa-

Im neuen Jahrtausend war vor allem während der Rushhour in den Großstädten das tägliche Chaos ausgebrochen. Zu dieser Zeit wechselten viele Menschen auf ein Zweirad.

ren es nicht unbedingt motorradbegeisterte Personen, die sich für ein Motorrad oder einen Motorroller entschieden, sondern Menschen, die noch nie zuvor ein Zweirad gefahren hatten. Besonders interessant war beim Umstieg von einem vierrädrigen auf ein zweirädriges Gefährt der Motorroller. Er war mit seiner Automatik leicht zu bedienen und schützte mit seinem Beinschild vor Dreck, Wasser und Staub. So konnte man auch einmal mit dem Anzug oder einem Kleid ins Büro fahren. Außerdem wurde der Roller auch im Freizeitbereich immer beliebter. Parkplatzprobleme gab es kaum und mit den Leistungen der modernen Motorroller konnte man ebenfalls zufrieden sein.

Ausbau des Programms der Vespa-Viertaktmodelle

Piaggio konzentrierte sich Anfang der 2000er-Jahre bei den Vespamodellen vor allem auf die ET-Baureihe mit Viertakt-Motoren. Zwar waren immer noch Zweitakter im Programm, jedoch nur im 50er-Bereich, denn die Jugend wollte von den Maschinchen einfach nicht lassen. Parallel gewann jedoch auch bei den 50-Kubikzentimeter-Motorrollern der Viertakter immer mehr an Bedeutung.
Zur ET-Baureihe gesellte sich im Jahr 2003 eine Gran-Turismo-Baureihe, die mit ihrer großen Karosserie vor allem Freizeitfahrer, die auch längere Touren unter die Räder nehmen wollten, ansprach. Auch die GT-Serie blieb der bewährten Karosserie mit dem verschweißten, selbsttragenden Stahlaufbau treu. Die Seitenbacken waren jedoch nicht mehr abnehmbar. Auch das Fahrwerk war mit der Einschwingen-Aufhängung und dem hydraulischen Zweikammerstoßdämpfer am Vorderrad technisch auf höchstem Stand. Hinten arbeiteten verstellbare Hydraulikstoßdämpfer. Der Durchmesser der Räder war mittlerweile auf zwölf Zoll angestiegen. Bei den klassischen Hubraumgrößen entfielen die 150-Kubikzentimeter-Motoren. Stattdessen gab es jetzt eine 250er-GT mit satten 22 PS und 120 km/h Spitze. Diese GT entsprach als Motorroller das erste Mal der Abgasnorm Euro 3.
Um das Jahr 2005 präsentierte Piaggio eine neue Vespa-Modellreihe, die auf die Bezeichnung LX hörte. Diese Baureihe war dank ihrer kompakten Abmessungen für den dichten Stadtverkehr bestens geeignet. Trotz der kleinen Karosserie spendierte Piaggio auch größere Räder mit elf Zoll. Dies erhöhte die Sicherheit auf losem Untergrund erheblich.

Ab dem Jahr 2000 war die Piaggioproduktpalette von einer großen Vielfalt und bunten und frischen Farben geprägt. Das Bild zeigt die Vespa 125 LX-Baureihe aus dem Jahr 2006.

Mit rund 35 Jahren auf dem Buckel gehörte die klassische Vespa für viele Zweiradfahrer schon längst zum alten Eisen. Doch die Hardcore-Vespafans hielten nichts von Automatikrollern. Sie wollten weiterhin selbst entscheiden, wann geschaltet wird. So erlebte auch die Vespa PX in den 2000er-Jahren einen zweiten Frühling.

Aber auch die unverwüstlich scheinende Vespa PX mit Drehgriffschaltung und Fußbremse war in den 2000er-Jahren immer noch im Programm. Eine ganze Reihe von exquisiten Modellen ließ das Herz der eingefleischten Fans höher schlagen.

Ebenfalls im Jahr 2005 erwirtschaftete Piaggio bei einem Umsatz von 1,5 Milliarden Euro einen Gewinn von 37,9 Millionen Euro und beabsichtigte daraufhin, an die Börse zu gehen. Noch im Dezember 2005 kündigte der Aufsichtsrat diesen Schritt an und am 10. März 2006 beantragte Piaggio die Aufnahme in die italienische Börse. Dieser Schritt stellte das Unternehmen für die Zukunft auf ein sicheres Kapitalfundament.

Piaggio-Roller mit vielen neuen Modellreihen

Ab dem Jahr 2000 wurde der Großroller Hexagon mit 125- und 180-Kubikzentimeter-Leader-Viertaktmotoren ausgeliefert. Die Umbenennung in Super Hexagon war jedoch ohne Auswirkungen auf die Technik. Lediglich die Bereifung wurde während der Bauzeit auf zwölf Zoll vergrößert. Kurz vor dem Ende der Baureihe bekamen die „Hexen" noch eine Telegabel mit zwei Holmen, die später auch in die X8 eingebaut wurde.

Als kompakten Maxi-Scooter stellte Piaggio im Jahr 2008 den X7 vor. Er wurde mit 125, 250, 300 und 400 Kubikzentimetern Hubraum produziert.

Als Nachfolger der Hexagon präsentierte Piaggio im Jahr 2006 die X8 mit wassergekühlten Motoren und 125, 200, 250 und 400 Kubikzentimetern Hubraum. Im Raum unter der Sitzbank der X8, der sich auch über eine Heckklappe beladen ließ, war genug Platz, um zwei Integralhelme zu verstauen. Ab dem Jahr 2009 waren die X8 weiterhin als XEvo im Modellprogramm von Piaggio vertreten.

Parallel zu den Hexagon-Motorrollern brachte Piaggio einen sehr luxuriösen Maxi-Scooter auf den Markt. Die Piaggio X9 wartete mit einem hohen Fahrkomfort auf. Hinter der Vollverkleidung der Piaggio X9 verbargen sich viele technische Highlights und das Cockpit war mit elektronischen Details vollgestopft. Gegen Ende des Jahres 2004 bekam die X9 auch ein ABS. Die zusätzlichen Kosten beliefen sich auf 150 Euro. Die Roller gab es mit 125, 180, 250 und 500 Kubikzentimetern. Musste sich der 125er mit seinem hohen Gewicht während des Betriebs noch etwas quälen, musste bei der 500er aufgrund der kernigen Leistung sogar das Fahrgestell gestrafft werden.

Als kompakten Maxi-Scooter stellte Piaggio im Jahr 2008 den Motorroller X7 vor. Der X7 wurde mit wassergekühlten Motoren mit 125, 250, 300 und 400 Kubikzentimetern Hubraum als Vergaserversion wie auch als Einspritzer bis zum Jahr 2012 produziert. Der frische Gran-Turismo-Roller war eine Mischung aus City-Scooter und Großroller, der günstig im Preis sein sollte, jedoch auch für Wochenendausflüge zu gebrauchen war. Vom Fahrverhalten her schaffte Piaggio einen guten Kompromiss zwischen komfortabel und straff.

Im Jahr 2001 forcierte Piaggio auch den Verkauf der Beverly, eines Motorrollers mit großen Rädern, der als Tourer oder Cruiser erhältlich war. Zunächst waren die Motorroller mit Viertaktmotoren mit 125 und 150 Kubikzentimetern zu haben. 2005 wurden dann auch Modelle mit 250 und 500 Kubikzentimetern Hubraum vorgestellt. Später dehnte man die Modellpalette auf 300, 350 und 400 Kubikzentimeter Hubraum aus. Zwischen den Modellreihen Fly und Beverly platzierte Piaggio ab dem Jahr 2007 den Cityroller mit der Bezeichnung Carnaby. Mit großen Rädern und verschiedenen Hubraumgrößen waren die

Mit der Beverly-Baureihe (oben) traten die italienischen Zweiradtechniker den Beweis an, dass sie auch einen Motorroller im avantgardistischen Design auf technisch höchstem Niveau entwickeln konnten. Der Piaggio Carnaby war der ideale Roller für den dichten Stadtverkehr (links).

Fahrleistungen sehr passabel. Der 300er-Cruiser mit einer Leistung von 22 PS und einem aufregenden Design eignete sich besonders für die Fights um jeden Meter in den Großstädten – vor allem in Italien.

Ein völlig neues Fahrzeugkonzept mit zwei neigbaren Vorderrädern stellte Piaggio im Jahr 2006 vor. Der Abstand zwischen den Vorderrädern wurde so konzipiert, dass der MP3 als einspuriges oder als mehrspuriges Fahrzeug angemeldet werden konnte.

Ein völlig neues Fahrzeugkonzept stellte Piaggio im Jahr 2006 vor. Der Piaggio MP3 hatte zwei neigbare Vorderräder und ein wie bei den koventionellen Motorrollern angetriebenes Hinterrad. Der Abstand der beiden Vorderräder wurde von den Piaggio-Technikern so gewählt, dass der MP3 mit geringen Modifikationen entweder als einspuriges oder als mehrspuriges Kraftfahrzeug angemeldet werden konnte. Das Design war sehr stark an die Maxi-Scooter von Piaggio angelehnt. Zunächst gab es das gewöhnungsbedürftige Vehikel in drei Motorvarianten mit 125, 250 und 400 Kubikzentimetern. Doch das gewagte Konzept sollte aufgehen, bereits in den ersten sechs Monaten nach der Markteinführung des MP3 wurden bereits über 10.000 Stück verkauft.

Ab 2000 tat sich auch in den kleineren Hubraumklassen einiges. In der Skipperbaureihe wurden luftgekühlte Viertaktmotoren der Leader-Generation mit 125 und 150 Kubikzentimetern angeboten. Auch bekam die Piaggio Skipper einen neuen Scheinwerfer und ein Multifunktionsdisplay. Die Baureihe lief jedoch im Jahr 2002 aus.

Speziell für die jungen Zweiradfans gab es eine ganze Reihe kleiner 50-Kubikzentimeter-Motorroller, wie die NRG-Power-Baureihe, die in extrem sportlichen Designs ein Eyecatcher auf den Straßen waren.

Piaggio ergänzte die Zip-Baureihe durch die nicht unbedingt geräumigere Diesis, die als Derbi Atlantis das Licht der Roller-Welt erblickt hatte. Mit der Übernahme des spanischen Unternehmens Derbi in die Piaggio-Gruppe gab es den Atlantis auch als Piaggio Diesis und den Original-Atlantis weiterhin bei Derbi in Spanien. Mit den NRG-Power-DT-, Silver-, Purejet- und DD-Silver-Scootern erneuerte Piaggio ab dem Jahr 2005 die aus den 1990er-Jahren stammenden Schnapsglas-Motorroller. Den Purejet gab es mit mehr Leistung und Kraftstoffeinspritzung. Die gesamte Power-Baureihe erhielt gegenüber der Vorgängerbaureihe nur Änderungen im Design und am Rahmen. Die technische Ausrüstung der 50-Kubikzentimeter-Motorroller blieb gegenüber der Vorgänger-Baureihe gleich.

Die im Jahr 2006 vorgestellte APE Classic ist nur in der Farbe Mintgrün lieferbar. Gefertigt wurde sie in Indien.

Kaum Änderungen im Piaggio-„Transportwesen"

Auf der Internationalen Fahrrad- und Motorrad-Ausstellung IFMA in Köln im Jahr 2006 stellte Piaggio ein Sondermodell des Ape-Kleintransporters vor: die Classic. Das Dreirad, das nur für den europäischen Markt bestimmt war, gibt es nur in der Farbe Mintgrün. Ausgestattet ist die Ape mit einer klassischen Lenkstange wie bei den Vespa-Motorrollern und einer offenen Pritsche. Als Antrieb dient ein 422-Kubikzentimeter-Dieselmotor der Firma Lombardini. Gefertigt wird das Fahrzeug komplett in Indien. Erst im Jahr 2014 wurde die Classic-Ape nochmals überarbeitet. Eine weitere Besonderheit war die Neuauflage der Ape Calessino 2007. Mit ihrem unverwechselbaren Charme der 1960er-Jahre denkt der Betrachter sofort an das „süße Leben" in Italien. Aufgelegt wurde das Spaß-Dreirad in einer Stückzahl von 999 Exemplaren weltweit. Nur 200 Fahrzeuge waren schätzungsweise für den deutschen Markt bestimmt. Gebaut wurde die Ape Calessino, ebenso wie die Classic-Ape, bei der Firma Bajaj Auto Ltd. in Indien. Wie auch die Classic hatte dieses Personentransportdreirad den Direkteinspritzer-Dieselmotor von Lombardini. Die Leistung des Motors belief sich auf 8,4 PS bei 3800 Umdrehungen in der Minute. Die Höchstgeschwindigkeit lag bei 56 km/h. Mit einem Eigengewicht von über einer halben Tonne und einem Gesamtgewicht von 860 Kilogramm war die Mitnahme von Personen stark begrenzt. Die Karosserie besteht aus Stahlblech, das Faltdach und die Türbespannung sind aus einem imprägnierten, weißen Segeltuch. Die Stoffteile werden durch Reißverschlüsse und Klettverschlüsse miteinander verbunden und am Gestänge fixiert. Die Sitzflächen sind mit weißem Kunstleder überzogen und strahlen reines Urlaubsfeeling aus.

Ab dem Jahr 2009 konnte die Ape Calessino auch mit Elektroantrieb, der auf einer Lithium-Ionen-Batterie basierte, bestellt werden. Die Reichweite des Elektromobils beläuft sich auf etwa 75 Kilometer.

Auf der Basis der starken Ape TM stellte Piaggio im Frühjahr 2008 auch ein größeres Transportfahrzeug mit drei Rädern vor. Es kam bei den vielen kleinen Händlern in Italien besonders gut an und wurde bald zärtlich „Apelino" genannt.

Die Ape Calessino erlebte ihre Renaissance im Jahr 2007. Ein Jahr später kam die Ape TM im neuen Design auf den Markt. Liebevoll wurde sie Apelino genannt.

Außer den bekannten Benzin- und Dieselversionen gibt es den Apelino als umweltfreundliches Elektro- oder Hybridfahrzeug. Die Erprobung einer Ape Apelino mit Luftdruckantrieb in Kooperation mit einigen anderen Firmen wurde bald wieder eingestellt. Neu an dem Transporterkonzept ist, dass der Kunde die Ladepritsche selbst ohne großen Aufwand umrüsten kann. Der wendige vierrädrige Piaggio Porter blieb ohne bedeutende Änderungen erfolgreich im Programm. 2008 nahm das Polizeirevier auf der deutschen Insel Helgoland einen elektrisch betriebenen Porter als Funkstreifenwagen in seinen Fuhrpark auf.

Die Polizei auf der Insel Helgoland bekam im Jahr 2008 einen Piaggio Porter mit Elektroantrieb.

Wieder Flugzeugbau unter dem Namen „Piaggio"

Im Jahr 1998 erwarben Piero Ferrari, ein italienischer Unternehmer, Industrieller und Sohn von Enzo Ferrari, und der Luftfahrtingenieur José Di Mase die Aktienmehrheit an dem Luft- und Raumfahrtunternehmen Rinaldo Piaggio SpA, das im Jahr 1884 gegründet worden war. Zuvor hatten die beiden Firmen Gates Learjet und Piaggio das private Geschäftsflugzeug P.180 mit Turboprop-Triebwerken und Schubpropellern entwickelt. Der Prototyp startete am 23. September 1986 zu seinem Erstflug. Am 29. Januar 1990 hob die erste Serienmaschine mit der Bezeichnung P.180 Avanti vom Boden ab. Bis Ende des Jahres 1998 waren 36 Maschinen ausgeliefert worden. Es folgten weitere Flugzeuge, die teilweise von der italienischen Luftwaffe, aber auch vom Heer und der Marine bestellt worden waren. Einige Flugzeuge gingen auch an die Polizei, die Feuerwehr und die Küstenwache. Ab Mitte des Jahres 2005 wurde die überarbeitete Version der Avanti präsentiert.

Da die Avanti kleine vordere Tragflächen besitzt, ähnelt sie den sogenannten Entenflugzeugen. Als Entenflugzeug oder „Canard" werden Luftfahrzeuge bezeichnet, bei denen sich das Höhenleitwerk vor den Tragflächen befindet. Bei der P.180 haben die kleinen Vorderflügel jedoch keine Höhenruderfunktion. Der Rumpf hat einen elliptischen Querschnitt und besteht zu 95 Prozent aus Aluminiumlegierungen. Die Länge des ungewöhnlichen Propellerflugzeugs beträgt 14,41 Meter und die Flügelspannweite 14,03 Meter. Mit den beiden Pratt-&-Whitney-Canada-PT6A-66-Turbinen, die jeweils eine Leistung von 850 PS erzeugen können, ist das schnittige Flugzeug in der Lage, eine Höchstgeschwindigkeit von über 700 km/h zu erreichen. Dabei ist eine Dienstgipfelhöhe von 12.500 Metern möglich. Mit einer Startmasse von 5239 Kilogramm beträgt die Steiggeschwindigkeit 14 Meter in einer Sekunde. Der Preis der Avanti II liegt bei ungefähr 5,3 Millionen Euro.

Zwei Avantis über Los Angeles im Parallelflug. Durch das außergewöhnliche „Drei-Flächen-Konzept" erreicht die Piaggio Avanti hohe Geschwindigkeiten für eine Propellermaschine. Kleines Bild: Das Glascockpit mit der Bezeichnung Pro Line 21 stammt von der Firma Rockwell Collins.

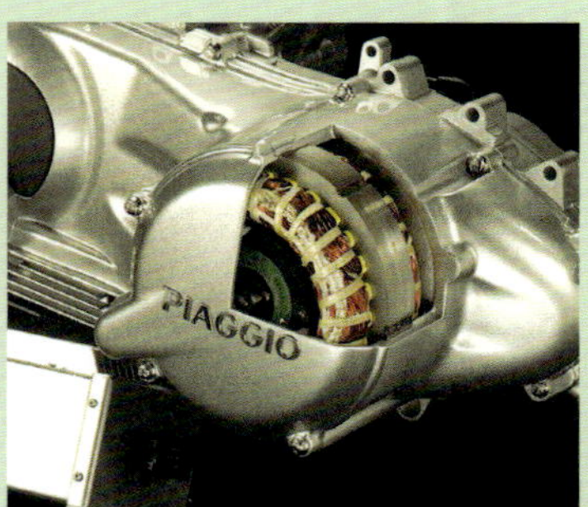

Vespa mit Hybridantrieb

Es war schon eine Sensation, als Piaggio im Frühjahr 2006 das weltweit erste Zweirad mit Hybridantrieb präsentierte. Der Prototyp mit der Bezeichnung Hybrid Scooter hatte einen herkömmlichen Viertaktmotor mit Katalysator und einen Elektromotor, der aus Batterien unter dem Sitz mit Energie versorgt wurde. Mit einem Schalter am Lenker konnte man aus vier Betriebsstufen wählen, welcher Antrieb gerade der ideale war. So konnte der Elektroantrieb bei Bergauffahrten den Verbrennungsmotor unterstützen. Die vierte Stufe war für die Stadt gedacht und nutzte nur den Elektromotor. Bei normalem Betrieb mit Verbrennungsmotor wurden die Akkus automatisch aufgeladen. Der Helm konnte im Topcase verstaut werden.

Piaggio Super Hexagon GTX 125	
Bauzeit:	2000 bis 2003
Motorbauart:	wassergekühlter 1-Zylinder-4-Takt-Motor
Hubraum (cm³):	124
Leistung (PS bei 1/min):	15 bei 7500
V_{max} in (km/h):	105
Rahmen, Federung, Bremsen:	Stahlrohr, Einarmschwinge, Stoßdämpfer vorn und hinten, Scheibenbremsen
Gewicht (kg):	128

Piaggio Super Hexagon GTX 125 (ZAP M20)

Die Umbenennung des Piaggio-Motorrollers in Super Hexagon war rein kosmetischer Natur. Lediglich beim Motor wurden nun Zylinderköpfe mit vier Ventilen verbaut. Die elektrische Anlage des Rollers bestand aus einer von der Batterieversorgung unabhängigen CDI-Kondensatorzündanlage (Capacitor Discharge Ignition) und einer selbstregelnden Generatoranlage. Bei laufendem Motor wurden dadurch die Bleibatterie und alle Verbraucher bis auf die Zündung versorgt.

Piaggio Super Hexagon GTX 180 (ZAP M20)

Auch die Piaggio Super Hexagon GTX 180 fuhr nun auf Zwölf-Zoll-Rädern. Zum Starten konnten der Elektrostarter oder der Kickstarter verwendet werden. Auch dieser Vier-Takt-Motor hatte nun vier Ventile. Das maximale Drehmoment belief sich auf 16,5 Nm bei 6500 Umdrehungen in der Minute. Wie auch bei den anderen „Hexen" waren vorne ein hydraulisches Scheibenbremssystem mit einer Bremsscheibe aus nichtrostendem Stahl mit einem Durchmesser von 200 Millimetern und einem Zwei-Kolben-Schwimmsattel und hinten eine Bremsscheibe mit ebenfalls 200 Millimetern eingebaut. Die Hexagon-Motorrollerwaren sehr wendig und hatten einen Wendekreis von 4,28 Metern. Die Zuladung bei der Super Hexagon GTX 180 betrug 184 Kilogramm.

Piaggio Super Hexagon GTX 180	
Bauzeit:	2000 bis 2003
Motorbauart:	wassergekühlter 1-Zylinder-4-Takt-Motor
Hubraum (cm³):	182
Leistung (PS bei 1/min):	19 bei 8500
V_{max} in (km/h):	120
Rahmen, Federung, Bremsen:	Stahlrohr, Einarmschwinge, Stoßdämpfer vorn und hinten, Scheibenbremsen
Gewicht (kg):	156

■ Piaggio X9 250	
Bauzeit:	2000 bis 2009
Motorbauart:	luftgekühlter 1-Zylinder-4-Takt-Motor
Hubraum (cm³):	249
Leistung (PS bei 1/min):	18 bei 8250
V_{max} in (km/h):	125
Rahmen, Federung, Bremsen:	Stahlrohr, Teleskopfedergabel, Federbeine verstellbar, 2 Scheiben/Scheibe
Gewicht (kg):	182

Piaggio X9 250

Der Start der Produktion des X7 war im Jahr 2000. Doch bereits drei Jahre später gab es ein erstes Facelifting. Der Großroller verfügte über ein zweigeteiltes Instrumentencockpit mit Rundinstrumenten und einem Bordcomputer mit Display. Unter der Sitzbank besaß der Motorroller einen für die Klasse sehr großen Stauraum. Ein Handschuhfach am Frontschutz konnte zusätzlich für kleine Utensilien genutzt werden. Auf der linken Seite des Cockpits war ein weiteres kleines Staufach vorhanden. Zudem mit einem etwa 15,5 Liter großen Kraftstofftank ausgestattet war die X9 ein idealer Touren-Motorroller.

Vespa ET4 125, 2. Serie (ZAP M1900)

Die ET4 der zweiten Generation wurde 1999 auf dem Mailänder Salon vorgestellt und sollte 3080 Euro kosten. Mit der neuen Generation der Leadermotoren konnten die Abgaswerte für 125-Kubikzentimeter-Zweiräder ab dem Jahr 2000 nochmals erheblich gesenkt werden. Als optischer Unterschied zur ersten Serie hatte die ET4 eine schwarze Motorenabdeckung und klare Blinkergläser. Hatte sich bei der ersten Serie der ET4 bereits gezeigt, dass die Kunden den Motorroller mit der kleinen Stahlblechkarosserie gerne ihr Eigen nennen wollten, so wurde deutlich, dass ihnen auch die zweite Serie gefiel. In der Bauzeit von fünf Jahren konnten 80.300 Zweiräder in den Farben Blau, Grau, Grün, Orange, Pastellgrün, Rot und Weiß verkauft werden.

■ Vespa ET4 125	
Bauzeit:	2000 bis 2005
Motorbauart:	luftgekühlter 1-Zylinder-4-Takt-Motor
Hubraum (cm³):	124
Leistung (PS bei 1/min):	10,9 bei 7750
V_{max} in (km/h):	97
Rahmen, Federung, Bremsen:	selbsttragend, Gabel, Federn, Stoßdämpf. vorne, Schwinge, Feder, Dämpfer hinten, Scheibe/Trommel
Gewicht (kg):	102

Vespa ET4 150	
Bauzeit:	2000 bis 2006
Motorbauart:	luftgekühlter 1-Zylinder-4-Takt-Motor
Hubraum (cm^3):	151
Leistung (PS bei 1/min):	12,5 bei 7500
V_{max} in (km/h):	97
Rahmen, Federung, Bremsen:	selbsttragend, Gabel, Federn, Stoßdämpf. vorne, Schwinge, Feder, Dämpfer hinten, Scheibe/Trommel
Gewicht (kg):	105

Vespa ET4 150, 2. Serie (ZAP M1900)

Mit leicht erhöhtem Hubraum kam im Jahr 2000 auch die größere 150er-Schwester der ET4 auf den Markt. Diese Hubraumerhöhung war dafür gedacht, dass der Besitzer der 150er-ET4 jetzt auch die italienische Autobahn benutzen durfte. Denn für Fahrzeuge unter 150 Kubikzentimetern war das Befahren der Autostrada verboten. Der Motorroller verkaufte sich vom ersten Tag an recht gut und die Stückzahl konnte die der ersten Serie mit 30.600 Exemplaren fast erreichen. Der Roller kostete in den Farben Blau, Grün, Rot, Schwarz, Silber und Violett 3180 Euro.

Vespa PX 150 Time 2000 (VNX1T)

Als Sonderserie zum Millenniumswechsel entschied sich Piaggio, eine besondere Vespa der PX-Baureihe zu produzieren. Die Vorstellung fand nicht wie bei den meisten Vespas auf dem Mailänder Salon, sondern im Juni 2000 auf der TimeWave in Rimini statt. Die Vespa PX 150 Time 2000 war in einer hellen graublauen Metallic-Lackierung gehalten. Auch die Sitzbank war dunkelblau bezogen. Technisch unterschied sich das Zweirad nicht von den Serienmodellen. Der Motor war der bekannte Einzylinder-Zweitakt-Motor mit Gebläsekühlung. Geschaltet wurden die vier Gänge mit dem Drehgriff am Lenker. Vorne war eine Scheiben- und hinten eine Trommelbremse eingebaut. Von 2000 bis 2001 wurden die auf 2000 Stück limitierten Vespas für 3050 Euro verkauft.

Vespa PX 150 Time 2000	
Bauzeit:	2000 bis 2001
Motorbauart:	luftgekühlter 1-Zylinder-2-Takt-Motor
Hubraum (cm^3):	149
Leistung (PS bei 1/min):	9 bei 6000
V_{max} in (km/h):	92
Rahmen, Federung, Bremsen:	selbsttragend, Schraubenfedern, Stoßdämpfer vorne und hinten, Scheibe/Trommel
Gewicht (kg):	115

■ Piaggio X9 125	
Bauzeit:	2001 bis 2006
Motorbauart:	wassergekühlter 1-Zylinder-4-Takt-Motor
Hubraum (cm³):	124
Leistung (PS bei 1/min):	15 bei 9250
V_{max} in (km/h):	105
Rahmen, Federung, Bremsen:	Stahlrohr, Teleskopfedergabel, Federbeine verstellbar, 2 Scheiben/Scheibe
Gewicht (kg):	179

Piaggio X9 125

Mit einer Gesamtlänge von 2130 Millimetern und einem Leergewicht von 179 Kilogramm war die Piaggio X9 125 fast untermotorisiert. Das zulässige Gesamtgewicht betrug 370 Kilogramm. Als Motor kam der bewährte Viertakt-Einzylinder-OHC mit Flüssigkeitskühlung und vier Ventilen zum Einsatz. Der Antrieb war die solide, stufenlose Riemen-Variomatic. Für die Verzögerung sorgten zwei Scheibenbremsen mit einem Durchmesser von 240 Millimetern vorn und eine Bremsscheibe mit 240 Millimetern Durchmesser hinten. Trotz der eher gemächlichen Fahrweise stiegen viele Pendler auf den bequemen Roller um.

Piaggio X9 180 Amalfi

Auch das Bewegen der umfangreich ausgestatteten, zuverlässigen Piaggio X9 180 setzte ein eher gemütliches Fahren voraus. Mit gerade einmal 65 Kubikzentimetern mehr als die 125er war auch die 180er-X9 untermotorisiert. Der einzige Unterschied zur kleineren Schwester war, dass der Motor bei Endgeschwindigkeit nicht so hoch drehte und die Spitzengeschwindigkeit ein wenig höher lag. Für den deutschen Markt war die „Italienerin" nicht vorgesehen. Doch in Italien war die Piaggio X9 180 massenweise im Einsatz.

■ Piaggio X9 180 Amalfi	
Bauzeit:	2001 bis 2006
Motorbauart:	wassergekühlter 1-Zylinder-4-Takt-Motor
Hubraum (cm³):	182
Leistung (PS bei 1/min):	20 bei 8500
V_{max} in (km/h):	130
Rahmen, Federung, Bremsen:	Stahlrohr, Teleskopfedergabel, Federbeine verstellbar, Scheibe/Trommel
Gewicht (kg):	185

Piaggio X9 500	
Bauzeit:	2001 bis 2006
Motorbauart:	wassergekühlter 1-Zylinder-4-Takt-Motor
Hubraum (cm³):	460
Leistung (PS bei 1/min):	39 bei 7250
V_{max} in (km/h):	150
Rahmen, Federung, Bremsen:	Stahlrohr, Teleskopfedergabel, Federbeine verstellbar, Doppelscheibe/Scheibe
Gewicht (kg):	213

Piaggio X9 500

Der Piaggio X9 500 war im Jahr 2001 das Flaggschiff des italienischen Zweiradherstellers und das erste Motorrollermodell mit einem Hubraum von rund 500 Kubikzentimetern. Der Maxiscooter war mit dem neuen Master-Motor mit elektronischer Einspritzung und gegendrehender Ausgleichswelle ausgestattet. Der Großmotorroller strahlte von Anfang an Sicherheit und viel Komfort aus. Auch seine temperamentvolle Fahrleistung mit 39 PS konnte sich sehen lassen.

Piaggio Beverly 200 GT

Mit einem guten Wetterschutz, einer entspannten Sitzposition und einer reichhaltigen Ausstattung, wie höhenverstellbarer Frontscheibe und Bordcomputer, konnte die Beverly 200 GT von Piaggio punkten. Weniger angenehm war die schlecht abgestimmte Federung, das schwerfällige Handling und der nur durchschnittliche Geradeauslauf. Mit seinen 16-Zoll-Rädern und der stattlichen Erscheinung schloss er die Lücke zwischen Roller und Motorrad. Durch das serienmäßige Topcase, das flache, lange Fach unter der Sitzbank und das verschließbare Handschuhfach im Beinschild war die Beverly-Baureihe beim Gepäcktransport weit vorn zu finden. Ob im Großstadtverkehr oder außerorts, die 200er-Gran-Tourismo war immer in ihrem Element.

Piaggio Beverly 200 GT	
Bauzeit:	2001 bis 2004
Motorbauart:	wassergekühlter 1-Zylinder-4-Takt-Motor
Hubraum (cm³):	198
Leistung (PS bei 1/min):	19 bei 8500
V_{max} in (km/h):	150
Rahmen, Federung, Bremsen:	Stahlrohr, Teleskopfedergabel, Federbeine verstellbar, Scheibenbremsen
Gewicht (kg):	180

Piaggio Diesis 50	
Bauzeit:	2001 bis 2006
Motorbauart:	luftgekühlter 1-Zylinder-2-Takt-Motor
Hubraum (cm³):	49
Leistung (PS bei 1/min):	4,1 bei 6500
V_{max} in (km/h):	46
Rahmen, Federung, Bremsen:	Stahlrohr, Teleskopfedergabel, Federbein Scheibe/Trommel
Gewicht (kg):	84

Piaggio Diesis 50

Nicht geräumiger als die Zip-Baureihe, jedoch wesentlich größer und eleganter war die Piaggio Diesis 50, die im Jahr 2001 vorgestellt wurde. Ursprünglich hatte der kleine Roller als Derbi Atlantis das Licht der Motorroller-Welt erblickt. Doch da Derbi nun zum Piaggio-Konzern gehörte, war auch die Atlantis eine Piaggio geworden. Die Original-Atlantis gab es auch weiterhin in verschiedenen Ausstattungen bei Derbi, jedoch mit dem neuen Piaggio-Motor. Angetrieben wurde die Piaggio Diesis 50 von einem luftgekühlten Einzylinder-Zweitakt-Motor mit 49 Kubikzentimetern Hubraum.

Piaggio NRG 50

Die meisten Piaggio-NRG-Modellbaureihen, wie C16, C26 und die ab dem Jahr 2001 produzierte C36-Reihe, wurden über einen Zeitraum von zwei bis vier Jahren gebaut. Im Jahr 2005 durchliefen die NRG-Roller einen weiteren Modellwechsel zur Baureihe C46. Bei den NRG-50-Modellen werden folgende Abkürzungen für die richtige Einordnung der kleinen Zweiräder verwendet: AC DT bedeutet luftgekühlter Motor und Disco Tombero (Scheibenbremse vorn und Trommelbremse hinten). Die Abkürzung AC DD gilt für luftgekühlten Motor und Disco Disco (Scheibenbremsen vorn und hinten). LC DD steht für wassergekühlt und Double Disk. Mit der Bezeichnung PJ DD sind die Direkteinspritzer mit Double Disk gemeint.

Piaggio NRG 50	
Bauzeit:	2001 bis 2005
Motorbauart:	luftgekühlter 1-Zylinder-2-Takt-Motor
Hubraum (cm³):	49
Leistung (PS bei 1/min):	6 bei 7500
V_{max} in (km/h):	45
Rahmen, Federung, Bremsen:	Zentralrohrrahmen, Telegabel, Stoßdämpfer, Scheibenbremsen
Gewicht (kg):	103

■ Vespa PX 150	
Bauzeit:	2001 bis 2007
Motorbauart:	luftgekühlter 1-Zylinder-2-Takt-Motor
Hubraum (cm^3):	149
Leistung (PS bei 1/min):	9 bei 6000
V_{max} in (km/h):	92
Rahmen, Federung, Bremsen:	selbsttragend, Schraubenfedern, Stoßdämpfer vorne und hinten, Scheibe/Trommel
Gewicht (kg):	115

Vespa PX 150 Katalysator, 2. Serie (ZAP M09045)

Um die Euro-1-Norm zu erfüllen, war auch die Vespa PX 150 mit einem Zweiwege-Oxydations-Katalysator ausgerüstet. Technisch wartete die zweite Serie mit keinen technischen Neuerungen auf. Lediglich optisch wurde in Pontedera an die Vespa PX 150 Hand angelegt. Ein neues, ganz in Weiß gehaltenes Kombiinstrument thront über der Frontleuchte in der Lenkerverkleidung. Für die Blinker wurde die Farbe geändert, sodass sie nun statt in Orange in einem durchsichtigen Weiß glänzten. Der Preis für die traditionelle Vespa war 3070 Euro.

Vespa PX 125 Katalysator, 2. Serie (ZAP M09040)

Als alternatives Gefährt für die Fahrt zum Arbeitsplatz oder als Zweitmobil im Alltag war der luftgekühlte Motorroller mit dem 125-Kubikzentimeter-Zweitakt-Motor und der beliebten Drehgriffschaltung besonders begehrt. Mit der Euro-1-Norm und einem großzügigen Zierrat aus Chrom war die Vespa PX 125 mit Katalysator fast perfekt im Design. Denn selbst nach über 20 Jahren war die PX-Baureihe in ihrem Erscheinungsbild keineswegs altmodisch, sondern brachte die Linienführung der traditionellen Vespas perfekt auf den Punkt. Gleichzeitig glänzte sie mit moderner Technik in Form von Scheibenbremse, elektrischem Anlasser, Katalysator, optimiertem Fahrwerk und zuverlässigem Zweitakt-Motor mit Drehschiebervergaser.

■ Vespa PX 125	
Bauzeit:	2002 bis 2007
Motorbauart:	luftgekühlter 1-Zylinder-2-Takt-Motor
Hubraum (cm^3):	123
Leistung (PS bei 1/min):	8,3 bei 6000
V_{max} in (km/h):	90
Rahmen, Federung, Bremsen:	selbsttragend, Schraubenfedern, Stoßdämpfer vorne und hinten, Scheibe/Trommel
Gewicht (kg):	115

■ Vespa GT 125 L	
Bauzeit:	2003 bis 2007
Motorbauart:	wassergekühlter 1-Zylinder-4-Takt-Motor
Hubraum (cm³):	124
Leistung (PS bei 1/min):	15 bei 10.000
V_{max} in (km/h):	102
Rahmen, Federung, Bremsen:	selbsttragend, Einarmgabel vorne, 2 Stoßdämpfer hinten, Scheibenbremsen
Gewicht (kg):	82

Vespa GT 125 L (ZAP M311)

Während des Mailänder Salons im Jahr 2003 stellte Piaggio eine weitere moderne Vespa vor: die Vespa GT 125 L. Damit setzte Piaggio die Tradition fort, ihre Modellreihen in große und kleine Karosserien aufzuteilen. Die Gran Tourismo hatte nun wieder eine große Karosserie und war völlig neu entwickelt worden. Dennoch waren die Linien des Motorrollers an die typischen Vespa-Merkmale angepasst. Technisch hatte Piaggio ebenfalls viel an modernen Lösungen eingebaut. Eine elektronische Zündung, ein Vergaser von Walbro mit einem Durchlass von 29 Millimetern und die obenliegende Nockenwelle, die die Ventile steuerte, waren nur einige Highlights des Rollers.

Vespa GT 200 L (ZAP M312)

Zwischen der 200er Gran Turismo und der GT 125 L gab es von der Karosserie und der Ausstattung her keine Unterschiede. Lediglich die Fahrleistung war wesentlich höher. Dafür konnte die GT 200 L jedoch nicht mit dem alten Autoführerschein gefahren werden. Mit einer Leistung von 21 PS bei 8500 U/min und einem Drehmoment von 1,78 mkg bei 6500 U/min war man mit dem Motorroller immer sehr flott unterwegs. Die Höchstgeschwindigkeit von fast 120 km/h erlaubte es auch, auf der Autobahn mit dem Verkehr zu fließen. Scheibenbremsen mit einem Durchmesser von 220 Millimeter waren vorne und hinten eingebaut. Für 4076 Euro wurde die Gran Tourismo in den Farben Alabaster, Blau, Grau, Grün und Schwarz angeboten.

■ Vespa GT 200 L	
Bauzeit:	2003 bis 2008
Motorbauart:	wassergekühlter 1-Zylinder-4-Takt-Motor
Hubraum (cm³):	198
Leistung (PS bei 1/min):	21 bei 8500
V_{max} in (km/h):	119
Rahmen, Federung, Bremsen:	selbsttragend, Einarmschwinge mit Stoßdämpfer vorne, 2 Federbeine hinten, Scheibenbremsen
Gewicht (kg):	138

■ Piaggio Beverly 125 GT	
Bauzeit:	2004 bis 2009
Motorbauart:	wassergekühlter 1-Zylinder-4-Takt-Motor
Hubraum (cm³):	124
Leistung (PS bei 1/min):	15 bei 9250
V_{max} in (km/h):	105
Rahmen, Federung, Bremsen:	Stahlrohr, Telegabel vorne, 2 Stoßdämpfer hinten, Scheibenbremsen
Gewicht (kg):	163

Piaggio Beverly 125 GT

Die Gran-Turismo-Ausführung der Piaggio Beverly 125 mit den recht großen Rädern war ab dem Jahr 2004 mit einem komplett neuen und wesentlich moderneren Design erhältlich. Die Beverly wurde von Piaggio in zwei Ausführungen angeboten, als Cruiser und als Tourer. Bei der Beverly wurde ab Mitte der 2000er-Jahre viel Elektronik mit LED-Technologie eingebaut, die auch den Blinker und das Rücklicht betrafen. Im Staufach unter dem Sitz konnten zwei Jethelme deponiert werden. Wer auf das Windschild, das Topcase und die beiden Seitenkoffer verzichtete, sparte beim Kaufpreis über 400 Euro und acht Kilogramm Gewicht.

Piaggio Beverly 250 GT

Mit der Beverly wollten die Italiener den Beweis antreten, dass ihre Ingenieure bei der Entwicklung von Motorrollern technisch auf der Höhe waren. Daher war auch der Piaggio Beverly 250 Gran Turismo als eleganter Großradroller komplett mit einem Scheibenbremsensystem mit Durchmessern von 260 Millimetern ausgestattet. Mit dem geräuscharmen und flüssiggekühlten 250 Kubikzentimeter-Viertaktmotor mit vier Ventilen erreichte der Roller eine Höchstgeschwindigkeit von 105 km/h. Das avantgardistische Design enthielt viel Chrom am Lenker und an den Scheinwerfern. Sportliche Rundinstrumente und ein übergroßer Auspuff gaben dem Roller einen gewollten Motorrad-Look. Getankt wurde der Piaggio Beverly mit Super bleifrei. Damit wurde die Abgasnorm Euro 3 erreicht.

■ Piaggio Beverly 250 GT	
Bauzeit:	2004 bis 2009
Motorbauart:	wassergekühlter 1-Zylinder-4-Takt-Motor
Hubraum (cm³):	244
Leistung (PS bei 1/min):	22 bei 8500
V_{max} in (km/h):	105
Rahmen, Federung, Bremsen:	Stahlrohr, Telegabel vorne, 2 Stoßdämpfer hinten, Scheibenbremsen
Gewicht (kg):	180

Piaggio Beverly 500	
Bauzeit:	2004 bis 2009
Motorbauart:	wassergekühlter 1-Zylinder-4-Takt-Motor
Hubraum (cm³):	459
Leistung (PS bei 1/min):	39 bei 7500
V_{max} in (km/h):	160
Rahmen, Federung, Bremsen:	Stahlrohr, Telegabel vorne, 2 Stoßdämpfer hinten, Doppelscheibe/Scheibe
Gewicht (kg):	189

Piaggio Beverly 500

Der Beverly-500-Cruiser war das Flaggschiff der Modellserie. Das lag vor allem an seiner für einen Motorroller gigantischen Leistung von 39 PS, die er aus seinen 489 Kubikzentimetern Hubraum zauberte. Diese Kraft brachte dem Tourer eine Spitzengeschwindigkeit von rund 160 km/h ein. Die Federgabel des Vorderrades war mit Doppel-Scheibenbremsen ausgestattet und das Hinterrad war verbreitert worden. Das waren zwangsläufige Maßnahmen für das zulässige Gesamtgewicht von 350 Kilogramm. Wendig und agil bot der 500er-Roller auch auf größeren Touren viel Komfort für Fahrer und Beifahrer.

Piaggio NRG 50

Die NRG-Modellreihe mit der Bezeichnung C46 bekam 2005 viele neue Rollertypen wie die NRG Power DT, die NRG Power DD, die NRG Power Silver, die NRG Power Purejet und die NRG Power DD Silver. Wie bereits in der Vergangenheit wurden die kleinen 50er sehr gerne für Motorrollerrennen genutzt. Für diesen Zweck boten einige Firmen hochwertige Zylinderkits zum Tunen an, die speziell für die 50-Kubikzentimeter-Klassen im Rennsport konzipiert wurden. Die Zylinder verfügten über sechs Überströmkanäle sowie drei geteilte Auslasskanäle. Dieses Kit ging an die oberste Grenze im Tuning-Bereich für 50-Kubikzentimeter-Zweitakt-Motoren und brachte eine Leistung von bis zu 15 PS. Damit konnten – je nach Übersetzung – bis zu 150 km/h erreicht werden.

Piaggio NRG 50	
Bauzeit:	2005 bis 2009
Motorbauart:	luftgekühlter 1-Zylinder-2-Takt-Motor
Hubraum (cm³):	49
Leistung (PS bei 1/min):	4,4 bei 8000
V_{max} in (km/h):	45
Rahmen, Federung, Bremsen:	Stahlrohr, Telegabel, hydraulisches Monofederbein, Scheibenbremsen
Gewicht (kg):	110

Vespa LX 125	
Bauzeit:	2005 bis 2009
Motorbauart:	luftgekühlter 1-Zylinder-4-Takt-Motor
Hubraum (cm³):	124
Leistung (PS bei 1/min):	10,3 bei 8000
V_{max} in (km/h):	97
Rahmen, Federung, Bremsen:	selbsttragend, Einarmschwinge vorne, Stoßdämpfer, Schraubenfeder hinten, Scheibe/Trommel
Gewicht (kg):	110

Vespa LX 125 (ZAP M441)

Im Jahr 2005 kam das Aus für die Vespa ET4 125. Sie wurde durch ein neues, moderneres Modell ersetzt: die Vespa LX 125. Die neue Automatik-Vespa kam nun nicht mehr so rundlich daher. Die größeren Blinker waren eckiger und aus durchsichtigem Kunststoff. Statt den Zehn-Zoll-Rädern der ET4 hatte die LX 125 nun eine Elf-Zoll-Bereifung und neue Fünfspeichenfelgen. Durch die größeren Räder verbesserte sich der Gradeauslauf erheblich. Der Roller, den es in den Farben Grau, Rot, Schwarz und Violett für 2910 Euro gab, erfüllte durch einen Katalysator die Abgasnorm Euro 2.

Vespa LX 150 (ZAP M442)

Auch die Vespa ET4 150 wurde bis 2005 weiterentwickelt und auf dem Mailänder Salon als LX 125 ausgestellt. Optisch kam das Design nun der Gran Turismo etwas näher. Auch dieses Modell fiel jetzt etwas eckiger aus und die Beleuchtung war hinter klarem Kunststoff verborgen. Der hubraumstärkere Roller war rund 300 Euro teurer als das kleinere 125er-Modell. Auch diese Vespa erfüllte nun die Abgasnorm Euro 2. Doch mit den elf PS Leistung war sie in der Spitzengeschwindigkeit von rund 95 km/h kaum schneller als die ältere, etwas kleinere ET4 125. Dennoch waren die Fahreigenschaften durch die Elf-Zoll-Räder stark verbessert worden. Eine vordere Scheibenbremse und eine Trommelbremse am Hinterrad ließen kaum Wünsche offen.

Vespa LX 150	
Bauzeit:	2005 bis 2009
Motorbauart:	luftgekühlter 1-Zylinder-4-Takt-Motor
Hubraum (cm³):	151
Leistung (PS bei 1/min):	11 bei 7750
V_{max} in (km/h):	100
Rahmen, Federung, Bremsen:	selbsttragend, Einarmschwinge vorne, Stoßdämpfer, Schraubenfeder hinten, Scheibe/Trommel
Gewicht (kg):	110

■ Vespa GTS 250 i.e.	
Bauzeit:	2006 bis 2010
Motorbauart:	wassergekühlter 1-Zylinder-4-Takt-Motor
Hubraum (cm^3):	244
Leistung (PS bei 1/min):	22 bei 8250
V_{max} in (km/h):	122
Rahmen, Federung, Bremsen:	selbsttragend, Einarmschwinge vorne, 2 Stoßdämpfer, Scheibenbremsen
Gewicht (kg):	148

Vespa GTS 250 i.e. (ZAP M451)

Auch die große Gran-Turismo-Vespa mit 250 Kubikzentimetern wurde ab 2005 mit vielen Neuerungen angeboten. Der kräftige Quasar-Motor (Quarter Liter Smooth Augmented Range) war als wassergekühlter Vierventil-Viertaktmotor mit einem Hubraum von 244 Kubikzentimetern konzipiert. Er basierte auf dem Leader-Motor. So wurde der Motor auch mit einer Benzineinspritzung und mit einem geregelten Katalysator ausgestattet. Damit entsprach er der Norm Euro 3. Mit den 22 PS kam endlich wieder eine schnelle Vespa auf den Markt. Denn mit 120 km/h Spitze konnte man im Verkehr bequem mitfahren.

Vespa LX 50 2T (ZAP C3810)

Auch in der kleinen Hubraumklasse der 50er tat sich ab dem Jahr 2005 einiges. Hier wurde ebenfalls der Wechsel von der ET zur LX mit der Elf-Zoll-Bereifung vollzogen. Das Kürzel LX stand für die römischen Zahlen L = 50 und X = 10, was zusammen 60 ergibt. Das war genau die Zahl des Jubiläums, welches Piaggio im Jahr 2006 feierte. Der kleine Zweitakt-Motor mit einem Hub von 39,3 cm^3 und einer Bohrung von 40 Millimetern war bewusst für die jüngere Kundschaft konzipiert worden und wurde zu einem Preis von 2110 Euro verkauft. Er war dem Roller der 50er-Viertakt-Version in seiner Leistung deutlich überlegen. Lediglich beim Spritverbrauch benötigte er auf 100 Kilometer circa einen halben Liter mehr.

■ Vespa LX 50 2T	
Bauzeit:	2005 bis 2009
Motorbauart:	luftgekühlter 1-Zylinder-2-Takt-Motor
Hubraum (cm^3):	49
Leistung (PS bei 1/min):	4,4 bei 7500
V_{max} in (km/h):	68
Rahmen, Federung, Bremsen:	selbsttragend, Einarmschwinge vorne, Stoßdämpfer, Schraubenfeder hinten, Scheibe/Trommel
Gewicht (kg):	98

Vespa LX 50 4T	
Bauzeit:	2005 bis 2009
Motorbauart:	luftgekühlter 1-Zylinder-4-Takt-Motor
Hubraum (cm³):	50
Leistung (PS bei 1/min):	3,4 bei 6500
V_{max} in (km/h):	45
Rahmen, Federung, Bremsen:	selbsttragend, Einarmschwinge vorne, Stoßdämpfer, Schraubenfeder hinten, Scheibe/Trommel
Gewicht (kg):	96

Vespa LX 50 4T (ZAP C38300)

Die Viertakt-LX mit 50-Kubikzentimeter-Hiper-Motor war eher für ein Publikum gedacht, das Wert auf Zuverlässigkeit und ökonomische Fahrweise legte. Dafür hatte das Rollerchen rund ein PS weniger zu bieten und eine geringere Beschleunigung parat. Auch der kleine LX war an die größeren Hubraumklassen angepasst worden und hatte klare Blinkergläser und viel verchromte Anbauteile. Die gebläsegekühlte Vespa LX 50 4T war für einen Preis von 2310 Euro in den Farben Grau, Rot, Schwarz und Violett erhältlich.

Piaggio X8 125

Ab 2006 wurde die Piaggio X8 mit einem wassergekühlten Motor in den Hubraumklassen 125, 200, 250 und 400 Kubikzentimeter produziert. Den komfortablen Reiseroller X8 125 bot Piaggio bereits für den kleineren Geldbeutel an. Er punktete mit der wohl durchdachten Stauraumlösung unter der Sitzbank, dem guten Wetterschutz und einem starken und zuverlässigen Viertakt-Leader-Motor. Der Motorroller war eine der Baureihen, die den Hexagon ablöste und für die Zukunft einen gefragten Markt schuf. Gerade der Stauraum unter dem Sitz war genial durchdacht. Denn nun konnte man sperrige Gegenstände bis zu 80 Zentimeter nicht nur – wie üblich – durch eine hochgeklappte Sitzbank einladen, sondern ebenso durch eine Klappe am Heck.

Piaggio X8 125	
Bauzeit:	2006 bis 2009
Motorbauart:	wassergekühlter 1-Zylinder-4-Takt-Motor
Hubraum (cm³):	124
Leistung (PS bei 1/min):	15 bei 9750
V_{max} in (km/h):	105
Rahmen, Federung, Bremsen:	Stahlrohr, Telegabel vorne, Triebsatzschwinge, Federbeine, Scheibenbremsen
Gewicht (kg):	166

■ Piaggio X8 150 Street	
Bauzeit:	2006 bis 2007
Motorbauart:	luftgekühlter 1-Zylinder-4-Takt-Motor
Hubraum (cm³):	151
Leistung (PS bei 1/min):	11,6 bei 7750
V_{max} in (km/h):	100
Rahmen, Federung, Bremsen:	Stahlrohr, Telegabel vorne, Triebsatzschwinge, Federbeine, Doppelscheibe/Scheibe
Gewicht (kg):	160

Piaggio X8 150 Street

Ab dem Jahr 2006 boten die Piaggiohändler eine preiswerte Alternative zur X9 an: die X8, die etwas kompakter war. Die tourentaugliche X8 mit 150 Kubikzentimetern war als einzige X8 mit einem luftgekühlten Leader-Motor ausgestattet und nur in Italien zu bekommen. Zudem war der Motorroller sparsamer ausgestattet, was ihn nochmals preisgünstiger machte. Doch auch dieses Modell hatte ein umfangreiches Facelift erhalten. Vorne prangte nun ein neues Piaggio-Logo und das Heck war wesentlich höher als bei den anderen Piaggio-Rollern. Unter der Sitzbank, die von oben und hinten beladen werden konnte, hatten 56 Liter Volumen Platz.

Piaggio X8 200

Die preiswerte X8-Modellreihe hatte auch ein Modell mit 200 Kubikzentimetern anzubieten. Dieses Modell gab es auch wieder in Deutschland. Beim Design griff Piaggio, wie damals üblich, auf ein großes Baukastensystem an Teilen zurück. So war das Vorderteil der X9 sehr ähnlich. Das Heck war eine völlige Neukonstruktion und hatte ebenfalls eine Heckklappe mit durchgehendem und beleuchtetem Staufach. Durch diese Bauart hatte der Motorroller hinten nur ein Zwölf-Zoll-Rad. Vorne war das 14-Zoll-Rad mit der Telegabel der X9 eingebaut. Das ausgewogene Fahrwerk ließ auch eine etwas sportlichere Gangart zu. Im Stadtverkehr war die X8 200 fast so handlich wie eine Vespa, blieb jedoch auch bei hohem Tempo vollkommen richtungsstabil.

■ Piaggio X8 200	
Bauzeit:	2006
Motorbauart:	wassergekühlter 1-Zylinder-4-Takt-Motor
Hubraum (cm³):	198
Leistung (PS bei 1/min):	21 bei 9000
V_{max} in (km/h):	120
Rahmen, Federung, Bremsen:	Stahlrohr, Telegabel vorne, Triebsatzschwinge, Federbeine, Doppelscheibe/Scheibe
Gewicht (kg):	166

■ Piaggio X8 250 i.e.	
Bauzeit:	2006 bis 2007
Motorbauart:	wassergekühlter 1-Zylinder-4-Takt-Motor
Hubraum (cm³):	244
Leistung (PS bei 1/min):	22 bei 8500
Vmax in (km/h):	125
Rahmen, Federung, Bremsen:	Stahlrohr, Telegabel vorne, Triebsatzschwinge, Federbeine, Doppelscheibe/Scheibe
Gewicht (kg):	171

Piaggio X8 250 i.e.

Auch die Piaggio X8 250 i.e. machte unter anderem durch den sehr guten Wetterschutz und den modernen, sparsamen und dennoch kräftigen Einspritzmotor mit 22 PS auf sich aufmerksam. Diese Leistung bot durch hervorragende Fahreigenschaften auf ebener Straße und auch bei hohen Geschwindigkeiten von bis zu annähernd 130 km/h viel Spaß. Das Fahrwerk war ausgesprochen straff abgestimmt. Der Verbrauch des Motorrollers lag bei etwa vier Litern auf 100 Kilometer. Mit Sozius war die Sitzeinteilung etwas problematisch, da sie zu eng ausfiel.

Piaggio MP3 LT Business 300 i.e.

Vorn zwei neigbare Räder, hinten eins und dazu noch eine autoähnliche Fußbremse, das war das neue Piaggio-Fahrzeugkonzept im Jahr 2006. Er war schon etwas gewöhnungsbedürftig – der erste Motorroller von Piaggio für abenteuerlustige Autofahrer. Das Einsteigermodell der Piaggio MP3 hatte 276 Kubikzentimeter Hubraum und eine Leistung von 22,5 PS. Die beiden Vorderräder standen im Abstand von 420 Millimeter zueinander, waren durch eine komplexe Parallelogrammaufhängung mit dem X8-Rahmen verbunden und ermöglichten eine Kurvenneigung von maximal 40 Grad. Bereits sechs Monate nach seiner Markteinführung waren über 10.000 Stück des Piaggio-Dreiradrollers verkauft.

■ Piaggio MP3 LT Business 300 i.e.	
Bauzeit:	2006 bis 2007
Motorbauart:	wassergekühlter 1-Zylinder-4-Takt-Motor
Hubraum (cm³):	278
Leistung (PS bei 1/min):	22,5 bei 7500
Vmax in (km/h):	118
Rahmen, Federung, Bremsen:	Doppelschleifen, Alu-Achsschenkel, Stereofederbeine, 2 Scheiben/Scheibe
Gewicht (kg):	236

Piaggio MP3 LT Business 500 i.e.	
Bauzeit:	2006 bis 2011
Motorbauart:	wassergekühlter 1-Zylinder-4-Takt-Motor
Hubraum (cm^3):	493
Leistung (PS bei 1/min):	40,1 bei 7250
V_{max} in (km/h):	142
Rahmen, Federung, Bremsen:	Doppelschleifen, Alu-Achsschenkel, Stereofederbeine, 2 Scheiben/Scheibe
Gewicht (kg):	262

Piaggio MP3 LT Business 500 i.e.

Als im Jahr 2006 die erste Piaggio MP3 auf den Markt kam, galt dieser Dreirad-Roller noch als experimentelles Zweirad. Doch mit der Möglichkeit, auch mit einem Autoführerschein das Dreirad lenken zu können, begann eine ungewöhnliche Erfolgsgeschichte. Auch die Business 500 i.e. kam mit einem Automatikgetriebe und einer komfortablen Sitzbank für Fahrer und Sozius auf den Markt. Unter der Sitzbank befand sich ein beleuchtetes Staufach mit Zwölf-Volt-Anschluss.

Vespa GTV 125 (ZAP M311)

Im Jahr 2005 präsentierte Piaggio eine neue Vespa im Retro-Look der ersten Vespa-Modelle aus den 1950er-Jahren. Die Vespa GTV 125 ist von der Technik her der GT 125. Die auffälligsten Änderungen jedoch waren der Frontscheinwerfer auf dem Kotflügel und der einfach gehaltene Lenker, der ohne Verkleidung auskommen musste. Die gut ablesbaren, runden Cockpitinstrumente waren im Vintagelook gehalten. Für den Fahrer und den Sozius gab es eine geteilte Sitzbank, die ebenfalls an die damalige Zeit erinnern sollte, jedoch alle ergonomischen Eigenschaften einer modernen Sitzbank mit einbezog.

Vespa GTV 125	
Bauzeit:	2006 bis 2008
Motorbauart:	wassergekühlter 1-Zylinder-4-Takt-Motor
Hubraum (cm^3):	124
Leistung (PS bei 1/min):	15 bei 10.000
V_{max} in (km/h):	102
Rahmen, Federung, Bremsen:	selbsttragend, Einarmschwinge vorne, 2 Stoßdämpfer, Scheibenbremsen
Gewicht (kg):	138

■ Vespa LXV 125	
Bauzeit:	2006 bis 2009
Motorbauart:	luftgekühlter 1-Zylinder-4-Takt-Motor
Hubraum (cm³):	124
Leistung (PS bei 1/min):	10,3 bei 8000
V_{max} in (km/h):	97
Rahmen, Federung, Bremsen:	selbsttragend, Einarmschwinge vorne, Schraubenfeder, Stoßdämpfer, Scheibe/Trommel
Gewicht (kg):	110

Vespa LXV 125 (ZAP M441)

Die Vespa LXV 125, die es für einen Ladenpreis von 3210 Euro gab, basierte auf der LX 125 aus dem Vorjahr. Auch sie sollte an die traditionellen Vespamodelle der 1960er-Jahre erinnern. Dies ließen die Piaggio-Designer vor allem am Lenker und an der Frontbeleuchtung erkennen. Der Rohrlenker musste ohne eine Frontverkleidung um die Lampe auskommen. Die geteilte Sitzbank war von der GTV übernommen worden. Ansonsten war der Motorroller auf der Höhe der Technik. Dazu zählten der gebläsegekühlte 10,3-PS-Viertaktmotor mit Automatikgetriebe, das moderne Fahrwerk und die Bremskombination aus 200er-Scheibenbremse vorn und einer Trommelbremse mit einem Durchmesser von 110 Millimetern hinten.

Vespa GT 250 60 Anni (ZAP M451)

Mit lediglich 999 gebauten Exemplaren war die GT 250 ein limitiertes Sondermodell. Der Preis des grau lackierten Motorrollers betrug damals 4590 Euro. Auch er erinnerte an die Erfolgsgeschichte der Vespa und hatte den Frontscheinwerfer auf dem vorderen Kotflügel angebracht. Die Lenkung und das Cockpit brachten den Glanz der 1950er-Jahre wieder zurück. Ebenfalls eine Hommage an die 1950er-Jahre war die geteilte, komfortable Sitzbank. Mit über 120 km/h Spitzengeschwindigkeit war die GT 250 ein idealer Tourer, der auch im Stadtverkehr zielsicher bewegt werden konnte.

■ Vespa GT 250 60 Anni	
Bauzeit:	2006 bis 2010
Motorbauart:	wassergekühlter 1-Zylinder-4-Takt-Motor
Hubraum (cm³):	244
Leistung (PS bei 1/min):	22 bei 8250
V_{max} in (km/h):	122
Rahmen, Federung, Bremsen:	selbsttragend, Einarmschwinge vorne, 2 Stoßdämpfer hinten, Scheibenbremsen
Gewicht (kg):	148

Vespa LXV 50	
Bauzeit:	2006 bis 2008
Motorbauart:	luftgekühlter 1-Zylinder-2-Takt-Motor
Hubraum (cm³):	49
Leistung (PS bei 1/min):	4,4 bei 8750
V_{max} in (km/h):	40
Rahmen, Federung, Bremsen:	selbsttragend, Einarmschwinge vorne, Schraubenfeder, Stoßdämpfer, Trommel/Scheibe
Gewicht (kg):	98

Vespa LXV 50 (ZAP C38300)

Die kleinste, limitierte Version der im Jahr 2006 überarbeiteten Vespa-Baureihen war die LXV 50. Auch ihre Vorderfront war dem Stil der 1960er-Jahre angepasst und präsentierte sich mit viel Chrom. Das „V" in der Bezeichnung stand dabei für „Vintage". Mit gebläsegekühlter Zweitakt-Technologie entwickelte der kleine Flitzer 4,4 PS bei 8750 Umdrehungen in der Minute und war auch sonst mit der LX 50 mit Zweitakt-Motor identisch. Zwischen den Jahren 2006 und 2014 wurden weltweit rund 740.000 Vespa LX produziert und verkauft. Allein in Deutschland gingen bis Ende 2013 rund 50.000 Vespas LX mit 50 Kubikzentimetern an die Kunden.

Piaggio X8 400 i.e.

Die Piaggio X8 mit dem flüssigkeitsgekühlten 400-Kubikzentimeter-Viertaktmotor brachte nochmals Schwung in das X8-Verkaufsprogramm. Äußerlich änderte sich gegenüber den anderen Modellen nichts am Karosserie-Design. Die Antriebseinheit basierte auf dem bekannten X9-500-Motor von Piaggio, der durch eine Verringerung der Zylinderbohrung von 460 auf 399 Kubikzentimeter heruntergerüstet wurde. Der Hub blieb jedoch unverändert. Dennoch leistete der Vierventiler mit 34 PS nur sechs PS weniger als der große Motor der X9. Trotz eines üppigen Platzangebots für Fahrer und Sozius sowie des 50 Liter großen Stauraums unter der Sitzbank waren die äußeren Abmessungen sehr schlank.

Piaggio X8 400 i.e.	
Bauzeit:	2006 bis 2009
Motorbauart:	wassergekühlter 1-Zylinder-4-Takt-Motor
Hubraum (cm³):	399
Leistung (PS bei 1/min):	34 bei 7500
V_{max} in (km/h):	150
Rahmen, Federung, Bremsen:	Stahlrohr, Teleskopfedergabel, Federbeine verstellbar, Doppelscheibe/Scheibe
Gewicht (kg):	210

■ Piaggio X7 250	
Bauzeit:	2007 bis 2009
Motorbauart:	wassergekühlter 1-Zylinder-4-Takt-Motor
Hubraum (cm^3):	244
Leistung (PS bei 1/min):	22 bei 8750
V_{max} in (km/h):	126
Rahmen, Federung, Bremsen:	Doppelschleifen, Telegabel vorne, Schwinge, 2 Stoßdämpfer hinten, Scheibenbremsen
Gewicht (kg):	160

Piaggio X7 250

Piaggio präsentierte 2007 auf der EICMA in Mailand den Motorroller X7. Der Roller sollte eine Alternative zu den bereits angebotenen Stadtrollern sein und mit einem eleganten und markanten Design beim Kunden punkten. Mit einer neuen Linienführung reduzierte sich der Abstand von der Karosserie zum Boden erheblich. Die X7 zeichnete sich weiter durch einen großen Komfort wie eine aerodynamisch geformte Frontscheibe und eine bequeme Sitzbank aus. Der Stauraum unter der Sitzbank bot ausreichend Platz, um einen Vollvisierhelm und einen Jet-Helm unterzubringen.

Piaggio Ape Calessino (ZAPT2D4MC)

Im italienischen Stil des Kleinbusses Ape Calessino, der in den 1950er- und 1960er-Jahren Millionen von Touristen das süße Leben Italiens zeigte, brachte Piaggio im Jahr 2007 eine Neuauflage des kleinen Freizeitmobils auf den Markt. Die Auslieferung der auf 999 Fahrzeuge begrenzten Auflage des blauen Retro-Dreirades startete im Sommer 2007. Lediglich 200 Calessinos sollten für einen Stückpreis von zirka 8000 Euro nach Deutschland ausgeliefert werden. Um die limitierten Dreiräder schnell zu verkaufen, hatte Piaggio alle Register gezogen. Mit viel Chrom, einem Boden aus echtem Holz und Weißwandreifen versuchte die Ape ihre potenziellen Käufer zu verführen. Dies klappte auch mit 50 Prozent Vorbestellungen ganz gut.

■ Piaggio Ape Calessino	
Bauzeit:	2007 bis 2010
Motorbauart:	wassergekühlter 1-Zylinder-4-Takt-Dieselmotor, Direkteinspritzer
Hubraum (cm^3):	422
Leistung (PS bei 1/min):	11,8 bei 4300
V_{max} in (km/h):	65
Rahmen, Federung, Bremsen:	Profilstahl, Schwinge, Spiralfeder, Dämpfer vorne, Querlenker, Gummihohlfed. hinten, Trommeln
Gewicht (kg):	330

■ Piaggio Carnaby 125	
Bauzeit:	2007 bis 2008
Motorbauart:	wassergekühlter 1-Zylinder-4-Takt-Motor
Hubraum (cm³):	124
Leistung (PS bei 1/min):	15 bei 9750
V_{max} in (km/h):	104
Rahmen, Federung, Bremsen:	Rohrrahmen, Telegabel, Stoßdämpfer vorne, Schwinge hinten, Scheibenbremsen
Gewicht (kg):	146

Piaggio Carnaby 125

Im Jahr 2007 gab Piaggio den Bau einer neuen Typenreihe, die auf den Namen Carnaby hören sollte, bekannt. Der Cityroller mit 125-Kubikzentimeter-Viertaktmotor begeisterte sofort mit dem schnörkellosen und sehr modernen Design sowie den weichen Linien der Karosserie. Mit den 16-Zoll-Rädern hatte der Motorroller einen perfekten Fahrkomfort. Unter der großzügigen Sitzbank fand ein Halbschalenhelm bequem Platz. Die Piaggio Carnaby 125 gab es in den Farben Blau, Gelb, Silber und Schwarz. Auf Wunsch konnte man die Carnaby mit einem breiten Beinschutz für den Fahrer, einem Handschuhfach und einem Kindersitz aufrüsten.

Piaggio Carnaby 200

Die Carnaby 200 sah der sportlichen Aprillia Sportcity, die ebenfalls ab 2007 angeboten wurde, nicht unähnlich. Aprillia gehörte seit zwei Jahren zur Piaggio-Gruppe. Mit einer Leistung von 22 PS bei 9000 Umdrehungen in der Minute brachte es der 200er-Motorroller auf eine Spitzengeschwindigkeit von fast 120 km/h. Der wassergekühlte Viertaktmotor mit vier Ventilen erfüllte die Euronorm 3. Vorne sorgte eine Telegabel und hinten zwei vierfach verstellbare Federbeine für eine sichere Straßenlage bei einer sportlichen Fahrweise. Sogar auf Kopfsteinpflaster waren die Fahrleistungen des mit großen Rädern ausgestatteten Motorrollers überdurchschnittlich. Passend zum Fahrzeug gab es ein Topcase mit 38 Litern Fassungsvermögen.

■ Piaggio Carnaby 200	
Bauzeit:	2007 bis 2008
Motorbauart:	wassergekühlter 1-Zylinder-4-Takt-Motor
Hubraum (cm³):	198
Leistung (PS bei 1/min):	22 bei 9000
V_{max} in (km/h):	120
Rahmen, Federung, Bremsen:	Rohrrahmen, Telegabel, Stoßdämpfer vorne, Schwinge, 2 Federbeine hinten, Scheibenbremsen
Gewicht (kg):	146

Vespa GTS 125	
Bauzeit:	2007 bis 2011
Motorbauart:	wassergekühlter 1-Zylinder-4-Takt-Motor
Hubraum (cm^3):	124
Leistung (PS bei 1/min):	14,3 bei 9750
V_{max} in (km/h):	103
Rahmen, Federung, Bremsen:	selbsttragend, Einarmschwinge vorne, Schraubenfeder, Stoßdämpfer, Scheibenbremsen
Gewicht (kg):	146

Vespa GTS 125

Die Baureihe Gran Turismo mit großer Karosserie kam bereits im Jahr 2003 in die Piaggio-Läden. Bis zum Modelljahr 2007 wurde die Modellreihe komplett überarbeitet und dann der Fachpresse vorgestellt. Für 4500 Euro gab es eine Menge aktueller Technik. Diese sportliche Variante bekam ein in Rot gehaltenes vorderes Federbein, die Felgen waren schwarz mit einem silbernen Randstreifen. Die Lackierung der Vespa war entweder hellbraun, rot, schwarz oder weiß. Zwei kleine Luftschlitze auf der rechten Seite erinnerten an die Zeiten, als die Vespas noch mit einem gebläsegekühlten Motor ausgestattet waren.

Vespa PX 125 30 Anni

Nach drei Millionen PX-Modellen und 30 Jahren Bauzeit feierte Piaggio mit der Vespa PX 125 30 Anni das Jubiläum. Als Krönung der Feierlichkeiten baute der italienische Motorroller-Hersteller 1000 dieser Zweiräder in der Farbe Weiß. Um an das historische Datum zu erinnern, bekam jede Vespa PX 125 eine Plakette links des Handschuhfachs, die sie als Sondermodell auswies. Natürlich musste dieser besondere Motorroller ein Zweitakter mit Gebläsekühlung sein. Als Zubehör bot Piaggio eine ganze Reihe an zusätzlichen Artikeln an, mit denen man den Roller verschönern konnte. Es gab Chromfelgen, Weißwandreifen oder ein kleines Windschild. Zunächst ging Piaggio davon aus, mit diesem Sondermodell die erfolgreiche Geschichte der PX-Baureihen abzuschließen, doch die Zukunft sollte einen anderen Plan bereitstellen. Denn 2011 kehrte der Roller nochmal ins Verkaufsprogramm zurück.

Vespa PX 125 30 Anni	
Bauzeit:	2007
Motorbauart:	luftgekühlter 1-Zylinder-2-Takt-Motor
Hubraum (cm^3):	123
Leistung (PS bei 1/min):	8 bei 6000
V_{max} in (km/h):	92
Rahmen, Federung, Bremsen:	selbsttragend, Schwinge vorne, Schraubenfeder, Stoßdämpfer, Scheibenbremsen
Gewicht (kg):	115

■ Vespa 125 S	
Bauzeit:	2007 bis 2009
Motorbauart:	luftgekühlter 1-Zylinder-4-Takt-Motor
Hubraum (cm³):	124
Leistung (PS bei 1/min):	10,3 bei 8000
V_{max} in (km/h):	92
Rahmen, Federung, Bremsen:	selbsttragend, Stoßdämpfer, Schraubenfeder, Scheibe/Trommel
Gewicht (kg):	98

Vespa 125 S (ZAP M441)

Mit dem kleinen Vesparahmen und den guten Leistungen der LX 125 wurde die Vespa 125 S ein Bestseller im Verkaufsprogramm von Piaggio. Um das sportliche Design mit dem eckigen Frontscheinwerfer zu betonen, wurden einige Details verändert. Auch die Seitenteile und der Frontschutz bekamen eine stromlinienförmigere und schlankere Linie. Damit gelang es den italienischen Karosserieschneidern, dem Roller einen völlig neuen Auftritt zu geben. 3500 Euro kostete die 125 S, die es in den Modefarben Orange, Schwarz oder Weiß gab.

Vespa 50 S 2T

Mit der 50 S ließ Piaggio die 50 Spezial aus den 1970er-Jahren wieder aufleben, die die Jugendlichen von damals so in ihren Bann gezogen hatte. Zwar war der kleine Zweitakter, der 2250 Euro kostete, so ungestüm wie früher, doch hatte er inzwischen eine lange Entwicklungszeit hinter sich gebracht und war ein rundum moderner Motorroller mit Automatikgetriebe geworden. Auch bei diesem Modell hatte nun der eckige Scheinwerfer Einzug gehalten und war perfekt in die Lenkerverkleidung eingepasst worden. Am Spritzschutz war der vordere Grill nun wesentlich breiter und länger ausgeführt. Ein rotes Frontfederbein und ein neuer Sattel mit heller Naht machten die Vespa 50 S bei der Jugend so beliebt wie ihre Vorgänger.

■ Vespa 50 S 2T	
Bauzeit:	2007 bis 2010
Motorbauart:	luftgekühlter 1-Zylinder-2-Takt-Motor
Hubraum (cm³):	49
Leistung (PS bei 1/min):	4,4 bei 7500
V_{max} in (km/h):	45
Rahmen, Federung, Bremsen:	selbsttragend, Schwinge, Stoßdämpfer, Schraubenfeder, Trommel/Scheibe
Gewicht (kg):	98

■ Piaggio MP3 250 LT	
Bauzeit:	2007 bis 2009
Motorbauart:	wassergekühlter 1-Zylinder-4-Takt-Motor
Hubraum (cm³):	244
Leistung (PS bei 1/min):	22,4 bei 8250
V_{max} in (km/h):	125
Rahmen, Federung, Bremsen:	Doppelschleifen, Alu-Achsschenkel, Stereofederbeine, 2 Scheiben/Scheibe
Gewicht (kg):	215

Piaggio MP3 250 LT

Auch beim Dreiradler Piaggio MP3 250 LT i.e. wies das Kürzel „LT" auf den Begriff „Large Tread" und damit auf die 47,5 Zentimeter breite Spur vorn und das zusätzliche Fußbremspedal hin. Diese machte es möglich, das Freiluftmobil auch mit einem Autoführerschein zu fahren. Doch auch wenn das Fahrzeug auf drei Rädern stand, konnte es umfallen, wenn man nicht aufpasste und zum Beispiel im Stand die Füße auf dem Trittbrett ließ und dabei vergaß, die Roll-Lock-Arretierung einzuschalten. Denn durch die findige Vorderradaufhängung in einem Parallelogramm konnte das MP3-Dreirad im Stand leicht kippen.

Piaggio Apelino (ZAPT10000)

Für viele italienische Besitzer einer Ape, die das kleine Dreirad für ihre tägliche Arbeit brauchten, hatte sich im Laufe der Zeit der Kosename „Apelino" eingebürgert. Kein Wunder, dass Piaggio diesen Namen ab 2008 auch für das neue Modell der Ape TM verwendete. Eine wesentliche Neuerung war das modulare System der Ladepritsche, die man zum Kastenwagen, Transporter oder Pritschenaufbau, für mobiles Catering, für Werbezwecke oder als Stadttaxi umbauen konnte. Das offene Modell mit Abgaskat und Ladepritsche hatte eine Nutzfläche von 2,75 Quadratmetern und transportierte eine Nutzlast von über 700 Kilogramm von Ort zu Ort. Als einziges Modell war die Apelino für zwei Personen zugelassen und besaß ein richtiges Lenkrad.

■ Piaggio Apelino	
Bauzeit:	2008 bis 2012
Motorbauart:	luftgekühlter 1-Zylinder-4-Takt-Dieselmotor, Direkteinspritzer
Hubraum (cm³):	422
Leistung (PS bei 1/min):	13 bei 4500
V_{max} in (km/h):	65
Rahmen, Federung, Bremsen:	Profilstahl, Schwinge, Spiralfeder, Dämpfer vorne, Querlenker, Gummihohlfed. hinten, Trommeln
Nutzlast (kg):	765

Piaggio MP3 LT 400, Baujahr 2008

Die Piaggio MP3 startete 2006 mit einer cleveren Technik in ein neues Marktsegment. Denn das rasante Dreirad war für alle Autofahrer fahrbar, die ihren PKW-Führerschein vor dem 19. Januar 2013 erworben hatten. Das patentierte Federungssystem, die beiden Vorderräder und 465 Millimeter Spurbreite machten dies möglich. Technik, die die Piaggio MP3 zum cleversten Roller der Gegenwart machte. Das Parallelogramm, über das die Vorderräder der Piaggio MP3 geführt und gefedert werden, ist der Dreh- und Angelpunkt des Piaggio-MP3-Konzepts. In den ersten sechs Monaten nach ihrer Markteinführung wurden bereits über 10.000 Fahrzeuge verkauft.

Piaggio X7 125	
Bauzeit:	2008 bis 2012
Motorbauart:	wassergekühlter 1-Zylinder-4-Takt-Motor
Hubraum (cm³):	124
Leistung (PS bei 1/min):	15 bei 9750
V_{max} in (km/h):	124
Rahmen, Federung, Bremsen:	Rohrrahmen, Telegabel, Stoßdämpfer vorne, Schwinge, 2 Federbeine hinten, Scheibenbremsen
Gewicht (kg):	161

Piaggio X7 125

Mit einem preislich fairen Angebot stellte Piaggio 2008 den X7 in der 125er-Ausführung vor. Als Crossover, also eine Mischung aus Cityscooter und Tourenroller, sollte der Motorroller die Käufer überzeugen, die nicht zusätzlich einen Motorradführerschein machen wollten, aber dennoch vorhatten, ab und zu einmal mit einem Zweirad unterwegs sein zu wollen. Zwar konnte man von dem 15 PS starken Roller mit einem Gewicht von über 160 Kilogramm keine Höchstleistungen erwarten, doch trumpfte der X7 mit einer Sitzhöhe von 790 Millimetern und einer schmalen Sitzbank.

Piaggio Beverly 300 GTS

Die Beverly 300 GTS wurde von einem flüssigkeitsgekühlten Vierventil-Viertaktmotor mit 22 PS angetrieben und erfüllte mit elektronischer Einspritzung und elektronischer Zündung die Euro-3-Norm. Bei diesem 300er-Modell stand vor allem der sportliche Aspekt im Vordergrund. Mit dem leicht erhöhten Drehmoment konnte man einen stärkeren Durchzug bei der Beschleunigung deutlich spüren. Damit war die 300er kein Kompromiss, sondern eine echte Umsetzung der Rolleridee. Bereits im ersten Verkaufsjahr wurde das Modell zu einem Verkaufsrenner, der mittlerweile zum gewohnten Bild südländischer Großstädte gehört. Rund 270.000 Modelle der Beverly wurden bis heute verkauft. Der Anteil in Italien lag sogar bei satten 76 Prozent.

Piaggio Beverly 300 GTS	
Bauzeit:	2008 bis 2013
Motorbauart:	wassergekühlter 1-Zylinder-4-Takt-Motor
Hubraum (cm³):	278
Leistung (PS bei 1/min):	22 bei 7250
V_{max} in (km/h):	125
Rahmen, Federung, Bremsen:	Rohrrahmen, Telegabel, Stoßdämpfer vorne, Schwinge, 2 Federbeine hinten, Scheibenbremsen
Gewicht (kg):	165

■ Piaggio Beverly 400 Tourer	
Bauzeit:	2008 bis 2011
Motorbauart:	wassergekühlter 1-Zylinder-4-Takt-Motor
Hubraum (cm³):	399
Leistung (PS bei 1/min):	33,5 bei 7500
V_{max} in (km/h):	155
Rahmen, Federung, Bremsen:	Rohrrahmen, Telegabel, Stoßdämpfer vorne, Schwinge, 2 Federbeine hinten, Scheibenbremsen
Gewicht (kg):	190

Piaggio Beverly 400 Tourer

Gleichzeitig mit der Einführung des neuen Motors wurde auch das Chassis – ab dem Jahr 2008 – modifiziert. Die Beverly 400 war als Tourer oder als Cruiser erhältlich. Beleuchtung und Blinker LED-Technik. Im Staufach unter dem zweistufigen Sitz fanden zwei Jethelme ihren Platz. Piaggio hatte beim Beverly-400-Tourer bewusst auf ein typisches Motorrad-Design gesetzt. Dennoch zeugte der hoch am Lenker angebrachte Scheinwerfer von der Abstammung der Piaggio-Motorroller – nämlich der Vespa. Viel Chromzierrat und der charakteristische große Auspuff ergaben ein harmonisches Bild.

Vespa LXV 125 Navy

Nur ein Jahr wurde das Sondermodell „Navy" produziert. Für die Serie kam ausschließlich der luftgekühlte 124 Kubikzentimeter-Viertaktmotor mit obenliegender Nockenwelle zum Einsatz. Der Motor hatte eine Bohrung von 57 Millimetern und einen Hub von 48,6 Millimetern. Das maximale Drehmoment lag bei 9,9 Nm bei 6500 Umdrehungen in der Minute. Auch dieses Modell war stark an die historischen Vespamodelle angelehnt, da man bei Piaggio in Italien gesehen hatte, dass nostalgische Sondermodelle besonders gut ankamen. Der Motorroller wurde nur in der Farbe Mitternachtsblau ausgeliefert. Die Sitzbank war in zwei verschiedenen Beigetönen erhältlich. Für die 125er-Navy musste der Kaufinteressent 3300 Euro auf den Tisch legen.

■ Vespa LXV 125 Navy	
Bauzeit:	2008
Motorbauart:	luftgekühlter 1-Zylinder-4-Takt-Motor
Hubraum (cm³):	124
Leistung (PS bei 1/min):	7,9 bei 8350
V_{max} in (km/h):	92
Rahmen, Federung, Bremsen:	selbsttragend, Schwinge, Stoßdämpfer, Schraubenfeder, Trommel/Scheibe
Gewicht (kg):	98

■ Vespa GTV 125 Navy	
Bauzeit:	2008
Motorbauart:	wassergekühlter 1-Zylinder-4-Takt-Motor
Hubraum (cm³):	124
Leistung (PS bei 1/min):	15 bei 9750
V_{max} in (km/h):	103
Rahmen, Federung, Bremsen:	selbsttragend, Schwinge, Stoßdämpfer, Schraubenfeder, Scheibe/Trommel
Gewicht (kg):	146

Vespa GTV 125 Navy

Als Navy-Sondermodell gab es auch die Vespa GTV 125. Das gesamte Design war ähnlich der Vespa GTX 125 Navy, lediglich beim Motor war nun der flüssigkeitsgekühlte Leadermotor eingebaut. Dadurch war ein Leistungszuwachs von über sieben PS möglich. Dies erlaubte auch eine Höchstgeschwindigkeit von über 100 km/h. Die luftgekühlte GTX kam nur gerade einmal über 90 km/h. Als Bremssystem setzte Piaggio bei der GTV 125 Navy auf eine Trommel/Scheibenbremsanlage mit einem identischen Durchmesser von 220 Millimetern.

Vespa 150 S

Für Kunden, die ihren Motorroller in der Stadt wie auch über Land oder auf der Autobahn nutzen wollten, bot Piaggio ab dem Jahr 2008 die Vespa 150 S für einen Preis von 3650 Euro an. Das schlanke, gebläsegekühlte Modell mit dem kleinen Rahmen erreichte durch seine über zwölf PS ausgezeichnete Fahrleistungen, bei denen auch der Fahrspaß nicht zu kurz kam. Bei dieser Modellreihe legten die Piaggio-Designer ebenfalls viel Wert auf eine sportliche Karosserielinie. Dazu gehörte der nun eckige Frontscheinwerfer und die weit zurückgezogene Frontpartie. Zusätzlich wurden dem Motorroller rote Federelemente und eine sportliche Sitzbank mit heller Naht spendiert. Die Original-Motorrollerfarben waren Rot, Schwarz und Weiß.

■ Vespa 150 S	
Bauzeit:	2008 bis 2009
Motorbauart:	luftgekühlter 1-Zylinder-4-Takt-Motor
Hubraum (cm³):	151
Leistung (PS bei 1/min):	12,1 bei 8000
V_{max} in (km/h):	96
Rahmen, Federung, Bremsen:	elbsttragend, Schwinge, Stoßdämpfer, Schraubenfeder, Trommel/Scheibe
Gewicht (kg):	116

Vespa GTV 250 Navy	
Bauzeit:	2008
Motorbauart:	wassergekühlter 1-Zylinder-4-Takt-Motor
Hubraum (cm³):	244
Leistung (PS bei 1/min):	16 bei 8250
V_{max} in (km/h):	122
Rahmen, Federung, Bremsen:	selbsttragend, Schwinge, Stoßdämpfer, Schraubenfeder, Scheibenbremsen
Gewicht (kg):	148

Vespa GTV 250 Navy

250 Kubikzentimeter standen im Jahr 2008 für den stärksten Motorroller der Navy-Serie. Die Vespa GTV 250 Navy war ein exklusives Zweirad, was sich leider auch im Preis von 5600 Euro niederschlug. Der schnelle Roller wurde gezielt im Retro-Design entworfen. Er hatte sein Hauptlicht auf dem vorderen Kotflügel. Der Lenker hatte keine Verkleidung erhalten und die analogen Instrumente waren rundlich gehalten. Fahrer und Sozius nahmen auf getrennten Sätteln Platz, die es in zwei unterschiedlichen Beigetönen gab. Die Lackierung war ein metallisches Mitternachtsblau.

Vespa GTS 300 Super

Mit der Vespa GTS 300 Super kam 2008 das erste Mal ein 300-Kubikzentimeter-Modell mit großer Karosserie ins Verkaufsprogramm von Piaggio. Mit in Schwarz gehaltenen Felgen, roten Federbeinen und einer aggressiven Karosserielinie zielte der italienische Zweiradhersteller bewusst auf eine sportliche Gruppe von Scooterfahrern. Um den sportlichen Charakter auch bei der Technik auszuleben, kam der flüssigkeitsgekühlte 278-Kubikzentimeter-Quasar-Viertaktmotor mit obenliegender Nockenwelle zum Einsatz. Auch der Preis von 4800 Euro war in Ordnung. Mit einem Drehmoment von 22,3 Nm bei 5000 Umdrehungen in der Minute war der in den Farbvarianten Grau oder Weiß lackierte Roller auch beim Überholen sehr flott unterwegs.

Vespa GTS 300 Super	
Bauzeit:	2008 bis 2012
Motorbauart:	wassergekühlter 1-Zylinder-4-Takt-Motor
Hubraum (cm³):	278
Leistung (PS bei 1/min):	21,5 bei 7500
V_{max} in (km/h):	125
Rahmen, Federung, Bremsen:	selbsttragend, Schwinge, Stoßdämpfer, Schraubenfeder, Scheibenbremsen
Gewicht (kg):	148

Vespa LXV 50 Navy	
Bauzeit:	2008
Motorbauart:	luftgekühlter 1-Zylinder-4-Takt-Motor
Hubraum (cm³):	49
Leistung (PS bei 1/min):	4,2 bei 8750
V_{max} in (km/h):	63
Rahmen, Federung, Bremsen:	selbsttragend, Schwinge, Stoßdämpfer, Schraubenfeder, Trommel/Scheibe
Gewicht (kg):	98

Vespa LXV 50 Navy

Das Navy-Sondermodell der Vespa LXV 50 mit Stilelementen aus der erfolgreichen Vespavergangenheit war wie die hubraumgrößeren Navy-Modelle ebenfalls nur im Jahr 2008 zu bekommen. Piaggio hatte das 50er-Modell mit Viertaktmotor ebenfalls in Mitternachtsblau metallic ausliefern lassen. Der Kaufpreis lag bei 2300 Euro. Für das Geld gab es eine Gebläsekühlung, eine obenliegende Nockenwelle, eine elektronische Zündung und einen elektrischen Anlasser. Der Lenker war unverkleidet und in der Mitte thronte der große Frontscheinwerfer.

Vespa S 50 4T

Für die 2008er-Saison zeigte Piaggio auf dem Mailänder Salon 2007 die Vespa S 50 4T mit einem Viertakt-Motor mit vier Ventilen. Das kleine Triebwerk hatte fast annähernd die gleiche Leistung wie die Zweitakt-Version. Dafür lag jedoch der Preis um 500 Euro höher als beim Zweitakter. Der Tank fasste ca. 8,5 Liter Super-Bleifrei-Kraftstoff. Die Vespa S 50 konnte mit dem Führerschein Klasse M oder dem Autoführerschein Klasse B gefahren werden. Im Gegensatz zur Zweitakt-Schwester war die S 50 allerdings wesentlich müder im Anzug und sicher kein Rennpferd. Für den Viertakter sprachen jedoch die Laufruhe des Motors, die Zuverlässigkeit und der geringere Verbrauch, der den höheren Preis von 2750 Euro mit der Zeit sicherlich wieder ausglich.

Vespa S 50 4T	
Bauzeit:	2008 bis 2013
Motorbauart:	luftgekühlter 1-Zylinder-4-Takt-Motor
Hubraum (cm³):	49
Leistung (PS bei 1/min):	4,3 bei 8750
V_{max} in (km/h):	40
Rahmen, Federung, Bremsen:	selbsttragend, Schwinge, Stoßdämpfer, Schraubenfeder, Trommel/Scheibe
Gewicht (kg):	98

Piaggio MP3 LT 125	
Bauzeit:	2008 bis 2011
Motorbauart:	wassergekühlter 1-Zylinder-4-Takt-Motor
Hubraum (cm³):	124
Leistung (PS bei 1/min):	15 bei 9500
V_{max} in (km/h):	110
Rahmen, Federung, Bremsen:	Doppelschleifen, Alu-Achsschenkel, Stereofederbeine, 2 Scheiben/Scheibe
Gewicht (kg):	204

Piaggio MP3 LT 125

Die kleinste Version des MP3 von Piaggio kam im Jahr 2008 in die Ausstellungsräume. Auch mit diesem Modell konnte man mit beiden Vorderrädern parallel in Schräglage gehen. Doch würde der Dreirad-Roller im Stand wie jedes andere Zweirad einfach umkippen. Dennoch benötigte der MP3 beim Abstellen keinen Hauptständer, denn der Fahrer konnte beim Ampelstopp seine Füße auf dem Trittbrett lassen, ohne dass das Dreirad umfiel. Im Stand ließ sich die Konstruktion in jeder beliebigen Stellung per Knopfdruck blockieren. Ab fünf Stundenkilometern wurde die Blockade automatisch gelöst und der Piaggio MP3 konnte in eine Schräglage von maximal 40 Grad gehen.

Piaggio MP3 LT 400

Böswillige Menschen nannten den Piaggio MP3 in den ersten Jahren „AOK-Scooter". Doch bald hatte man sich an das skurrile Dreirad gewöhnt. Also war es höchste Zeit, zwischen die 300er- und die 500er-Version auch einen Dreirad-Scooter mit 400 Kubikzentimetern zu platzieren. Mit 31 PS und einem Drehmoment von 38 Nm bei 5250 Umdrehungen in der Minute waren auch flotte Autobahnfahrten mit genügend Beschleunigungsreserven und Spitzengeschwindigkeiten von 140 km/h möglich. So ließ der kraftvolle Dreiradtourer mit dem ungestümen Charakter kaum Wünsche offen. Darüber hinaus bot der Piaggio MP3 LT 400 dem Fahrer einen hervorragenden Schutz vor Wind und Wetter sowie ausreichenden Stauraum für das Gepäck.

Piaggio MP3 LT 400	
Bauzeit:	2008 bis 2014
Motorbauart:	wassergekühlter 1-Zylinder-4-Takt-Motor
Hubraum (cm³):	399
Leistung (PS bei 1/min):	31 bei 7250
V_{max} in (km/h):	140
Rahmen, Federung, Bremsen:	Doppelschleifen, Alu-Achsschenkel, Stereofederbeine, 2 Scheiben/Scheibe
Gewicht (kg):	262

■ Piaggio MP3 LT 500 Fuoco	
Bauzeit:	2008 bis 2014
Motorbauart:	wassergekühlter 1-Zylinder-4-Takt-Motor
Hubraum (cm³):	493
Leistung (PS bei 1/min):	40 bei 5250
V_{max} in (km/h):	145
Rahmen, Federung, Bremsen:	Doppelschleifen, Alu-Achsschenkel, Stereofederbeine, 2 Scheiben/Scheibe
Gewicht (kg):	265

Piaggio MP3 LT 500 Fuoco

Im Jahr 2008 wurde das Spitzenmodell Piaggio MP3 LT 500 Fuoco (Feuer) mit einem Verkaufspreis von rund 8000 Euro eingeführt. Es war technisch weitgehend mit der Gilera Fuoco 500 ie identisch. Dieses Dreirad hatte den starken 40 PS-Motor und eine „sportlichere" Optik bekommen. Bei dieser starken Version spielte das Konzept seine Vorteile besonders gut aus. Ob auf nassem Asphalt oder Rollsplitt, das zweite Vorderrad verlieh diesem Rollerkonzept eine Fahrstabilität, die Zweirädern fremd war. Selbst bei widrigsten Straßenbedingungen konnte man mit der MP3 mit hohen Geschwindigkeiten um die Ecken flitzen.

Piaggio Ape Calessino Electric (ZAPT3E9EC)

Im Jahr 2009 stellte Piaggio das Ape-Dreirad Calessino erstmals mit Elektroantrieb vor. Es wird bis heute in limitierter Kleinstauflage vor allem für Sammler aus aller Welt gebaut. Dafür gibt es die Elektro-Ape für 19.000 Euro in einem umwerfenden „Yacht-Design" – in einer eleganten Zweifarblackierung in Weiß und Blau. Am wohlsten fühlt sich der Lastenesel in engen Gassen einer malerischen Altstadt oder auf einer romantischen Mittelmeerinsel. Der „Calessino Electric Lithium" verfügt über einen Lithium-Ionen-Akku, mit dem der Dreiradtransporter bis zu 75 Kilometer weit fahren kann. Die Batterie kann an jeder 220-Volt-Steckdose in weniger als vier Stunden aufgeladen werden. Die Akku-Lebensdauer wird auf 15 Jahre veranschlagt.

■ Piaggio Ape Calessino Electric	
Bauzeit:	2009 bis 2010
Motorbauart:	3 Phasen-Elektromotor, Lithiumionen-Batterie
Ladezeit (Volt):	4/220
Leistung (kW):	9
V_{max} in (km/h):	45
Rahmen, Federung, Bremsen:	Profilstahl, Schwinge, Spiralfeder, Dämpfer vorne, Querlenker, Gummihohlfed. hinten, Trommeln
Gewicht (kg):	275

Piaggio Beverly 500 Cruiser	
Bauzeit:	2009 bis 2015
Motorbauart:	wassergekühlter 1-Zylinder-4-Takt-Motor
Hubraum (cm³):	460
Leistung (PS bei 1/min):	39 bei 7500
V_{max} in (km/h):	160
Rahmen, Federung, Bremsen:	Stahlrohrrahmen, Telegabel vorne, Stoßdämpfer hinten, 2 Scheiben/Scheibe
Gewicht (kg):	189

Piaggio Beverly 500 Cruiser

Superstark präsentierte sich im Jahr 2009 der Beverly 500 Cruiser. Die technischen Daten verrieten bereits, was Piaggio mit diesem Motorroller erreichen wollte: ein perfektes Zweirad im Rollerlook, das auch eingefleischte Motorradfahrer zum Griff nach dem Kraftpaket überreden sollten. Das Fahrgestell mit Federgabel und Doppelscheibenbremse am Vorderrad und die breitere Felge am Hinterrad unterstrichen ebenfalls das avantgardistische Design. Der große Frontscheinwerfer, viel Chrom an der Karosserie, sportliche, übersichtliche Rundinstrumente und ein monströser Auspuff verliehen dem Motorroller einen unverkennbaren Motorrad-Look.

Piaggio Carnaby 250

Zwar landete Piaggio mit den ersten Baureihen der Carnaby einen Flop, doch dies entmutigte die italienischen Rollerhersteller keineswegs. Ab dem Jahr 2009 stand die zweite Serie der Carnaby in den Austellungsräumen. Und siehe da, jetzt funktionierte das Rollerkonzept. Denn die wieselflinke Carnaby 250 war mit ihren geringen Ausmaßen im Stadtverkehr, in dem um jeden Meter gekämpft wurde, ein ernstzunehmender Gegner. Ihre Alltagstauglichkeit bewies die 250er zudem durch die praktischen Staufächer im Beinschild und durch das breite Trittbrett, auf dem auch einmal die Tasche mit den abendlichen Einkäufen vom Supermarkt Platz finden konnte. Lediglich das Fach unter der Sitzbank war wegen der großen Räder zu klein.

Piaggio Carnaby 250	
Bauzeit:	2009 bis 2014
Motorbauart:	wassergekühlter 1-Zylinder-4-Takt-Motor
Hubraum (cm³):	244
Leistung (PS bei 1/min):	22 bei 8250
V_{max} in (km/h):	125
Rahmen, Federung, Bremsen:	Doppelschleifen-Gitterrohrrahmen, Teleg. vorne, Triebsatzschw., 2 Federbeine hinten, Scheibenbremsen
Gewicht (kg):	174

Piaggio Carnaby Cruiser 300	
Bauzeit:	2009 bis 2014
Motorbauart:	wassergekühlter 1-Zylinder-4-Takt-Motor
Hubraum (cm³):	278
Leistung (PS bei 1/min):	31 bei 7250
V_{max} in (km/h):	140
Rahmen, Federung, Bremsen:	Doppelschleifen-Gitterrohrrahmen, Teleg. vorne, Triebsatzschw., 2 Federbeine hinten, Scheibenbremsen
Gewicht (kg):	164

Piaggio Carnaby Cruiser 300

Wer seinen Piaggio-Motorroller nicht nur in der Stadt bei dichtem Verkehr chauffieren wollte, sondern auch einmal Touren über Land im Sinn hatte, griff bei der Carnaby-Baureihe zum 300er-Cruiser. Mit rund 31 PS und einer perfekten Gewichtsverteilung war der Spaß bei diesem sportlichen Roller garantiert. Auch hier war der einzige Nachteil das Staufach unter der breiten Sitzbank, das nur für einen Jethelm Platz bot. Abhilfe konnte man hier nur mit einem Topcase schaffen. Mit einem kleinen Windschild, das es ebenfalls als Zubehör gab, konnte man das Cruiserfeeling nochmals steigern.

Vespa GTS 125 Super

Im Jahr 2009 wurde eine weitere Gran-Turismo-Version mit großem Rahmen vorgestellt: die Vespa GTS 125 Super. Sie war mit allen Highlights der modernen Motorrollertechnik ausgestattet. Dazu gehörten Scheibenbremsen vorne und hinten, ein flüssigkeitsgekühlter Viertaktmotor mit obenliegender Nockenwelle, eine elektronische Benzineinspritzung und eine elektronische Zündung. Um die Betonung auf Sportlichkeit auszurichten, hatte das Modell nur wenig Chromzierleisten an der Karosserie. Im Fußbereich war die Auflage mit schwarzem Gummi ausgelegt. Auch sonst wurde die Farbe Schwarz an den Felgen, dem Auspuff und anderen Details bewusst intensiv verwendet. Vor allem in Rot hatte die Vespa eine sehr harmonische Ausstrahlung.

Vespa GTS 125 Super	
Bauzeit:	2009 bis 2011
Motorbauart:	wassergekühlter 1-Zylinder-4-Takt-Motor
Hubraum (cm³):	124
Leistung (PS bei 1/min):	15 bei 9750
V_{max} in (km/h):	103
Rahmen, Federung, Bremsen:	selbsttragend, Schwinge, Stoßdämpfer, Schraubenfeder, Scheibenbremsen
Gewicht (kg):	146

■ Vespa LX 125 FL	
Bauzeit:	2009 bis 2010
Motorbauart:	luftgekühlter 1-Zylinder-4-Takt-Motor
Hubraum (cm³):	124
Leistung (PS bei 1/min):	10,7 bei 8250
V_{max} in (km/h):	92
Rahmen, Federung, Bremsen:	selbsttragend, Schwinge, Stoßdämpfer, Schraubenfeder, Scheibe/Trommel
Gewicht (kg):	98

Vespa LX 125 FL

Mit dem gebläsegekühlten Motor der Leader-Baureihe und einem kleinen Rahmen aus Stahlblech wurde die Vespa LX 125 FL präsentiert. Die ersten Monate wurde der Motorroller noch mit einem Vergaser für die Gemischaufbereitung bestückt. Dann übernahm eine elektronische Einspritzung die Kraftstoffzufuhr. Damit sank der Kraftstoffverbrauch erheblich. Durch die FL-Modifikation wurde der Motorroller zusätzlich aufgewertet, denn sie beinhaltete einen verchromten Grill am vorderen Teil des Knieschutzes, Zierleisten aus Chrom an der Spritzwand, eine Sitzbank mit Doppelnaht, neue Griffe am Lenker sowie eine verchromte Kennzeichenhalterung.

Vespa 125 S

Eine der bis heute beliebtesten Versionen der modernen Vespa mit kleinem Rahmen ist die S 125 mit elektronischer Gemischaufbereitung. Für einen Preis von 3550 Euro bot Piaggio die Vespa in den Farben Orange, Schwarz und Weiß an. Die S 125 war eine perfekte Mischung aus Fahrspaß und preiswertem Fortbewegungsmittel. Um den Kaufpreis nicht zu hoch zu setzen, wurde auf eine Wasserkühlung verzichtet und ein Gebläse zur Kühlung eingesetzt. Bei den Bremsen bekam die Vespa zwar vorne eine Scheibenbremsanlage mit 200 Millimetern Durchmesser, hinten wurde jedoch eine Bremstrommel mit 110 Millimetern Durchmesser verbaut. Auch bei den Rädern wurde vorne ein Rad mit elf Zoll und hinten mit zehn Zoll eingebaut.

■ Vespa 125 S	
Bauzeit:	2009 bis 2012
Motorbauart:	luftgekühlter 1-Zylinder-4-Takt-Motor
Hubraum (cm³):	124
Leistung (PS bei 1/min):	10,3 bei 8000
V_{max} in (km/h):	92
Rahmen, Federung, Bremsen:	selbsttragend, Schwinge, Stoßdämpfer, Schraubenfeder, Scheibe/Trommel
Gewicht (kg):	98

■ **Vespa LX 150 FL**	
Bauzeit:	2009 bis 2011
Motorbauart:	luftgekühlter 1-Zylinder-4-Takt-Motor
Hubraum (cm³):	151
Leistung (PS bei 1/min):	12,1 bei 8000
V_{max} in (km/h):	96
Rahmen, Federung, Bremsen:	selbsttragend, Schwinge, Stoßdämpfer, Schraubenfeder, Scheibe/Trommel
Gewicht (kg):	98

Vespa LX 150 FL

Mit 151 Kubikzentimetern konnte man die Vespa LX 150 FL in Deutschland zwar nicht mehr mit dem alten Autoführerschein fahren, dennoch war diese Vespa eine interessante Alternative. Denn mit dieser perfekten Mischung aus Linienführung, moderner Technik und günstigem Preis bot der Motorroller alles, was eine Vespa ausmachte. Zusätzlich wertete die FL-Ausstattung das Zweirad ungemein auf. So bekam man für 3550 Euro zusätzlich ein Knieschild mit viel Chromschmuck, einen verchromten Hupengrill, eine aufwändig verarbeitete Sitzbank mit Doppelnaht und eine verchromte Kennzeichenhalterung. Die modischen Farben waren Pink, Rot, Schwarz und Weiß.

Vespa S 150 i.e.

Wer es in der 150er-Klasse ab dem Jahr 2009 sportlicher haben wollte, der griff zur Vespa S 150 i.e. Vom luftgekühlten Viertaktmotor her war sie ähnlich ausgestattet wie die LX 150 Fl, hatte jedoch einen eckigen Hauptscheinwerfer, ein rotes Federbein am Vorderrad und eine große Abdeckung über der Hupe in der Fahrzeugfarbe. Auch die Sitzbank mit einer helleren Naht betonte zusätzlich ihre sportliche Erscheinung. Technisch gesehen hatte sich nicht viel geändert. Gebläsekühlung, Kraftstoffeinspritzung, elektronische Zündung und eine Scheiben/Trommelbremsen-Kombination waren auch bei den anderen Vespamodellen vorhanden. Die 150er Vespa gab es für 3700 Euro in den Farben Rot, Schwarz und Weiß.

■ **Vespa S 150 i.e.**	
Bauzeit:	2009 bis 2012
Motorbauart:	luftgekühlter 1-Zylinder-4-Takt-Motor
Hubraum (cm³):	151
Leistung (PS bei 1/min):	12,1 bei 8000
V_{max} in (km/h):	96
Rahmen, Federung, Bremsen:	selbsttragend, Schwinge, Stoßdämpfer, Schraubenfeder, Scheibe/Trommel
Gewicht (kg):	98

Vespa LX 50 FL 2T	
Bauzeit:	2009 bis 2012
Motorbauart:	luftgekühlter 1-Zylinder-2-Takt-Motor
Hubraum (cm³):	49
Leistung (PS bei 1/min):	4,1 bei 8750
V_{max} in (km/h):	45
Rahmen, Federung, Bremsen:	selbsttragend, Schwinge, Stoßdämpfer, Schraubenfeder, Scheibe/Trommel
Gewicht (kg):	102

Vespa LX 50 FL 2T

Für die mobile Vespa-Jugend gab es ab dem Jahr 2009 auch eine 50er-LX mit FL-Ausstattung. Da die Jugendlichen immer noch an dem Klang der Zweitakter festhielten, reagierte Piaggio und stattete den nur 98 Kilogramm leichten Roller mit einem gebläsegekühlten Zweitakt-Motor mit Vergaser aus. Dies machte sich natürlich im erhöhten Kraftstoffverbrauch bemerkbar. Doch dies war bei den jungen Menschen eher zweitrangig. Die Linienführung mit dem runden Scheinwerfer war an die größeren Modelle mit kleinem Rahmen angepasst und ließ den kleinen Roller sehr elegant wirken. Dies unterstrichen auch die lieferbaren Farben Pink, Rot, Schwarz und Weiß.

Vespa LX 50 FL 4T 4V

Wer eher Wert auf ökonomisches Vorankommen auf zwei Rädern legte, jedoch auf eine Vespa mit 50 Kubikzentimetern nicht verzichten wollte, griff zur gebläsegekühlten Viertakt-Version mit Vierventil-Technik der Vespa LX 50 FL 4V. Auch dieses Piaggio-Modell hatte statt einer Benzineinspritzung noch einen Vergaser eingebaut. Mit dem Modell konnte man sich stilvoll und problemlos durch das größte Verkehrsgedränge bewegen. Dank eines Katalysators und eines Sekundär-Luftsystems war man zudem noch sehr umweltfreundlich unterwegs. Eine Version in Pink mit weißer Sitzbank ließ vor allem die Frauenherzen höher schlagen. Doch gab es die 2550 Euro teure Vespa zusätzlich auch in Rot, Schwarz und Weiß.

Vespa LX 50 FL 4T 4V	
Bauzeit:	2009 bis 2011
Motorbauart:	luftgekühlter 1-Zylinder-4-Takt-Motor
Hubraum (cm³):	50
Leistung (PS bei 1/min):	4,3 bei 8250
V_{max} in (km/h):	43
Rahmen, Federung, Bremsen:	selbsttragend, Schwinge, Stoßdämpfer, Schraubenfeder, Scheibe/Trommel
Gewicht (kg):	104

DIE 2010ER- & 2020ER-JAHRE

Es war ein Paukenschlag, als der italienische Motorroller-Hersteller Piaggio Mitte des Jahres 2010 bekannt gab, seine legendäre Marke Vespa nun auch in einem neuen Werk in Indien bauen zu lassen. Der Vespa-Roller sollte ab dem Jahr 2012 auf dem stark wachsenden Motorrollermarkt zu einem konkurrenzfähigen Preis angeboten werden, kündigte das Unternehmen am Freitag, den 4. Juni 2010 an. Langfristig sollte das Werk jährlich 150.000 Zweiräder bauen. 2011 wurde von Europas größtem Zweiradhersteller Piaggio ein Umsatz von 1,52 Milliarden Euro erzielt, was einem Anstieg von zwei Prozent gegenüber dem Vorjahr entsprach. Doch ab 2013 litt das Unternehmen unter der instabilen Wirtschaftslage und verlor fast zwei Drittel des Vorjahresumsatzes.

Eine neue Herausforderung stand für Piaggio ab 2016 ins Haus. Ab diesem Zeitpunkt trat eine neue EU-Regelung in Kraft, nach der neue Motorroller mit über 125 Kubikzentimetern Hubraum mit einem Antiblockiersystem auszurüsten sind. Ab dem Januar 2017 gilt dies darüber hinaus verpflichtend für alle motorisierten Zweiräder, unabhängig vom Hubraum.

SPITZENREITER PIAGGIO

Bei den kleinen 50-Kubikzentimeter-Motorrollern gab es bei Piaggio – wie bei Vespa – eine klare Ausrichtung auf eine dynamische und unabhängige Jugend. Zu den bekannten Baureihen von Piaggio kamen 2015 auch zwei Modelle mit den Bezeichnungen „Primavera" und „Sprint" auf den Markt.

Bunte 50er-Baureihen für die Jugend

Im Jahr 2010 waren von den Mofas, -Mopeds und -Kleinrollern nur noch die Fly- und die NRG-Baureihe übrig geblieben. Hatte der Fly-Scooter bisher noch das Image einer unscheinbaren „grauen Maus", so kam er ab 2011 im völlig neuen Gewand, als kompakte Konstruktion und mit neuem Motor, als Fly 50 4V daher. 2015 stellte Piaggio ein neues Modell der Piaggio Fly 50 4V vor. Produziert wurde der kleine Motorroller in Vietnam, da der chinesische Markt immer mehr Bedeutung beim Absatz der kleinen Zweiräder bekam.

Bei den NRG-Motorrollern war bereits ab dem Jahr 2005 die Optik der „Plastikroller" verändert worden. Seit dieser Zeit hatte die NRG-Baureihe die Bezeichnung NRG Power. Weitere Änderungen betrafen Instrumente wie Tachometer und Drehzahlmesser, die nun ihre Werte digital übermittelten. Auch am Rahmen wurden einige Neuerungen vorgenommen. Er war baugleich mit dem Gilera-Runner-Fahrwerk. Die 50er-NRG-Roller sind bis heute im Verkaufsprogramm von Piaggio.

Erst 2012 stellte Piaggio einen weiteren 50-Kubikzentimeter-Roller mit einem sehr bunten Design vor: den Piaggio Zip 50 Special Edition. Den Motorroller gab es mit Zweitakt- und Viertakt-Technik. Er wurde nur ein Jahr lang von Piaggio angeboten.

2013 ließen die Italiener in den USA und in Kanada die dynamische Typhoon 50 Review als Spaß-Scooter mit wassergekühltem Viertakt-Vierventil-Motor wiederauferstehen. Ab 2014 war die neue Typhoon dann auch für den europäischen Markt zu haben. Stilvoll, spaßig und sportlich war sie, genau das Richtige für junge Leute, die preiswert vorankommen wollten. Im Jahr 2015 wurde die New Typhoon lediglich im Design überarbeitet.

Durch das perfekte Styling und die einfache Handhabung der Piaggio Liberty 50 2T war dieser Großrad-Motorroller mit den 50 Kubikzentimetern nicht unbedingt für die Jugend gedacht. Der Roller sollte als „Zweitfahrzeug" für die Familie dienen, um beim täglichen City-Shopping unabhängig von der Parkplatzsuche und zeitsparend im wöchentlichen Großstadtverkehr zu sein. Ohne große Änderungen wird er seit 2010 gebaut.

Ähnlich wie bei den Piaggio-Baureihen sah es auch bei den kleinen 50er-Vespamodellen aus. Auch die Vespa LX 50, als Zwei- und Viertakter mit vier Ventilen, wurde ab 2010 weitergebaut. Das Zweitaktermodell nahm man jedoch ein Jahr später aus dem Programm. Im Jahr 2012 war das Ende der LX 50 4T 4V besiegelt. Doch 2013 stieg die Vespa LX 50 Review wie Phönix der Asche und kehrte komplett überarbeitet ins Vespa-Programm zurück.

Ohne große Änderungen blieb die Vespa S 50 in Zwei- und Viertakttechnik und im liebenswerten Retro-Design auch ab 2010 im Vespaprogramm. Eine sportliche Note bekam sie 2011, als für ein Jahr die Sonderedition „College" auf den Markt kam. Auch in den nächsten Jahren gingen immer wieder erfolgreich Sonderserien der S 50 auf Kundenfang, wie zum Beispiel 2012 die „Sport Special Edition". Eine kleine Überarbeitung der 50S-Modellreihe wurde im Jahr 2013 vorgenommen.

2015 kamen zwei weitere 50-Kubikzentimeter-Motorroller auf den Markt. Für die Bezeichnung der beiden kleinen Roller griff Piaggio tief in die historische Namens-Kiste und taufte eine Baureihe auf den Namen „Primavera", die andere wurde „Sprint" genannt. Beiden Reihen wurden auch hubraumgrößere Modelle zur Seite gestellt.

Vor allem die Fly-Serie entwickelte sich von einem eher unscheinbaren Kleinroller zu einem Spaßroller für junge Leute und Junggebliebene gleichermaßen. Seit 2015 gibt es auch wieder die Primavera (kleines Bild) mit 50 Kubikzentimetern.

Große Motorroller-Serien immer beliebter

Durch das gelungene Design bei den kleinen Fly-Motorrollern, bot Piaggio auch in der 150er-Klasse einen Fly-Roller an. Der besonders klein dimensionierte Roller war ideal für den chaotischen Stadtverkehr in Italien. Der Piaggio Fly 150 blieb bis 2012 im europäischen Piaggio-Programm, danach wurde er nur noch in den USA verkauft, wo er auch heute noch zu haben ist.
Da der Großradroller Liberty in der 50-Kubikzentimeter-Klasse ein großer Verkaufserfolg wurde, entschloss sich Piaggio ab 2012 die beliebte Baureihe mit der Liberty 125 i.e. 3V aufzustocken. Der 125er-Roller konnte mit dem Autoführerschein, der vor 1980 erworben wurde, gefahren werden.
Auch die bekannte Typhoon-Serie bekam im Jahr 2014 Zuwachs. Mit dem Slogan „The Bad Boy Returns" führte Piaggio den robusten und schnellen Motorroller auch mit 125 Kubikzentimetern in einer ganzen Anzahl von farblichen Varianten ein.
Die Beverly-Modelle waren im Jahr 2009 von Grund auf modernisiert worden und weiterhin mit 250 und 500 Kubikzentimetern im Verkaufsprogramm. 2011 kam auch wieder eine 250er- und 300er-Beverly mit dem überarbeiteten und gut gelungenen Design auf den Markt. 2012 gesellten sich Beverly 125 i.e. und 350 Sport Touring hinzu. Für die USA wurde der 350er-Motorroller im Jahr 2013 dem dortigen Markt angepasst und bekam einige kosmetische Neuerungen. 2015 wurde der 350er mit einem ABS ausgestattet und als Piaggio Beverly Sport Touring 350 ABS i.e. auch in Europa verkauft.

Einen besonderen Leckerbissen präsentierte Piaggio im Jahr 2012: den Maxi-Scooter X10. Gleich drei Varianten mit 125, 350 und 500 Kubikzentimetern sollten den ganz speziellen und heiß umkämpften Markt der Großroller auch für Piaggio wieder attraktiv machen. Die beiden größeren Modelle verfügten über die Piaggio-Multimedia-Plattform (PMP), bei der sich viele Daten per Smartphone abrufen ließen. Alle drei Modelle erfüllten die Euro-3-Norm.

Die Piaggio Fly mit 125 Kubikzentimetern Hubraum war in der Technik und bei der Karosserie auf das Wesentliche reduziert. Dennoch sparte Piaggio nicht an Fahrkomfort und Sicherheit.

„Er ist schnell, robust, einfach zu bedienen und für einen Preis zu bekommen, den unsere Mitbewerber nicht schlagen können ..." So stellte das italienische Unternehmen Piaggio im Jahr 2014 den neuen Typhoon vor.

Entgegen aller „Unkenrufe" war die Vespa auch im Jahr 2010 das Zugpferd von Piaggio im Motorroller-Bereich. Vor allem in den „großen" Motorklassen war eine Vielzahl von Baureihen und Sondereditionen im Handel. So setzten sich die Verkäufe der überarbeiteten LX mit 125 und 150 Kubikzentimetern erfolgreich fort. 2012 wurde die LX-Baureihe mit einer 300er-Version ergänzt. Im Jahr 2014 lief die LX-Baureihe aus.

Der luxuriöse Großroller Piaggio X10 (oben) wurde im Jahr 2012 vorgestellt. Es gab ihn mit 125, 350 und 500 Kubikzentimetern. Die Vespa S 150 i.e. war 2014 der typische City-Scooter im traditionellen Stil (rechts).

Die Vespa Primavera ersetzte in mehreren Versionen im Jahr 2013 die LXBaureihe. Ein Jahr später präsentierte Piaggio die Vespa Sprint, die als neue, sportliche Roller-Variante das Herz der Vespafans erstürmen sollte.

Parallel zur LX-Baureihe wurde auch die attraktive S-Serie mit kleinem Rahmen weitergebaut. Sie war mit 125 und 150 Kubikzentimetern erhältlich. Eine sehr schöne Sonder-Edition war die „College", die es mit 125 Kubikzentimetern bis 2012 gab.

Mit großem Rahmen erwiesen sich die GTS-/GTV-Modelle als Zugpferde bei den Automatikrollern. Wählen konnte der interessierte Zweiradfahrer zwischen 125, 250 und 300 Kubikzentimetern. Vor allem die 300er-Motorroller sind bis heute sehr erfolgreich und in den unterschiedlichsten Varianten im Programm der Italiener zu finden. Im Jahr 2012 stellte Piaggio ein völlig neues, futuristisches Motorrollerkonzept vor, das auf den Namen Vespa Quarantasei hörte. Der Roller sollte den zukünftigen Vesparoller interpretieren und dennoch Anleihen an die lange

Im Jahr 2011 stellte Piaggio die Design-Studie Vespa Quarantasei (italienisch „46") vor. Sie erinnerte an die allererste Vespa MP6, hatte jedoch modernste Technik wie den luftgekühlten Dreiventil-Viertaktmotor eingebaut.

Geschichte der Vespa, von der inzwischen nahezu 17 Millionen Fahrzeuge verkauft worden waren, beinhalten. Der Entwurf stammte von den Piaggio-Designern Marco Lambri, Mirko Zocco und Marco Canepa aus dem innerbetrieblichen Design Centre. Vorgestellt wurde das Modell auf der EICMA in Mailand. In die Läden kam der Motorroller dann ein Jahr später als Vespa 946 zum Preis von 9000 Euro und mit einem Hubraum von 124 Kubikzentimetern. Als Nachfolgerbaureihe der LX-Modelle präsentierte Piaggio auf der EICMA in Mailand im Jahr 2013 die Primavera, die wegen ihres Namens ein wichtiges Erbe antrat. Modelle der Automatik-Vespa waren in den Hubraumklassen 50, 125 und 150 Kubikzentimetern geplant. Der Verkauf der Primavera begann ein Jahr später. Auch diese Motorroller-Konstruktion blieb der ursprünglichen Vespa-Linie treu und bestand aus einer selbsttragenden Stahlblechkarosserie. Durch diese Bauart wurde das Chassis der Vespa Primavera sehr verwindungssteif.
Kurz darauf legte Piaggio mit einer weiteren Vespa nach. Sie hörte auf die Bezeichnung „Sprint" und ließ die Vespa-Fans viel erhoffen. Doch die neue Vespa mit 125 Kubikzentimetern Hubraum war der Primavera sehr ähnlich. Lediglich der Hauptscheinwerfer war nun nicht rund, sondern eckig und die Räder hatten jetzt eine Größe von zwölf Zoll. Doch trotz aller Schönheit, die diese Vespa an den Tag legte, hatte die Sprint auch Schattenseiten. Diese waren vor allem die sehr müde Leistung von 10,7 PS und die Scheiben/Trommelbremsen-Kombination, die dem Namen „Sprint" nicht gerecht wurden.

Starke Marktpräsenz der skurrilen Dreiräder

Die MP3-Dreirad-Serie war bis 2010 beträchtlich angewachsen. 2010 überraschte Piaggio das Fachpublikum mit einem weiteren MP3: dem ersten Hybrid-Scooter auf Basis der Piaggio-Dreiradroller MP3. Zusätzlich zum Kraftstoff-Antrieb mit 15 PS bei 8500 Umdrehungen in der Minute sorgte bei diesem Hybridfahrzeug ein Elektromotor für weitere 2,5 kW bzw. 15 Nm. Der Aktionsradius des Hybriden maß mit einer eher gemächlichen Elektrounterstützung rund 20 Kilometer. Geladen wurden die Lithium-Ionen-Akkus während der Fahrt mit der Lichtmaschine oder mit einem Ladekabel an einer 220-Volt-Steckdose. Die Modellpalette der Piaggio-MP3-Dreiräder ergänzten Versionen mit 250-, 400-- und 500-Kubikzentimeter-Viertaktmotoren. 2012 kam wieder eine Version mit 125 Kubikzentimetern auf den Markt.

Bei der Hybrid-MP3 wurde der Verbrenner-Motor durch einen in die Triebschwinge integrierten Elektromotor unterstützt. Die Lithium-Ionen-Akkus waren im Helmfach unter der Sitzbank platziert.

Ausbau der Nutzfahrzeug-Sparte

Ohne irgendeine ernstzunehmende Konkurrenz war die Ape von Piaggio ein unverwechselbares Fahrzeug geblieben, das bereits seit über einem halben Jahrhundert viele kleine selbstständige Handwerker und Lieferdienste begeisterte. Durch die vielen Einsatzmöglichkeiten hatte sich die Ape mit dem italienischen Charme jedoch nicht nur im Nutzfahrzeugmarkt einen Namen gemacht, sondern war inzwischen auch als kleines spaßiges Urlaubsmobil im Süden Europas nicht mehr wegzudenken.

Auch heute hält Piaggio von der Ape ein kunterbuntes Verkaufsprogramm für die Kunden parat. Die Modellreihe geht von den kleinen 50er-Dreirädern über das luftige Calessino-Modell bis hin zu der dieselgetriebenen „großen" Classic-Ape.

Aber auch der Piaggio Porter hat sich weiterentwickelt und sich zu einem ernstzunehmenden Leichttransporter gemausert. Seit dem Beginn der Produktion des ersten vierrädrigen Piaggio war der Porter dazu gedacht, funktionelle, wirtschaftliche und zuverlässige Transportlösungen zu finden. Mit einer beeindruckenden Modellvielfalt ist der Piaggio Porter heute in drei unterschiedlichen Motorisierungen als Benziner, als Diesel und mit einem Elektroantrieb zu haben. Für größere Transportaufgaben kann ein größeres Fahrgestell – Porter Maxxi – mit einer Zuladung von bis zu 1100 Kilogramm bestellt werden. Den Maxxi gibt es als Benzinoder als Diesel-Common-Rail-Fahrzeug.

Als kleinere Alternative gegenüber dem Porter ist ab dem Jahr 2015 auch ein preisgünstiger und bedienungsfreundlicher Transporter im Piaggio-Nutzfahrzeugprogramm: der Piaggio Quargo. Ihn gibt es mit Kippeinrichtung, bei der sich alle drei Bordwände abklappen lassen sowie als Pritsche und mit Kastenaufbau. Mit einem Hubraum von 700 Kubikzentimetern und einer Leistung von 18 PS lässt sich der Nutzlaster mit Dieselmotor gerade im städtischen Bereich optimal nutzen.

Bei Piaggio rollt die Ape TM Pick-up mit kurzer oder langer Ladefläche vom Band. Das lange Pick-up-Modell erreicht sogar eine Nutzfläche von 2,75 Quadratmetern, mit einer Nutzlast von über 700 Kilogramm.

Im unverwechselbaren Stil der 1960er-Jahre erfuhr die Ape Calessino mit ihrem italienischen Charme eine neue Renaissance. Als Allrounder konnte das Spaßmobil bis zu vier Persone an die schönsten Ziele des Urlaubs befördern.

Die Piaggio-Kleinnutzfahrzeuge Porter und Porter Maxxi (unten) gelten als besonders gute Allrounder mit fast unbeschränkten Einsatzmöglichkeiten.

Die 2020er-Jahre: Weltweite Krisen und Zeitenwende

Das neue Jahrzehnt begann mit einem Paukenschlag: Corona, anfangs noch als Epidemie mit geringen Auswirkungen auf den Rest der Welt eingeschätzt, wurde im März 2020 von der WHO zur Pandemie erklärt. Die Weltgemeinschaft und die Wirtschaft waren auf einen derartigen Fall nicht eingestellt, die globalen Lieferketten fielen kurzfristig in sich zusammen und verteuerten zahlreiche Produkte. Positive Nebenwirkung: Der Zweiradmarkt – egal ob Fahrrad, Motorrad oder Motorroller – boomte. Verkaufs- und Zulassungszahlen legten rekordverdächtig zu.

Im Jahr 2022, die Welt erholte sich noch von den Corona-Nachwirkungen, stürzte Russland mit einem völkerrechtswidrigen Angriffskrieg gegen die Bevölkerung der Ukraine die Weltgemeinschaft erneut ins Chaos. Die Energiekosten explodierten, mit ihnen die Inflation, und zahlreiche sicher geglaubte Gewissheiten begannen zu wackeln.

Doch nicht alle Industriezweige beklagten im Kriegsjahr 2022 rückläufige Umsätze – Piaggio/Vespa vermeldete im ersten Halbjahr einen Rekordumsatz. Im Mai 2022 führte der italienische Fahrzeughersteller mit Sitz in Pontedera die Verkaufshitliste der 125er-Roller an, etwas mehr als ein Drittel der Käufer entschieden sich für eine Vespa. In Deutschland dürfte vor allem der B 196-Führerschein für ein Wachstum gesorgt haben, da Autofahrer nun mit einigen Theorie- und Praxisstunden, jedoch ohne amtliche Prüfung, Motorräder und Roller bis 125 Kubikzentimeter fahren dürfen

Und natürlich ist und bleibt eine Vespa für den Stadtverkehr das optimale Verkehrsmittel: Platz genug für Einkäufe, eine aufrechte Sitzposition, geringer Verbrauch und ein klassisches Design, das nie zu altern scheint. Das Unternehmen stellt sich auf die neuen Umwelt- und Sicherheitsvorgaben ein und bietet den Kunden Fahrfreude, Sicherheit und geringe Kosten und das macht sich bezahlt. So findet man mit dem Elettrica 45 km/h und Elettrica 70 km/h sowie dem One auch drei Elektroroller im Portfolio. Die Elektro-Offensive geht weiter und Vespa baut den Markt für eine benzinfreie Zukunft aus, obwohl die Mehrzahl der Käufer (noch) nach wie vor den klassischen Viertakt-Antrieb bevorzugt.

Vespa LX 50 2T Touring	
Bauzeit:	2010 bis 2012
Motorbauart:	luftgekühlter 1-Zylinder-2-Takt-Motor
Hubraum (cm^3):	50
Leistung (PS bei 1/min):	4,6 bei 6700
V_{max} in (km/h):	40
Rahmen, Federung, Bremsen:	selbsttragend, Schwinge vorne, Schraubenfedern, Stoßdämpfer, Scheibe/Trommel
Gewicht (kg):	98

Vespa LX 50 2T Touring

Ab dem Jahr 2010 war die Vespa LX 50 Touring nochmals überarbeitet worden. Der Roller, der wiederum die Jugend ansprechen sollte, war in einem exklusiven Metallicbraun lackiert. Der quirlige Motorroller war mit seiner Beschleunigung, die nur ein kleiner Zweitakter hervorbringen konnte, vor allem im Stadtverkehr kaum zu schlagen. Mit der Touring-Version hatte man zusätzlich den Vorteil, viel Gepäckstücke auf den beiden Gepäckträgern vorne und hinten transportieren zu können. Hinter dem zusätzlichen kleinen Windschutz hatte man auch bei schlechtem Wetter einen guten Schutz.

Vespa LX 50 4T 4V Touring

Die 50-Kubikzentimeter-Touring-Ausführung gab es natürlich auch mit dem sparsamen Viertakt-Motor, der eine obenliegende Nockenwelle und vier Ventile besaß. Positiv wirkte sich der überarbeitete Zylinderkopf bei der Leistungsentfaltung aus. Die Beschleunigung von null auf dreißig Meter betrug rund 5,9 Sekunden. Die Gemischaufbereitung wurde von einem Vergaser übernommen. Das Kraftstoffgemisch wurde durch eine elektronische Zündung im Brennraum zur Explosion gebracht. Mit einem vollen Tank, der 8,5 Liter fasste, konnte die Vespa LX bis zu sechs Stunden mit über 40 km/h fahren. Von der weiteren Ausstattung her war der 2500 Euro teure, 1,75 Meter lange Motorroller seinem zweitaktenden Zwilling identisch.

Vespa LX 50 4T 4V Touring	
Bauzeit:	2010 bis 2012
Motorbauart:	luftgekühlter 1-Zylinder-4-Takt-Motor
Hubraum (cm^3):	49
Leistung (PS bei 1/min):	4,4 bei 67500
V_{max} in (km/h):	40
Rahmen, Federung, Bremsen:	selbsttragend, Schwinge vorne, Schraubenfedern, Stoßdämpfer, Scheibe/Trommel
Gewicht (kg):	102

Vespa LX 125 3V Touring	
Bauzeit:	2010 bis 2012
Motorbauart:	luftgekühlter 1-Zylinder-4-Takt-Motor
Hubraum (cm³):	124
Leistung (PS bei 1/min):	10,7 bei 8250
V_{max} in (km/h):	92
Rahmen, Federung, Bremsen:	selbsttragend, Schwinge vorne, Schraubenfedern, Stoßdämpfer, Scheibe/Trommel
Gewicht (kg):	114

Vespa LX 125 3V Touring

Die wesentliche Neuerung lag im Viertakt-Motor verborgen, der nun mit Dreiventiltechnik aufwartete. Damit schlug Piaggio in der 125er-Klasse gleich drei Fliegen mit einer Klappe. Die Leistungsentfaltung wurde wesentlich besser, parallel verringerten sich der Verbrauch und die Abgaswerte. Ebenfalls in Toskanabraun metallic lackiert, war der Motorroller ähnlich wie der kleinere 50er ausgestattet. Er hatte zwei verchromte Gepäckträger, einen am Frontschutz und einen am Heck. Der Verkaufspreis für den Roller lag bei 3600 Euro.

Vespa LX 150 3V Touring

Während der „Motordays" in Rom stellte Piaggio die Vespa LX 150 3V Touring vor. Auch der größere Viertakt-Motor hatte die neue Zylinderkopftechnik mit drei Ventilen bekommen. Mit einer Stärke von knapp zwölf PS war seine Leistung perfekt, um im täglichen Verkehrschaos der italienischen Großstädte mitfahren zu können und an der Ampel so manches Zweirad bei der Beschleunigung stehen zu lassen. Die Vespa LX 150 Touring war ebenfalls mit einer elektronischen Zündung ausgestattet. In der Karosserielackierung „Terra di Toscana" hatte der Motorroller mit den beiden Gepäckträgern und dem aerodynamischen Windschutz eine sehr elegante Linienführung. Zum einfacheren Abstellen des Zweirades hatte der Roller einen Seitenständer.

Vespa LX 150 3V Touring	
Bauzeit:	2010 bis 2012
Motorbauart:	luftgekühlter 1-Zylinder-4-Takt-Motor
Hubraum (cm³):	151
Leistung (PS bei 1/min):	11,7 bei 8000
V_{max} in (km/h):	96
Rahmen, Federung, Bremsen:	selbsttragend, Schwinge vorne, Schraubenfedern, Stoßdämpfer, Scheibe/Trommel
Gewicht (kg):	110

■ Vespa LXV 125 Vintage	
Bauzeit:	2010 bis 2012
Motorbauart:	luftgekühlter 1-Zylinder-4-Takt-Motor
Hubraum (cm^3):	124
Leistung (PS bei 1/min):	10,7 bei 8250
V_{max} in (km/h):	92
Rahmen, Federung, Bremsen:	selbsttragend, Schwinge vorne, Schraubenfedern, Stoßdämpfer, Scheibe/Trommel
Gewicht (kg):	101

Vespa LXV 125 Vintage

Im Retro-Design war bereits 2009 die Vespa LXV 125 Vintage auf dem Mailänder Salon präsentiert worden. Bei diesem Modell entfiel die Lenkerverkleidung mit dem integrierten Hauptscheinwerfer. Stattdessen saß der runde Einzelscheinwerfer auf dem Lenkerrohr. Analoge Instrumente unterstrichen den Retrocharakter des Scooters. Statt der veralteten Vergasertechnik verfügte auch die Vespa LXV 125 Vintage nun über eine Benzineinspritzung. Durch die elektronische Zündung und die Zweiventiltechnik erfüllte der moderne Roller die neuesten Abgaswerte. Der Roller wurde in der Farbe Grün Portofino für 3900 Euro angeboten.

Vespa S 150 i.e. College

Für Retrofans brachte Piaggio im Jahr 2010 das Vespa-Sondermodell S 150 i.e. College auf den Markt. Es sollte unter den Zweiradfahrern den Charme der 1960er- und 1970er-Jahre versprühen. Mit der zweifarbigen Lackierung in Rot/Weiß oder Blau/Weiß lockte der Motorroller im sportlich-schicken College-Style. Die dazu passende, stilgerechte Kleidung konnte nur ein Tweed-Anzug, eine Cordhose oder ein Faltenrock sein. Um auch in der Leistung zuzulegen, wurde ihm der Einspritz-Viertaktmotor verpasst. Auch wenn sich die Vespa im Zweipersonen-Betrieb etwas schwertat, entschädigte sie mit bequemen Sitzen und einem guten Handling, das sie flink durch die Stadt wuseln ließ. Der Preis des Sondermodells lag bei 3800 Euro.

■ Vespa S 150 i.e. College	
Bauzeit:	2010 bis 2012
Motorbauart:	luftgekühlter 1-Zylinder-4-Takt-Motor
Hubraum (cm^3):	151
Leistung (PS bei 1/min):	12,1 bei 8000
V_{max} in (km/h):	96
Rahmen, Federung, Bremsen:	selbsttragend, Schwinge vorne, Schraubenfedern, Stoßdämpfer, Scheibe/Trommel
Gewicht (kg):	110

Vespa GTS 250 i.e.	
Bauzeit:	2010 bis 2012
Motorbauart:	luftgekühlter 1-Zylinder-4-Takt-Motor
Hubraum (cm^3):	244
Leistung (PS bei 1/min):	22 bei 8250
V_{max} in (km/h):	120
Rahmen, Federung, Bremsen:	selbsttragend, Schwinge vorne, Schraubenfedern, Stoßdämpfer, Scheibe/Trommel
Gewicht (kg):	151

Vespa GTS 250 i.e.

Äußerst gut gelungen startete auch die Vespa GTS 250 i.e. in ein neues Jahrzehnt. Die rassige Italienerin hatte alles, was das Motorroller-Herz eines jeden Besitzers schneller schlagen ließ. Mit einer Leistung von 22 PS war der 151 Kilogramm schwere Roller für eine Höchstgeschwindigkeit von 130 km/h gut. Für diese Geschwindigkeit musste man sich jedoch hinter den Lenker ducken und sehr klein machen, um eine optimale Aerodynamik zu erreichen. Das Herzstück der 250er-Vespa war der wassergekühlte Quasar-Viertaktmotor mit Benzineinspritzung. Mit einem G-Kat erfüllte der 5000 Euro teure Roller die Euro-3-Norm.

Vespa GTV 300 i.e.

Im Jahr 2010 war die GTV 300 i.e. die Krönung im Vespa-Modellprogramm und stellte die Speerspitze der italienischen Kultroller dar. In Italien war für den Geschmack des Kunden nicht viel getan worden. Die 300er-Vespa gab es in Rot, Weiß oder Schwarz. Lediglich eine rote Vorderradfeder und viel Chrom verstärkten den eindrucksvollen Auftritt. Doch auch wenn die Leistung des Motorrollers gegenüber der 250er gleich blieb, war der Durchzug mit einem Drehmoment von 22,3 Nm an der Ampel wesentlich schneller. Das moderne Fahrgestell war inzwischen sehr komfortabel geworden und verzieh Schlaglöcher und Straßenbahnschienen, ohne zu murren. Auch auf der Landstraße war der Roller sehr handlich und ließ in Kurven hohe Schräglagen zu.

Vespa GTV 300 i.e.	
Bauzeit:	2010 bis 2022
Motorbauart:	luftgekühlter 1-Zylinder-4-Takt-Motor
Hubraum (cm^3):	278
Leistung (PS bei 1/min):	22 bei 8250
V_{max} in (km/h):	122
Rahmen, Federung, Bremsen:	selbsttragend, Schwinge vorne, Schraubenfedern, Stoßdämpfer, Scheibe/Trommel
Gewicht (kg):	148

Vespa GTS 250, Baujahr 2010

Sehr wohl fühlt sich die Vespa GTS 250 nicht zuletzt wegen des eher weichen und komfortablen Fahrwerks beim flotten Schlängeln in der Stadt oder beim gemütlichen Cruisen auf Landstraßen. Dann genehmigt sich die rassige Italienerin lediglich 3,5 Liter Superbenzin auf 100 Kilometer. Doch selbst auf der Autobahn ist die GTS 250 mit der Höchstgeschwindigkeit von 120 km/h kein Hindernis. Aber lange Vollgasfahrten sind für Mensch und Maschine letztendlich sehr anstrengend. Daher sollte man längere Distanzen eher gemütlich zurücklegen.

■ Piaggio Fly 50 4V	
Bauzeit:	2010 bis 2013
Motorbauart:	luftgekühlter 1-Zylinder-4-Takt-Motor
Hubraum (cm³):	50
Leistung (PS bei 1/min):	4,4 bei 8200
V_{max} in (km/h):	63
Rahmen, Federung, Bremsen:	Stahlrohr, Telegabel vorne, Schwinge, Federbein hinten, Scheibe/Trommel
Gewicht (kg):	100

Piaggio Fly 50 4V

Mit dem eleganten Design und der modernen Technik war der neue Fly für den Stadtverkehr wie geschaffen. Für den großen Fahrkomfort sind unter anderem auch die Zwölf-Zoll-Räder verantwortlich. Der 50-Kubikzentimeter-Viertakt-Motor mit Vierventiltechnik arbeitet sehr sparsam, hat niedrige Emissionswerte und ist leistungsstark. Dadurch ist auch das Leistungsniveau mit den Leistungswerten eines 50er-Zweitakters durchaus vergleichbar. Den Piaggio Fly 50 4V gab es für rund 2000 Euro in den Farben Blau Midnight, Rot Dragon, Schwarz Grafite und Weiß Perla.

Piaggio Fly 150

Vor allem für den Export war der starke Fly-150-Motorroller gedacht. So profitierte vor allem China von dem Viertakter, der in Teilen in Italien gefertigt und dann in Asien endmontiert wurde. Dadurch konnte der Verkaufspreis mit 2900 US-Dollar sehr niedrig gehalten werden. Etwas eigentümlich war der Aufkleber des Rollers im Helmfach unter dem Sitz. Dort steht: „Hergestellt von Piaggio in Italien, Made in China". Den luftgekühlten HI-PER4-Antrieb mit Vergaser-Gemischaufbereitung teilte sich der Roller mit vielen anderen Vespa-Rollern und Piaggios aus der Vergangenheit des italienischen Zweirad-Herstellers. Die Zwölf-Zoll-Räder waren kein Kompromiss, sondern erhöhen den Fahrkomfort enorm. Dennoch ist die Stadt und die Landstraße eher das Revier der 150er-Fly.

■ Piaggio Fly 150	
Bauzeit:	2010 bis 2013
Motorbauart:	luftgekühlter 1-Zylinder-4-Takt-Motor
Hubraum (cm³):	150
Leistung (PS bei 1/min):	11,6 bei 7750
V_{max} in (km/h):	98
Rahmen, Federung, Bremsen:	Stahlrohr, Telegabel vorne, Schwinge, Federbein hinten, Scheibe/Trommel
Gewicht (kg):	112

■ Piaggio Liberty 50 2T	
Bauzeit:	2010 bis 2016
Motorbauart:	luftgekühlter 1-Zylinder-2-Takt-Motor
Hubraum (cm³):	49
Leistung (PS bei 1/min):	4,6 bei 6500
V_{max} in (km/h):	45
Rahmen, Federung, Bremsen:	Stahlrohr, Telegabel vorne, Schwinge, Federbein hinten, Scheibe/Trommel
Gewicht (kg):	95

Piaggio Liberty 50 2T

Der Liberty-Großradler-Serie wurde im Jahr 2010 eine umfangreiche Modellpflege gegönnt. Beim 50er-Liberty hieß das vor allem, noch mehr Wert auf die Fahreigenschaften zu legen. Dies bedeutete ein 16-Zoll-Rad vorne und ein 14-Zoll-Rad hinten. Auch für kleingewachsene Roller-Fans hat das Zweirad Komfort parat. Sie können problemlos mit beiden Beinen den Boden erreichen, selbst wenn das Hinterteil im nur 78,5 Zentimeter hohen und bequemen Bananensattel sitzt. Die 4,6 PS lassen im Stadtverkehr eine flotte Beschleunigung und spritzige Kurvenfahrten zu. Die kleine Freiheit auf zwei Rädern kostete im ersten Verkaufsjahr zirka 2200 Euro.

Piaggio NRG Power 50 DD 2T

Über das Aussehen des kleinen NRG-Motorrollers kann man sich streiten, doch die Fahrleistungen lassen in dieser Klasse kaum Wünsche offen. So entwickelte sich der NRG Power DD 2T zu einer perfekten Kombination aus Fahrspaß und Vernunft. Mit breiten 140er-Hinterreifen, 13-Zoll-Rädern und hydraulischen Scheibenbremsen zeigt sich das Zweirad auch beim Thema Sicherheit von der besten Seite. In puncto Leistung geht der NRG Power mit dem flüssigkeitsgekühlten Zweitakt-Motor an den Start. Mit der Upsidedown-Vordergabel lädt der kleine Roller zu sportlicher Fahrweise ein. Der Preis von 2400 Euro war zwar kein Schnäppchen, jedoch bekam man dafür einen Roller mit einem Top-Handling.

■ Piaggio NRG Power 50 DD 2T	
Bauzeit:	2010 bis 2015
Motorbauart:	wassergekühlter 1-Zylinder-2-Takt-Motor
Hubraum (cm³):	49
Leistung (PS bei 1/min):	4,5 bei 6500
V_{max} in (km/h):	45
Rahmen, Federung, Bremsen:	Stahlrohr, Telegabel vorne, Schwinge, Federbein hinten, Scheibe/Trommel
Gewicht (kg):	103

■ Piaggio Beverly Tourer 250	
Bauzeit:	2010 bis 2012
Motorbauart:	wassergekühlter 1-Zylinder-4-Takt-Motor
Hubraum (cm³):	250
Leistung (PS bei 1/min):	22 bei 7250
V_{max} in (km/h):	129
Rahmen, Federung, Bremsen:	Stahlrohr, Telegabel vorne, Schwinge, Federbein hinten, Scheibenbremsen
Gewicht (kg):	149

Piaggio Beverly Tourer 250

Nach neun Jahren und 270.000 verkauften Exemplaren war es bei der Beverly höchste Zeit für eine Frischzellen-Kur. Zwar war die schwungvolle Karosserie der 250er-Beverly nun wesentlich schlanker geworden, dennoch wirkte sie größer, als sie wirklich war. Beim Design fielen Lösungen auf, die aus der aktuellen Autoherstellung stammten, wie Leichtmetall-Felgen mit 20 Speichen, mit Metallringen eingefasste Instrumente im Cockpit und blau leuchtende Armaturen. Zudem gab es eine Art Handschuhfach in der Frontschürze, in dem sich eine große Ablage und eine Zwölf-Volt-Steckdose versteckten.

Piaggio Beverly Cruiser 500 i.e.

Der 500er-Cruiser krönte 2010 die Beverly-Baureihe von Piaggio. Mit seiner sehr bequemen Sitzposition und der automobilähnlichen Ausstattung machte der leistungsstarke Motorroller von Piaggio schon etwas her. Durch den großen Viertakt-Einzylinder-Motor mit Flüssigkeitskühlung war ein Dahingleiten mit genügend Kraftreserven uneingeschränkt möglich. Bei der 500 Beverly war die Leistung Programm. Mit fast 40 PS und einem für Motorroller enormen Drehmoment von 44 Nm erreichte der Scooter Spitzengeschwindigkeiten von über 155 km/h. Um das zulässige Gesamtgewicht von 350 Kilogramm auch sicher auf die Straße zu bringen, hatte das Vorderrad eine Federgabel mit Doppel-Scheibenbremsen und das Hinterrad war verbreitert.

■ Piaggio Beverly Cruiser 500 i.e.	
Bauzeit:	2010 bis 2013
Motorbauart:	wassergekühlter 1-Zylinder-4-Takt-Motor
Hubraum (cm³):	492
Leistung (PS bei 1/min):	39 bei 7500
V_{max} in (km/h):	159
Rahmen, Federung, Bremsen:	Stahlrohr, Telegabel vorne, Schwinge, 2 Federbeine hinten, Doppelscheibe/Scheibe
Gewicht (kg):	189

Piaggio MP3 125 Hybrid	
Bauzeit:	2010 bis 2018
Motorbauart:	wassergekühlter 1-Zylinder-4-Takt-Motor
Hubraum (cm³):	124
Leistung (PS bei 1/min):	15 bei 8500
V_{max} in (km/h):	93
Rahmen, Federung, Bremsen:	Doppelschleifen, Kurzschwingen vorne, Schwinge, 2 Federbeine hinten, 2 Scheiben/Scheiben
Gewicht (kg):	182

Piaggio MP3 125 Hybrid

Piaggio präsentierte 2010 – als weltweit erster Hersteller – ein Hybrid-Dreirad für die Serienproduktion. Bei diesem MP3-Hybrid arbeiten Benzin- und Elektromotor zusammen und machen den Roller sparsam und umweltfreundlich. Ein Knopfdruck genügt und das Dreirad kann sich nur mit dem Elektromotor fortbewegen – so gesehen in einem Park im Herzen Roms, wo der MP3 mit Elektropower lautlos und rauchfrei mit 30 km/h durch den Park fuhr und das Verkehrsgetümmel hinter sich ließ. Am Ausgang wurde dann der Benzinmotor gestartet und das Hybridvehikel machte sich aus dem Staub.

Piaggio MP3 500 i.e. LT

Nach 150.000 verkauften MP3-Dreirädern ist das 2006 vorgestellte Piaggio-Konzept ein gewohnter Anblick in den europäischen Großstädten geworden. Das kräftigste Dreirad kam im Jahr 2010 mit einer größeren Modellpflege in die Ladengeschäfte der Piaggio-Dealer. Bei einer Leistung von 41 PS und einem Gewicht von über 280 Kilogramm konnte man sich ausmalen, welche Fahrleistungen das skurrile Gefährt für den Unerschrockenen parat hatte. Und tatsächlich war auch dieses Fahrzeug so entwickelt worden, dass es mit dem normalen Autoführerschein für einen Kaufpreis von unter 10.000 Euro gefahren werden konnte. Da bei rasanter Fahrweise und kalten Reifen das Hinterrad ausbrechen konnte, war die Traktionskontrolle ein vorbildliches Zubehör.

Piaggio MP3 500 i.e. LT	
Bauzeit:	2010 bis 2013
Motorbauart:	wassergekühlter 1-Zylinder-4-Takt-Motor
Hubraum (cm³):	493
Leistung (PS bei 1/min):	41 bei 7250
V_{max} in (km/h):	143
Rahmen, Federung, Bremsen:	Doppelschleifen, Kurzschwingen vorne, Schwinge, 2 Federbeine hinten, 2 Scheiben/Scheiben
Gewicht (kg):	280

■ Piaggio Ape 50 Cross Country	
Bauzeit:	2010 bis heute
Motorbauart:	luftgekühlter 1-Zylinder-2-Takt-Motor
Hubraum (cm³):	50
Leistung (PS bei 1/min):	2,6 bei 5750
V_{max} in (km/h):	40
Rahmen, Federung, Bremsen:	Profilstahl, hydraulische Stoßdämpfer vorn und hinten, Trommelbremsen
Gewicht (kg):	235

Piaggio Ape 50 Cross Country

Die Ape Cross Country zielt auf eine junge und junggebliebene Gruppe von Fans des kleinen italienischen Lieferwagens ab. Daher ist das Gefährt nicht nur für kleine und häufige Lieferungen in der Stadt, sondern auch für Freizeitsportler und Outdooraktivisten bestens geeignet. Neben viel Laderaum garantiert die Cross Country ein leichtes Be- und Entladen und eine absolute Zuverlässigkeit. Die Ape kann eine Ladung von bis zu 200 Kilogramm transportieren. Durch seine unübertroffene Wendigkeit findet das Dreirad immer einen Parkplatz. Als Zubehör sind eine Sonnenschute und eine Anhängerkupplung im Piaggio-Ape-Programm.

Piaggio Ape 50 Kastenwagen

Ein kluger Mann bezeichnete die Piaggio Ape 50 als „das kleinste denkbare Nutzfahrzeug". Irgendwie hatte dieser Mann recht, denn seit den 1950er-Jahren ist die Ape in ihrer Konstruktion von keinem Automobilhersteller übertroffen worden und exisistiert bis heute. Ihr Zweitakt-Motörchen hat immer noch 50 Kubikzentimeter und rund drei PS, die das Fahrzeug fast 40 km/h schnell machen. Die einfache Technik macht die Ape auch im Unterhalt zum idealen Mitarbeiter, der Waren bewegt und als Marktstand dienen kann. Die selbsttragende Stahlblechkarosserie mit der geschlossenen Kabine schützt den Fahrer auch bei schlechter Witterung. Die Farbpalette reicht von Grün, Hellblau, Weiss, Rot bis zu Schwarz.

■ Piaggio Ape 50 Kastenwagen	
Bauzeit:	2010 bis heute
Motorbauart:	luftgekühlter 1-Zylinder-2-Takt-Motor
Hubraum (cm³):	50
Leistung (PS bei 1/min):	2,6 bei 5750
V_{max} in (km/h):	40
Rahmen, Federung, Bremsen:	Profilstahl, hydraulische Stoßdämpfer vorn und hinten, Trommelbremsen
Gewicht (kg):	260

■ Piaggio Ape 50 Pick-up	
Bauzeit:	2010 bis heute
Motorbauart:	luftgekühlter 1-Zylinder-2-Takt-Motor
Hubraum (cm^3):	50
Leistung (PS bei 1/min):	2,6 bei 5750
V_{max} in (km/h):	40
Rahmen, Federung, Bremsen:	Profilstahl, hydraulische Stoßdämpfer vorn und hinten, Trommelbremsen
Gewicht (kg):	230

Piaggio Ape 50 Pick-up

Der Pick-up ist der kleine Laufbursche der Ape-Baureihe. Stolz weist er einen hinteren und einfach zu beladenen Frachtraum von rund 1,5 Quadratmetern auf. Dies reicht für eine Fracht von bis zu 170 Kilogramm. Durch seine imposante Wendigkeit und die einfache Parkplatzsuche ist die Ape ideal für Auslieferungen in der Stadt. Die Ape ist nur für eine Person ausgelegt. Eine Heizung ist werkseitig nicht eingebaut. Wer eine Heizung benötigt, sollte sich selbst eine Wärmetauscherheizung um das Auspuffrohr bauen und die gewärmte Luft in die Kabine führen.

Piaggio Porter Minibus, Benzinversion

Ausgerüstet mit einem 71-PS-Vierzylinder-Benzinmotor überrascht der Piaggio Porter mit kaum zu glaubenden Fahrleistungen. Als Sonderausstattung gibt es auch einen Allradantrieb für den Zwerg. Doch Piaggio hatte 2010 mit dem Porter mehr vor, als nur ein kleines, weiteres Nutzfahrzeug zu bieten. In diesem Jahr starteten vier selbstständig fahrende Porter Minibusse auf eine 13.000 Kilometer lange Strecke von Italien nach Shanghai. Ausgestattet waren die Kleinbusse zur Orientierung mit Laserscannern, Kameras und GPS-Empfängern. An der Spitze befand sich ein Führungsbus, in dessen Fahrt man bei gefährlichen Situationen eingreifen konnte. Die folgenden Busse fuhren völlig autonom. Pro Tag legte die Karawane bis zu 200 Kilometer zurück.

■ Piaggio Porter Minibus	
Bauzeit:	2010 bis 2021
Motorbauart:	wassergekühlter 1-Zylinder-4-Takt-Motor
Hubraum (cm^3):	1308
Leistung (PS bei 1/min):	71 bei 5300
V_{max} in (km/h):	130
Rahmen, Federung, Bremsen:	selbsttragend, Schraubenfed., Teledämpf. vorne, Starrachse, Blattf., Teledämpf. hinten, Scheiben/Trommeln
Gewicht (kg):	950

Piaggio Porter Kipper, Dieselversion	
Bauzeit:	2010 bis 2021
Motorbauart:	wassergekühlter 2-Zylinder-4-Takt-Dieselmotor
Hubraum (cm³):	1400
Leistung (PS bei 1/min):	38 bei 2000
V_{max} in (km/h):	130
Rahmen, Federung, Bremsen:	selbsttragend, Schraubenfed., Teledämpf. vorne, Starrachse, Blattf., Teledämpf. hinten, Scheiben/Trommeln
Gewicht (kg):	1390

Piaggio Porter Kipper, Dieselversion

Mit der kippbaren Ladefläche, den seitlich zu öffnenden Ladewänden und der hinteren Ladebordwand mit automatischer Öffnung ist der Piaggio Porter Kipper für kleinere Bauunternehmen unerlässlich. Der Kippwinkel der hydraulischen Kippe beträgt 45 Grad. Die manuell oder automatisch zu öffnende Ladeklappe sorgt für kurze Be- und Entladezeiten. Der komplett flache Ladeboden ist für eine optimale Ausnutzung des Laderaums ausgelegt.

Piaggio Porter Maxxi-Kipper

Für Unternehmen, für die der Porter etwas zu klein war, stellte Piaggio im Jahr 2010 die Maxxi-Version vor. Sie brachte die Lösung für alle kleinen und großen Transportmengen, denn die Zuladung beträgt stolze 1100 Kilogramm. Mit den geringen Abmessungen sind auch seine Einsatzmöglichkeiten fast unbegrenzt. Darüber hinaus eignet sich das Grund-Chassis ideal für die verschiedensten Sonderaufbauten. So ist der Porter Maxxi als Kipper oder als Pritsche die wirtschaftlich und ökonomisch richtige Antwort auf die Transportanforderungen der heutigen Zeit. Als Antriebsaggregate stehen ein Zweizylinder-Dieselmotor und ein Vierzylinder-Benzinmotor zur Verfügung. Für den Vortrieb sorgt ein synchronisiertes Fünfgang-Getriebe.

Piaggio Porter Maxxi-Kipper	
Bauzeit:	2010 bis 2021
Motorbauart:	wassergekühlter 2-Zylinder-4-Takt-Dieselmotor
Hubraum (cm³):	1201
Leistung (PS bei 1/min):	64 bei 3500
V_{max} in (km/h):	130
Rahmen, Federung, Bremsen:	selbsttragend, Schraubenfed., Teledämpf. vorne, Starrachse, Blattf., Teledämpf. hinten, Scheiben/Trommeln
Gewicht (kg):	1390

■ Piaggio NT3 Hybrid-Concept	
Bauzeit:	2010 bis 2014
Motorbauart:	wassergekühlter 1-Zylinder-4-Takt-Motor
Hubraum (cm³):	300
Leistung (PS bei 1/min):	20 bei 8000
V_{max} in (km/h):	80
Rahmen, Federung, Bremsen:	Stahlrohr, Einzelradaufhängung, Scheiben/Trommeln
Gewicht (kg):	ca. 500

Piaggio NT3 Hybrid-Concept

Mit dem NT3 Hybrid-Concept feierte Piaggio 2010 auf der EICMA in Mailand sein erstes vierrädriges Kleinstauto für den Personentransport mit einer Länge von 2,4 Metern. Der Zweisitzer soll jedoch nicht die Städte Europas beherrschen, sondern die Verkehrsproblematik in Indien und Asien zu entschärfen versuchen. Zwei Otto-Motoren mit 200 und 300 Kubikzentimetern sind geplant. Alternativ ist auch eine Hybridvariante vorgesehen. Der Platz im NT3 ist für drei Personen vorgesehen, wobei der Fahrer vorn in der Mitte sitzt und die Passagiere auf zwei Sitzen dahinter. 2014 wurde der Prototyp auf der Auto Expo in Delhi gezeigt.

Vespa PX 125

Unzerstörbar, so könnte man die Modellgeschichte der PX-Baureihe bezeichnen. Im Jahr 2011 auf dem Mailänder Salon war es wieder soweit, Piaggio präsentierte nach drei Jahren Abstinenz wieder eine Vespa PX. Die Vespa-Fans jubelten. Endlich war das Zweirad für schlappe 3550 Euro wieder zu haben. Dennoch tat sich etwas an der Technik des Zweitakt-Motors, denn er wurde so überarbeitet, dass er die Euro-3-Norm schaffte. Sogar das Viergang-Getriebe mit der berühmten Drehgriffschaltung wurde beibehalten. Vom Layout her wurde an dem historischen Roller kaum etwas verändert. Lediglich die Sitzbank und die Hupenverkleidung bekamen ein neues Design. Ein weiteres Zugeständnis an die moderne Zeit war die vordere Bremsscheibe.

■ Vespa PX 125	
Bauzeit:	2011 bis 2017
Motorbauart:	luftgekühlter 1-Zylinder-2-Takt-Motor
Hubraum (cm³):	123
Leistung (PS bei 1/min):	6,5 bei 6000
V_{max} in (km/h):	88
Rahmen, Federung, Bremsen:	selbsttragend, Schwinge vorne, Schraubenfeder, Stoßdämpfer, Scheibe/Trommel
Gewicht (kg):	118

■ Vespa PX 125 Touring	
Bauzeit:	2011 bis heute
Motorbauart:	luftgekühlter 1-Zylinder-2-Takt-Motor
Hubraum (cm³):	123
Leistung (PS bei 1/min):	7,6 bei 6000
V_{max} in (km/h):	88
Rahmen, Federung, Bremsen:	selbsttragend, Schwinge vorne, Schraubenfedern, Stoßdämpfer, Scheibe/Trommel
Gewicht (kg):	118

Vespa PX 125 Touring

Mit der neuen PX-Baureihe hatte Piaggio eine wahre Zeitmaschine erfunden und die Zeit nochmals in die goldenen Jahre des Motorrollerfahrens zurückgedreht. Tuck-tuck-di-tuck-klack und der erste Gang war drin. So fühlte sich im Jahr 2011 das Vespafahren wieder an. Beim Anfahren tut ein wenig Übung gut, denn bei zu viel Gas kann das Vorderrad leicht den Kontakt zur Straße verlieren. Auch das Schalten muss nun wieder gelernt werden. Ein wenig zu viel Drehung und man weiß nicht mehr, in welchem Gang man ist. Die Touring-Modelle haben ab Werk zwei Gepäckträger und Windschutzscheibe.

Vespa PX 150

Wie in alten Tagen lief ab dem Jahr 2011 auch die Vespa PX 150 wieder vom Band und schrieb die 65-jährige Erfolgsgeschichte der italienischen Kultmarke fort. Mit diesem Zugeständnis an die eingefleischten Vespa-Fans reagierte Piaggio auf die guten Verkaufszahlen der indischen LML-Star-Vespa. Alleine in Italien hatte LML im Vorjahr 4000 LML-Star-Vespas verkauft. Typisch blieben die starke Blechkarosserie, das nur auf das Nötigste reduzierte Design, die eigenwillige Führung des Vorderrades über eine Kurzschwinge, die Drehgriffschaltung sowie das Bremspedal auf der Trittfläche des Motorrollers. Abgesehen von einem Elektrostarter und einer vorderen 220er-Bremsscheibe blieb die PX fast unverändert. Für 3540 Euro wurde die Vespa angeboten.

■ Vespa PX 150	
Bauzeit:	2011 bis heute
Motorbauart:	luftgekühlter 1-Zylinder-2-Takt-Motor
Hubraum (cm³):	149
Leistung (PS bei 1/min):	7,9 bei 6000
V_{max} in (km/h):	95
Rahmen, Federung, Bremsen:	selbsttragend, Schwinge vorne, Schraubenfedern, Stoßdämpfer, Scheibe/Trommel
Gewicht (kg):	118

■ Vespa PX 150 Italy	
Bauzeit:	2011 bis heute
Motorbauart:	luftgekühlter 1-Zylinder-2-Takt-Motor
Hubraum (cm^3):	149
Leistung (PS bei 1/min):	7,9 bei 6000
V_{max} in (km/h):	95
Rahmen, Federung, Bremsen:	selbsttragend, Schwinge vorne, Schraubenfedern, Stoßdämpfer, Scheibe/Trommel
Gewicht (kg):	118

Vespa PX 150 Italy

Mit einer Sonderserie der PX feierte Piaggio im Jahr 2011 das 150-jährige Bestehen Italiens. Daher musste die Sonder-Edition auch 150 Kubikzentimeter haben. Auf der weiß lackierten Karosserie prangte auf beiden Seiten stolz die italienische Trikolore in geschwungenen Wellen. Am vorderen Knieschutz verwies eine Plakette mit drei italienischen Flaggen und der Schriftzug „1861 - 2011" auf das große Ereignis. Ansonsten war diese besondere Vespa so ausgestattet wie die reguläre aktuelle 150er-PX-Version. Der Preis für die Sonder-Edition lag bei 3750 Euro.

Piaggio Beverly 300 i.e. Tourer

Nicht nur mit großen Rädern, sondern auch mit einer großen Karosserie und viel Platzangebot folgte die Beverly 300 ihren Schwestern 250 und 500 im Jahr 2011. Mit zwölf Litern Tankvolumen war die Beverly sehr langstreckentauglich, stieß jedoch im Stadtverkehr an die Grenzen ihrer Beweglichkeit. Das geschwungene Design wirkte retromäßig, hatte jedoch auch praktische Seiten. So befand sich im Beinschild ein geräumiges, abschließbares Fach und unter der großen Bank konnte man einen Integral- sowie einen Jethelm verstauen. ABS und ASR gab es nur optional bei der Sport-Touring-Ausführung. Die anderen 300er-Modelle ließen sich auf Wunsch mit einer größeren Frontscheibe und einem Topcase zur perfekten Tourenmaschine aufrüsten.

■ Piaggio Beverly 300 i.e. Tourer	
Bauzeit:	2011 bis 2012
Motorbauart:	wassergekühlter 1-Zylinder-4-Takt-Motor
Hubraum (cm^3):	278
Leistung (PS bei 1/min):	22 bei 7250
V_{max} in (km/h):	129
Rahmen, Federung, Bremsen:	Stahlrohr, Telegabel vorne, Schwinge, Federbein hinten, Scheibenbremsen
Gewicht (kg):	149

■ Piaggio MP3 250	
Bauzeit:	2011 bis 2015
Motorbauart:	wassergekühlter 1-Zylinder-4-Takt-Motor
Hubraum (cm^3):	244
Leistung (PS bei 1/min):	22,5 bei 8250
V_{max} in (km/h):	125
Rahmen, Federung, Bremsen:	Doppelschleifen, Kurzschwingen vorne, Schwinge, 2 Federbeine hinten, 2 Scheiben/Scheiben
Gewicht (kg):	204

Piaggio MP3 250

Mit der BMW Isetta (mit hinterem Zwillingsrad), dem Heinkel Kabinenroller oder der Messerschmitt KR hatte die Automobilindustrie in Deutschland bereits in den 1950er-Jahren das Konzept „Threeweeler" mit zwei Rädern vorne und einem Antriebsrad hinten umgesetzt. Doch Piaggio interpretierte diese Bauweise mit der MP3 komplett neu. 2011 hatte die MP3-Baureihe ein komplettes Facelift erhalten. Vorne fällt nun ein neuer Kühlergrill auf, der statt der Querstreben jetzt Längsstreben und einen markanten Mittelbug hat.

Piaggio Zip 50 Special Edition

Die kleine Zip-Baureihe von Piaggio erfreute sich auch in den 2010er-Jahren großer Beliebtheit. Der italienische Motorroller-Hersteller bietet immer wieder einmalige Sonderauflagen dieses wendigen Motorrollers an, der bis heute gebaut wird. Durch den Viertaktmotor Hi-PER2 mit einer Euro-2-Abgasreinigung ist der Zip 50 besonders umweltfreundlich. Mit dem stufenlosen CVT-Riemenantrieb kann man den agilen Zip sehr einfach im städtischen Verkehr bewegen. Zudem verfügt der Zip über eine Sitzbank, die dreimal verstellbar ist. Das große Helmfach unter der Sitzbank und ein breites Trittbrett sowie ein Haken zum Aufhängen von Taschen auf der Innenseite der vorderen Verkleidung machen aus dem Zweirad einen perfekten Einkaufsroller.

■ Piaggio Zip 50 Special Edition	
Bauzeit:	2012
Motorbauart:	luftgekühlter 1-Zylinder-4-Takt-Motor
Hubraum (cm^3):	50
Leistung (PS bei 1/min):	3,5 bei 8000
V_{max} in (km/h):	45
Rahmen, Federung, Bremsen:	Stahlrohr, Telegabel vorne, Federbein hinten, Scheibe/Trommel
Gewicht (kg):	95

■ Piaggio Beverly 350 i.e. Sport Touring ABS/ASR	
Bauzeit:	2012 bis 2020
Motorbauart:	wassergekühlter 1-Zylinder-4-Takt-Motor
Hubraum (cm³):	330
Leistung (PS bei 1/min):	33 bei 8250
V_{max} in (km/h):	145
Rahmen, Federung, Bremsen:	Stahlrohr, Telegabel vorne, Schwinge, Federbein hinten, Scheibenbremsen
Gewicht (kg):	177

Piaggio Beverly 350 i.e. Sport Touring ABS/ASR

Den Piaggio-Beverly-350-Motorroller zeichnen italienische Eleganz, agile Fahrdynamik und großzügige Hightech-Ausstattung aus. Bei seinem Erscheinen setzte er neue Maßstäbe für Großroller. Ein neues Bremssystem mit groß dimensionierten Scheibenbremsen mit 300 Millimetern Durchmesser vorne sowie ABS und Antischlupfregelung bieten beste Sicherheit. Mit einem Drehmoment von 32,3 Nm ist die Leistungsdynamik des Kraftbündels durch moderne Motorentechnologie sehr sportlich, sowohl auf kleiner als auch auf großer Tour.

Piaggio X10 125 i.e.

Den Luxus der höheren Motorrollerklasse spürte man mit einem Kaufpreis von zirka 5000 Euro bereits bei der X10 mit 125 Kubikzentimetern. Die X10 verbindet nämlich außergewöhnlichen Komfort und einfache Handhabung mit dem eleganten Stil und einer modernen Technik. Mit einem Radstand von mehr als 1,6 Metern bietet die Piaggio X10 125 dem Fahrer sowie dem Sozius ein riesiges Platzangebot mit dem Freiraum, bei dem man seine Beine während einer längeren Tour auch einmal bequem ausstrecken kann. Viel fachliches Können demonstrierten die Piaggio-Designer bei der Linienführung des Maxi-Scooters. Trotz seiner Größe und seines niedrigen Fahrzeugschwerpunkts wirkt der Roller elegant und kompakt.

■ Piaggio X10 125 i.e.	
Bauzeit:	2012 bis 2016
Motorbauart:	wassergekühlter 1-Zylinder-4-Takt-Motor
Hubraum (cm³):	124
Leistung (PS bei 1/min):	15 bei 8750
V_{max} in (km/h):	99
Rahmen, Federung, Bremsen:	Stahlrohr, Telegabel vorne, Federbein hinten, Doppelscheiben/Scheiben
Gewicht (kg):	203

Piaggio X10 350 i.e. ABS/ASR	
Bauzeit:	2012 bis 2015
Motorbauart:	wassergekühlter 1-Zylinder-4-Takt-Motor
Hubraum (cm³):	330
Leistung (PS bei 1/min):	33,3 bei 8250
V_{max} in (km/h):	139
Rahmen, Federung, Bremsen:	Stahlrohr, Telegabel vorne, Federbein hinten, Doppelscheiben/Scheiben
Gewicht (kg):	216

Piaggio X10 350 i.e. ABS/ASR

Der Piaggio-X10-350-Motorroller, der für rund 7500 Euro bei den Piaggio-Fachhändlern zum Verkauf stand, bot dem späteren Besitzer einen außergewöhnlichen Komfort. Zudem verband der X10 einen eleganten Karosseriestil mit modernster Technologie, die ihrer Zeit weit voraus war. Die sportliche Frontscheibe sowie die beiden transparenten Windabweiser im Bereich des Beinschilds wurden bei umfangreichen Tests im Windkanal entwickelt. Das Dreikanal-ABS mit deaktivierbarer, elektronisch gesteuerter Antriebsschlupfregelung ASR komplettierte die Bremsenanlage. So wird ein Durchdrehen des Hinterrads beim Beschleunigen auf rutschiger Straße verhindert.

Piaggio X10 500 i.e. ABS/ASR

„Ein Sportsofa auf zwei Rädern", so spöttelte die Fachpresse, als die neue X10 500 i.e. ABS/ABR von Piaggio präsentiert wurde. Sie sollte im sehr dichten Markt der Reiseroller die Konkurrenz das Fürchten lehren. Die Halbliter-Version kam im Jahr 2012 mit einem Verkaufspreis von über 8000 Euro in den Programmkatalog und liegt nun bei rund 10.000 Euro – je nach Ausstattung. Wer die große 500er-X10 bewegt, ist vor allem von der hohen Laufkultur des Einzylindermotors überrascht. Auch die automatische Fliehkraftkupplung mit Keilriemenvariomatic greift feinfühlig und dynamisch. Die Spitzengeschwindigkeit von 150 km/h ist durch eine starke Leistung von 41 PS schnell erreicht und auch über eine längere Fahrzeit nicht ermüdend.

Piaggio X10 500 i.e. ABS/ASR	
Bauzeit:	2012 bis 2017
Motorbauart:	wassergekühlter 1-Zylinder-4-Takt-Motor
Hubraum (cm³):	492
Leistung (PS bei 1/min):	41 bei 7250
V_{max} in (km/h):	150
Rahmen, Federung, Bremsen:	Stahlrohr, Telegabel vorne, Federbein hinten, Doppelscheiben/Scheiben
Gewicht (kg):	242

Piaggio MP3 Business 300 i.e. ABS/ASR	
Bauzeit:	2012 bis 2020
Motorbauart:	wassergekühlter 1-Zylinder-4-Takt-Motor
Hubraum (cm³):	278
Leistung (PS bei 1/min):	22,5 bei 7500
V_{max} in (km/h):	125
Rahmen, Federung, Bremsen:	Doppelschleifen, Kurzschwingen vorne, Schwinge, 2 Federbeine hinten, 2 Scheiben/Scheiben
Gewicht (kg):	236

Piaggio MP3 Business 300 i.e. ABS/ASR

Ab 2012 war die MP3 Touring 300 i.e. das Einsteigermodell in die motorisierte Dreirad-Welt. Mit einer Leistung von fast 23 PS und einem Hubraum von 278 Kubikzentimetern gab es das Business-Modell ab 8000 Euro. Der MP3 kann von allen Führerscheininhabern, die ihren Autoführerschein vor dem 19. Januar 2013 erworben haben, gefahren werden. Dafür bietet der MP3 300 ein echtes Zweiradfeeling für mehr Freiheit und mehr Fahrspaß mit einem optimalen Sicherheitspotenzial. Der MP3 Business 300 ABS/ASR war in Schwarz, Silber und Weiß in feinster Metallic-Lackierung lieferbar.

Piaggio MP3 500 i.e. Sport ABS/ASR

Als „starken Typ im sportlichen Look" bezeichnete Piaggio ihr Spitzenprodukt in der MP3-Serie. Dies ist auch so! Denn mit einem Hubraum von 493 Kubikzentimetern und einer Leistung von 40 PS ist für jede Menge Fahrspaß gesorgt. Lediglich das hohe Leergewicht von circa 280 Kilogramm trübt den guten Eindruck des Dreirad-Scooters ein wenig. Auch auf schnellen Verkehrswegen, wie Autobahnen, ist der MP3 550 mit einer Höchstgeschwindigkeit von 142 km/h mehr als alltagstauglich. Plötzlich wechselnder Straßenbelag oder unverhofft auftretender Rollsplitt können im Normalbetrieb ebenfalls kaum einen Sturz hervorrufen, denn das elektronische ABS/ASR-System regelt solche Situationen. Lediglich ein Schlenker ist die Folge.

Piaggio MP3 500 i.e. Sport ABS/ASR	
Bauzeit:	2012 bis 2022
Motorbauart:	wassergekühlter 1-Zylinder-4-Takt-Motor
Hubraum (cm³):	493
Leistung (PS bei 1/min):	40,1 bei 7250
V_{max} in (km/h):	142
Rahmen, Federung, Bremsen:	Doppelschleifen, Kurzschwingen vorne, Schwinge, 2 Federbeine hinten, 2 Scheiben/Scheiben
Gewicht (kg):	280

■ Piaggio MP3 500 i.e. Touring Business ABS/ASR	
Bauzeit:	2012 bis 2017
Motorbauart:	wassergekühlter 1-Zylinder-4-Takt-Motor
Hubraum (cm³):	493
Leistung (PS bei 1/min):	40,1 bei 7250
V_{max} in (km/h):	142
Rahmen, Federung, Bremsen:	Doppelschleifen, Kurzschwingen vorne, Schwinge, 2 Federbeine hinten, 2 Scheiben/Scheiben
Gewicht (kg):	280

Piaggio MP3 500 i.e. Touring Business ABS/ASR

Erkennbar ist die „Auto"-Version der Piaggio MP3 500 Touring Business ABS/ABR an den Blinkern, die statt in die Karosserie integriert an Auslegern montiert sind. Als elektronische Spielerei steht das PMP-System zur Verfügung. PMP steht für „Piaggio Multimedia Platform" und bietet neben einer Navi-Funktion ein Routentracking, eine Bedienungsanleitung sowie ein Händlerverzeichnis. Zusätzlich erfährt der MP3-Pilot eine Vielzahl weiterer Informationen aus dem Innenleben des dreirädrigen Maxi-Scooters.

Vespa GTS 125 i.e. Super Sport ABS/ASR

Aufregend sportlich, kraftvoll und mit edler Optik präsentiert sich die Vespa GTS 125 i.e. Super Sport. Zudem bietet der Motorroller mit 15 PS eine beachtliche Leistungsentfaltung. Wie bei Vespas üblich hat auch die Super Sport eine selbsttragende Karosserie aus gepresstem Stahlblech. Eine rot lackierte Feder am vorderen Stoßdämpfer und in Schwarz gehaltene Aluminiumfelgen unterstreichen den sportlichen Look. Auch das gut ablesbare Cockpit besticht durch sportliches Design. So ist der Grund in Schwarz gehalten, darauf leuchten die analogen Ziffern in Weiß. Rote Zeiger vermitteln Rennsport-Feeling. Die Sitzbank bietet trotz aller Sportlichkeit reichlich Platz für Fahrer und Beifahrer und ist ausgesprochen bequem. Der Preis liegt bei rund 5200 Euro.

■ Vespa GTS 125 i.e. Super Sport ABS/ASR	
Bauzeit:	2012 bis 2014
Motorbauart:	wassergekühlter 1-Zylinder-4-Takt-Motor
Hubraum (cm³):	124
Leistung (PS bei 1/min):	15 bei 9750
V_{max} in (km/h):	103
Rahmen, Federung, Bremsen:	selbsttragend, Schwinge vorne, Schraubenfedern, Stoßdämpfer, Scheibenbremsen
Gewicht (kg):	158

■ Vespa GTS 300 i.e. Super Sport	
Bauzeit:	2012 bis 2014
Motorbauart:	wassergekühlter 1-Zylinder-4-Takt-Motor
Hubraum (cm³):	278
Leistung (PS bei 1/min):	21,5 bei 7500
V_{max} in (km/h):	118
Rahmen, Federung, Bremsen:	selbsttragend, Schwinge vorne, Schraubenfedern, Stoßdämpfer, Scheibenbremsen
Gewicht (kg):	158

Vespa GTS 300 i.e. Super Sport

Den beiden GTS-Modellen 125 und 250 stellte Piaggio im Jahr 2012 die Vespa GTS 300 i.e. Super Sport zur Seite. Mit mehr Drehmoment und größerem Hubraum hatte die sportliche Vespa nun eine bullige Leistungscharakteristik. An Ampeln und in anderen Situationen, wo Beschleunigung gefragt ist, reißt der Roller mit großer Power an und lässt Autos spielend hinter sich. Doch diese Kraftentfaltung hat auch eine zweite Seite. Gibt man zu viel Gas, ist man schnell bei einer Geschwindigkeit von 70 und mehr Stundenkilometern, was in der Stadt zu Problemen führen kann. Der Preis für das sportliche Gefährt lag 2012 bei ca. 5000 Euro.

Vespa GTV 300 i.e. Vie della Moda

Im Jahr 2012 hatte Vespa rund 18 unterschiedliche Modelle von 50 bis 300 Kubikzentimetern im Verkaufsprogramm. Die Baureihe der GTV-Vespas war in der Modellpalette für die Vintage-Modelle reserviert. Sie sollten die lange und faszinierende Geschichte der „Wespen" auch für die Zukunft bewahren. Als Sondermodell brachten die Italiener die „Via della Moda" mit 125 und 300 Kubikzentimetern auf den Markt. Der Motorroller hatte einen unverkleideten Rohrlenker und einen auf dem vorderen Kotflügel montierten Scheinwerfer, der an die Ur-Vespa aus dem Jahr 1946 erinnern sollte. Mit dem modernen, wassergekühlten Motor sollte das Sondermodell aber auch sportlich orientierte Retrofans ansprechen. Der Preis der 300er-Version lag bei ca. 6000 Euro.

■ Vespa GTV 300 i.e. Vie della Moda	
Bauzeit:	2012
Motorbauart:	wassergekühlter 1-Zylinder-4-Takt-Motor
Hubraum (cm³):	278
Leistung (PS bei 1/min):	21,5 bei 7500
V_{max} in (km/h):	118
Rahmen, Federung, Bremsen:	selbsttragend, Schwinge vorne, Schraubenfedern, Stoßdämpfer, Scheibenbremsen
Gewicht (kg):	158

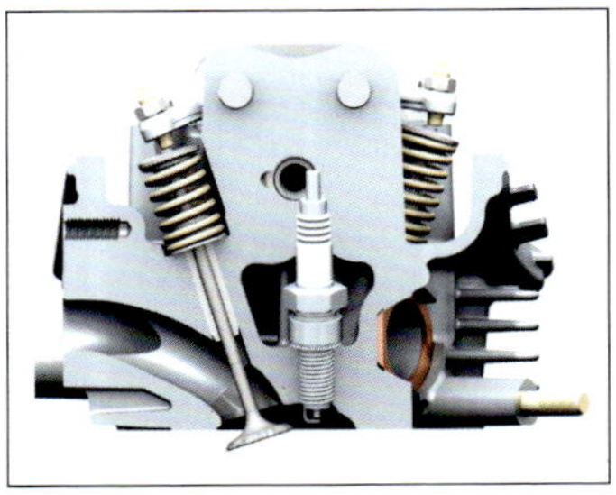

■ Vespa LXV 125 3V Vie della Moda	
Bauzeit:	2012
Motorbauart:	luftgekühlter 1-Zylinder-4-Takt-Motor
Hubraum (cm³):	124
Leistung (PS bei 1/min):	11,6 bei 8250
V_{max} in (km/h):	93
Rahmen, Federung, Bremsen:	selbsttragend, Schwinge vorne, Schraubenfedern, Stoßdämpfer, Trommel/Scheibe
Gewicht (kg):	125

Vespa LXV 125 3V Vie della Moda

Mit knapp 4000 Euro war die luftgekühlte LXV 125 die Sparversion der „Vie della Moda". Mit dem neuen Dreiventil-Viertaktmotor war etwas für genügend Frischgemischzufuhr und die Entsorgung der Abgase getan worden. Durch das perfekte Gewicht und einen leistungsstarken Motor war es eine wahre Freude, mit dem quirligen Zweirad durch den Verkehr zu schlängeln, denn dort war die 125er-Vespa in ihrem Element. Doch auch bei einer gemütlichen Landpartie machte die Vespa ihre Sache gut. Denn alle Zutaten für ein perfektes Picknick passten gut unter die Sitzbank.

Vespa Quarantasei Concept

Bereits ein Jahr bevor die Quarantasei als Vespa 946 bei der EICMA 2012 als Alltagsfahrzeug präsentiert wurde, wurde sie als Design-Studie vorgestellt. „Quarantasei" bedeutet im Italienischen „46". Das neue Vespa-Konzept sollte an die erste Vespa aus dem Jahr 1946 erinnern. Zusätzlich wollte Piaggio testen, wie eine neue Design-Form beim Fachpublikum ankommen würde. Das Design selbst stammte aus dem Piaggio Design Centre unter der Leitung der Disigner Marco Lombri, Mirko Zocco und Marco Canepa. Schnell war den italienischen Rollerspezialisten bewusst, dass sie mit diesem hochmodernen Motorroller genau in die Mitte der Herzen der Vespa-Fans getroffen hatten. So war klar, dass das Zweirad in Serie gehen würde.

■ Vespa Quarantasei Concept	
Bauzeit:	2012
Motorbauart:	luftgekühlter 1-Zylinder-4-Takt-Motor
Hubraum (cm³):	155
Leistung (PS bei 1/min):	13,2 bei 8000
V_{max} in (km/h):	100
Rahmen, Federung, Bremsen:	selbsttragend, Schwinge vorne, Schraubenfedern, Stoßdämpfer, Scheibenbremsenl
Gewicht (kg):	ca. 150

Vespa LX 50 4T 4V	
Bauzeit:	2013 bis 2014
Motorbauart:	luftgekühlter 1-Zylinder-4-Takt-Motor
Hubraum (cm³):	49
Leistung (PS bei 1/min):	4,4 bei 8250
V_{max} in (km/h):	62
Rahmen, Federung, Bremsen:	selbsttragend, Schwinge vorne, Schraubenfedern, Stoßdämpfer, Scheibe/Trommel
Gewicht (kg):	102

Vespa LX 50 4T 4V

Ab dem Sommer 2012 wurde die Vespa LX 50 mit dem neuentwickelten Vierventil-Viertaktmotor bestückt und zusammen mit der Quarantasei vorgestellt. Die LX verfügte über alle bekannten Eigenschaften einer Vespa, wie zum Beispiel eine Karosserie aus Stahlblech oder die typischen seitlichen „Pausbacken". Gebaut wurde die Vespa LX 50 in Indien. Der neue Motor hatte zwar eine etwas höhere Leistung, verbrauchte jedoch um fast 30 Prozent weniger Kraftstoff als der Vorgänger. Außerdem wurde die Variomatic für das Modell gründlich überarbeitet.

Vespa S 50 4T 4V

Groß gewachsene Freunde der Schnapsklasse freuten sich im Jahr 2013 über die perfekten Größenverhältnisse der Vespa S. 50 Denn sie eignete sich auch für Menschen mit der Körpergröße jenseits der 1,80 Meter. Doch das Herausragende der Vespa S 50 war natürlich der topaktuelle Vierventil-Viertakter, den Piaggio in allen neuen Modellen verbaut hatte. Die Leistung des technisch hochmodernen Viertaktmotors reichte fast an einen normalen Zweitakt-Motor heran. Zudem punktete der Motorroller mit einer hohen Wendigkeit, welche jedoch geringe Einbußen bei der Fahrstabilität zur Folge hatte. Beim Bremsen führte dieser Umstand aber zu keinen Problemen, was auf die Elf-Zoll-Räder vorne und die Zehn-Zoll-Räder hinten zurückzuführen war.

Vespa S 50 4T 4V	
Bauzeit:	2014 bis 2015
Motorbauart:	luftgekühlter 1-Zylinder-4-Takt-Motor
Hubraum (cm³):	49
Leistung (PS bei 1/min):	4,4 bei 8750
V_{max} in (km/h):	62
Rahmen, Federung, Bremsen:	selbsttragend, Schwinge vorne, Schraubenfedern, Stoßdämpfer, Scheibe/Trommel
Gewicht (kg):	115

■ Vespa S 50 Super Sport 4T 4V	
Bauzeit:	2013 bis 2014
Motorbauart:	luftgekühlter 1-Zylinder-4-Takt-Motor
Hubraum (cm³):	49
Leistung (PS bei 1/min):	4,4 bei 8750
V_{max} in (km/h):	63
Rahmen, Federung, Bremsen:	selbsttragend, Schwinge vorne, Schraubenfedern, Stoßdämpfer, Scheibe/Trommel
Gewicht (kg):	98

Vespa S 50 Super Sport 4T 4V

Die Super Sport erinnerte wieder an die legendären Vespa-Modelle wie GS 150 aus den 1950er-Jahren, 180 SS aus den 1960er-Jahren oder die T5-Pole-Position aus den 1980er-Jahren. Mit der rasanten Einzelsportsitzbank, den schwarzen Felgen und der roten Feder am vorderen Federbein holte die kleine Vespa auch im 50er-Bereich den Sportsgeist der historischen Sportmodelle wieder zurück. Eine spezielle grafische Gestaltung der Karosserie unterstrich nochmals den sportlichen Charakter. Diese Vespa wurde ebenfalls mit dem neuen Viertakt-Vierventil-Motor angetrieben. Für gute Emissionswerte sorgte zusätzlich ein Katalysator.

Vespa Primavera 50 2T

Mit einem legendären und großen Namen kam 2013 eine neue Vespa-Baureihe in das Verkaufsprogramm. Die Vespa Primavera 50 2T löste die beiden Modelle LX und S ab. Die Primavera präsentierte sich, wie man es bei Piaggio-Rollern gewöhnt war, jugendlich, innovativ und technisch auf höchstem Niveau. Dies galt auch für das flotte Einsteigermodell mit Zweitakt-Motor, das mit Elf-Zoll-Rädern und einem um sechs Zentimeter längeren Radstand als die Vorgänger zum Kampf gegen die Konkurrenz antrat. Auch optisch war die neue Vespa ein echter Hingucker. Von der Lackierung über die Verarbeitung bis hin zum analog-digitalen Cockpit war die neue Vespa mit einem Preis von 3250 Euro rundum gelungen.

■ Vespa Primavera 50 2T	
Bauzeit:	2013 bis 2018
Motorbauart:	luftgekühlter 1-Zylinder-2-Takt-Motor
Hubraum (cm³):	49
Leistung (PS bei 1/min):	4,4 bei 7500
V_{max} in (km/h):	64
Rahmen, Federung, Bremsen:	selbsttragend, Schwinge vorne, Schraubenfedern, Stoßdämpfer, Scheibe/Trommel
Gewicht (kg):	98

■ Vespa Primavera 50 4T 4V	
Bauzeit:	2014 bis 2015
Motorbauart:	luftgekühlter 1-Zylinder-4-Takt-Motor
Hubraum (cm^3):	50
Leistung (PS bei 1/min):	4,4 bei 8250
V_{max} in (km/h):	64
Rahmen, Federung, Bremsen:	selbsttragend, Schwinge vorne, Schraubenfedern, Stoßdämpfer, Scheibe/Trommel
Gewicht (kg):	98

Vespa Primavera 50 4T 4V

Dynamisch und agil kehrte die Vespa Primavera-Legende zurück. Damals hatte die Primavera eine Jugend vertreten, die mit Tabus brach und gesellschaftliche Veränderungen wollte. Jetzt kam die Primavera zurück, modern, elegant und in einem unverkennbaren Styling mit klassischen und fließenden Formen. In den Farben Azzurro Marechiaro, Creta Senese, Montebianco, Rosso Dragon, Blue Midnight und Nero Vulcano ist die 50er-Primavera für Jugendliche ab 16 Jahren, die im Besitz eines Führerscheins der Klassen M, S, oder T sind, für einen Kaufpreis rund 3000 Euro zu haben.

Vespa Sprint 50 4T 4V

Mit der Markteinführung der 50-Kubikzentimeter-Vespa 1963 unterschied die Vespa-Gemeinde in „Vespino" oder auch Small Body mit kleinem Chassis und in „Vespone", den Largeframes mit den „dicken Backen", also den großen Karosserien. Im Jahr 1966 wurde schließlich eines der legendärsten Modelle der Vespa-Geschichte vorgestellt: die Vespa 90 Super Sprint. Ihr perfektes Karosserie-Design ließ kaum Zweifel an ihrer Sportlichkeit aufkommen. 2013 präsentierte Piaggio eine Vespa Sprint mit einem 50-Kubikzentimeter-Viertaktmotor und moderner Vierventil-Technik, die für eine tolle Kraftentfaltung, niedrigen Verbrauch und geringe Emissionswerte verantwortlich waren. Die 50er-Sprint war in fünf Farben zu einem Preis von 3350 Euro erhältlich.

■ Vespa Sprint 50 4T 4V	
Bauzeit:	2013 bis 2018
Motorbauart:	luftgekühlter 1-Zylinder-4-Takt-Motor
Hubraum (cm^3):	50
Leistung (PS bei 1/min):	4,4 bei 8500
V_{max} in (km/h):	64
Rahmen, Federung, Bremsen:	selbsttragend, Schwinge vorne, Schraubenfedern, Stoßdämpfer, Scheibe/Trommel
Gewicht (kg):	121

■ Vespa S 125 i.e. Italy	
Bauzeit:	2013
Motorbauart:	luftgekühlter 1-Zylinder-4-Takt-Motor
Hubraum (cm^3):	125
Leistung (PS bei 1/min):	10,3 bei 8250
V_{max} in (km/h):	91
Rahmen, Federung, Bremsen:	selbsttragend, Schwinge vorne, Schraubenfedern, Stoßdämpfer, Scheibe/Trommel
Gewicht (kg):	114

Vespa S 125 i.e. Italy

Ein Jahr lang gab es die Motorroller-Ikonen Vespa S 125 und S 150 auch als Sondereditionen. Wie jedes Jahr spendierte der italienische Rollerkonzern den Vespamodellen eine Überarbeitungen sowie neue Sonder-Varianten. Eine davon war die S-Italy-Ausführung. Die beiden S-Italy-Modelle wurden in Weiß mit Target in den Farben der italienischen Trikolore am Frontschild und an den beiden Seitenbacken angeboten. Dazu gab es einen Jethelm, der in den gleichen Farben lackiert war. Ansonsten präsentierte sich die S-Baureihe auch weiterhin klassisch und schnörkellos.

Vespa Primavera 125 i.e. 3V

Die kultige Primavera präsentierte sich 2013 auch in der 125-Kubikzentimeter-Klasse. Mit einem schlanken Trittbrett und einer niedrigen Sitzhöhe sorgte der Motorroller im Stand für einen sicheren Bodenkontakt der Füße. Das Kraftwerk der 125er-Primavera war der luftgekühlte Einzylinder-Viertaktmotor mit Dreiventil-Technik. Er überzeugte mit einer kraftvollen Leistung und einer hohen Zuverlässigkeit. Umweltfreundlich und sparsam brachte er beste Verbrauchswerte: zwei bis drei Liter Superkraftstoff auf 100 Kilometer. Neben der ansprechenden Optik zeichnete sich die Vespa Primavera vor allem durch ihre Wendigkeit aus, die ihr die kleinen Räder verleihen. Sie war in den Farben Blau, Braun, Rot, Schwarz und Weiß erhältlich.

■ Vespa Primavera 125 i.e. 3V	
Bauzeit:	2013 bis 2018
Motorbauart:	luftgekühlter 1-Zylinder-4-Takt-Motor
Hubraum (cm^3):	124,5
Leistung (PS bei 1/min):	10,7 bei 7700
V_{max} in (km/h):	96
Rahmen, Federung, Bremsen:	selbsttragend, Schwinge vorne, Schraubenfedern, Stoßdämpfer, Scheibe/Trommel
Gewicht (kg):	130

■ Vespa 946 125 i.e. 3V	
Bauzeit:	2013
Motorbauart:	luftgekühlter 1-Zylinder-4-Takt-Motor
Hubraum (cm^3):	124
Leistung (PS bei 1/min):	11,6 bei 8250
V_{max} in (km/h):	93
Rahmen, Federung, Bremsen:	selbsttragend, Schwinge vorne, Schraubenfedern, Stoßdämpfer, Scheibenbremsen
Gewicht (kg):	147

Vespa 946 125 i.e. 3V

Lange Zeit war vom Motorroller-Trendsetter aus Italien keine völlig neue Scooterbaureihe vorgestellt worden. Dies hatte sich mit der Design-Studie Vespa Quarantasei im Vorjahr gründlich geändert. Das Zahlenkürzel „946" war ein liebenswerter Rückblick auf das Jahr 1946, als das erste Mal ein Vespa-Motorroller das Licht der Welt erblickte. Die 946 im Retro-Design kam mit dem klassischen Blechkleid der Karosserie und weiteren modernen Komponenten aus Aluminium auf den Markt. Zwölf-Zoll-Räder und eine ABS-Bremsunterstützung sowie eine Traktionskontrolle sorgten bei dem Scooter für die Bodenhaftung. Für 9000 Euro gab es den Roller in Schwarz und Weiß.

Vespa LX 150 i.e.

Der kompakte Motorroller LX 150 i.e. ist für den Stadtverkehr perfekt geeignet. In Bezug auf das typische Vespa-Design verfügt der Roller über weich geschwungene Linien im Retro-Stil. Ein verkleideter, runder Scheinwerfer und ein großer vorderer Kotflügel runden das schöne Styling des Motorrollers ab. Eines der wichtigsten Merkmale des Rollers ist die Stahlkarosserie, die selbsttragend ausgeführt ist und eine hohe Stabilität liefert. Vorne ist ein Elf-Zoll-Rad mit 110/70er-Reifen und Scheibenbremse verbaut. Hinten steht der Roller auf Zehn-Zoll-Rädern mit 120/70er-Reifen mit einer großen Trommelbremse. Als Antrieb dient der Einzylinder-Viertakt-Leader-Motor mit Katalysator und ein stufenloses Variomaticgetriebe mit Fliehkraftkupplung.

■ Vespa LX 150 i.e.	
Bauzeit:	2013
Motorbauart:	luftgekühlter 1-Zylinder-4-Takt-Motor
Hubraum (cm^3):	151
Leistung (PS bei 1/min):	12,1 bei 8000
V_{max} in (km/h):	95
Rahmen, Federung, Bremsen:	selbsttragend, Schwinge vorne, Schraubenfedern, Stoßdämpfer, Scheibe/Trommel
Gewicht (kg):	110

Vespa S 150 i.e.	
Bauzeit:	2013 bis 2014
Motorbauart:	luftgekühlter 1-Zylinder-4-Takt-Motor
Hubraum (cm³):	151
Leistung (PS bei 1/min):	11,6 bei 8000
V_{max} in (km/h):	95
Rahmen, Federung, Bremsen:	selbsttragend, Schwinge vorne, Schraubenfedern, Stoßdämpfer, Scheibe/Trommel
Gewicht (kg):	110

Vespa S 150 i.e.

Die stilvolle Vespa S 150 i.e. kam im Jahr 2013 vor allem mit kosmetischen Korrekturen neu überarbeitet auf den US-amerikanischen Markt. Hierbei hatte es Piaggio vor allem auf den gigantischen Markt in Nordamerika abgesehen. Im Stahlblech-Chassis schlägt das Herz des Einzylinder-Viertakt-Leader-Motors mit Katalysator, der eine maximale Leistung von 11,6 PS bei 8000 Umdrehungen in der Minute und ein maximales Drehmoment von 11,5 Nm bei 6250 Umdrehungen pro Minute liefert. Für eine gute Straßenlage ist die S 150 i.e. vorne mit einem hydraulischen Dual-Action-Stoßdämpfer und hinten mit einem doppelt wirkenden hydraulischen Federbein ausgestattet.

Vespa Primavera 150 i.e. 3V

Mit vielen weiteren Neuheiten wurde am Piaggio-Stand während der EICMA 2013 auch die Vespa Primavera 150 vorgestellt. Diese Vespa hatte mit ihrer Namensgeberin aus dem Jahr 1968 nichts mehr gemeinsam. Dank der neuen elektronischen Benzin-Einspritzung, der neu gelagerten Kurbelwelle und dem luftgekühlten Dreiventil-Viertaktmotor mit geändertem Zylinderkopf erreichte der Motorroller eine maximale Effizienz bei minimalem Verbrauch von unter zwei Litern bei einer Geschwindigkeit von 50 km/h. Optisch und technisch griff der Roller einige Elemente der wunderschönen Vespa 946 auf. So rollte die 4050 Euro teure Vespa Primavera auf Elf-Zoll-Rädern. Ein ABS für den Motorroller gab es jedoch nicht.

Vespa Primavera 150 i.e. 3V	
Bauzeit:	2013 bis heute
Motorbauart:	luftgekühlter 1-Zylinder-4-Takt-Motor
Hubraum (cm³):	155
Leistung (PS bei 1/min):	12,9 bei 7750
V_{max} in (km/h):	94
Rahmen, Federung, Bremsen:	selbsttragend, Schwinge vorne, Schraubenfedern, Stoßdämpfer, Scheibe/Trommel
Gewicht (kg):	122

■ Vespa Sprint 150	
Bauzeit:	2013 bis 2018
Motorbauart:	luftgekühlter 1-Zylinder-4-Takt-Motor
Hubraum (cm^3):	155
Leistung (PS bei 1/min):	12,9 bei 7750
V_{max} in (km/h):	94
Rahmen, Federung, Bremsen:	selbsttragend, Schwinge vorne, Schraubenfedern, Stoßdämpfer, Scheibe/Trommel
Gewicht (kg):	122

Vespa Sprint 150

Die Vespa Sprint 150 überzeugt nicht nur durch die Optik, sondern auch durch ihre Verarbeitungsqualität. Lediglich der Name „Sprint" ist nicht ganz gerechtfertigt, denn die vielen historischen Sportausgaben mit Zweitakt-Motoren sind wesentlich „giftiger". Gegenüber der Primavera unterscheidet sich die Sprint eigentlich nur in zwei Details. Ihr Scheinwerfer ist nicht rund, sondern eckig und die Gussräder aus Aluminium sind etwas zierlicher und haben mit zwölf Zoll einen größeren Durchmesser. Das Fahrgestell mit einem vorderen Federweg von 7,8 Zentimetern und sieben Zentimetern hinten fängt grobe Stöße wie auch feine Unebenheiten gleichermaßen gut ab.

Vespa 946 150 i.e. 3V Bellissima

Die Vespa 946 150 i.e. V3 Bellissima wartete 2014 mit noch mehr exklusiven Features auf als die bereits existierenden 946er-Modelle. So bekam der Sitz ein neues Gesicht mit einem formschönen Design. Etwas unüblich bei Vesparollern ist das Fehlen jeglichen Stauraums. Wer Gegenstände mit sich führen möchte, ist auf das Tragen eines Rucksacks oder eines ähnlichen Behältnisses angewiesen. Doch bei einem Kaufpreis von über 10.000 Euro sind Besitzer einer Vespa 946 sicherlich nicht auf viel Stauraum angewiesen, denn diese Vespa ist rein für den Spaß am Fahren entworfen worden und eine Kreditkarte kann überall verstaut werden. Zu einer überlegenen Sicherheit trägt auch das ABS- und ASR-Antischlupf-Regelsystem bei.

■ Vespa 946 150 i.e. 3V Bellissima	
Bauzeit:	2014
Motorbauart:	luftgekühlter 1-Zylinder-4-Takt-Motor
Hubraum (cm^3):	155
Leistung (PS bei 1/min):	12,9 bei 7750
V_{max} in (km/h):	113
Rahmen, Federung, Bremsen:	selbsttragend, Schwinge vorne, Schraubenfedern, Stoßdämpfer, Scheibenbremsen
Gewicht (kg):	146

Vespa GTS 300 Super, Baujahr 2014

Inzwischen ist auch die Automatik-Vespa GTS auf dem besten Weg, ein Klassiker zu werden. Die 2014er-Ausgabe war nun mit Antiblockiersystem und besserem Fahrwerk ausgestattet. Dennoch wurde die Baureihe sowohl optisch als auch technisch nicht auf den Kopf gestellt. So war die Vespa-Modellpflege lediglich schlicht und einfach ausgefallen. Eine neue Vorderradaufhängung, das lang ersehnte ABS und die Traktionskontrolle (ASR) sind jetzt gegen einen Aufpreis lieferbar. Mit der neuen Vorderradführung ist die GTS wesentlich komfortabler zu fahren. Sie steckt unangenehme Bodenschläge spielerisch weg und selbst in Schräglage wird das Blechchassis nicht unruhig. Die hintere Radaufhängung wurde etwas modifiziert, um das ABS zu integrieren.

■ Vespa GTS 300 i.e. ABS/ASR	
Bauzeit:	2014
Motorbauart:	wassergekühlter 1-Zylinder-4-Takt-Motor
Hubraum (cm³):	278
Leistung (PS bei 1/min):	22 bei 7500
V_{max} in (km/h):	118
Rahmen, Federung, Bremsen:	selbsttragend, Schwinge vorne, Schraubenfedern, Stoßdämpfer, Scheibenbremsen
Gewicht (kg):	158

Vespa GTS 300 i.e. ABS/ASR

Bei der Vespa GTS 300 erkennt man den wahren Sportsgeist des Motorrollers. Vom Design her ist die Vespa den Vorgängern mit dem großen Blechkleid treu geblieben. Technisch hat die 300er jedoch kräftig zugelegt. Mit einer Leistung von 22 PS bei 7500 Umdrehungen in der Minute trägt der wassergekühlte Viertakt-Einzylinder-Motor mit vier Ventilen und mit elektronischer Benzineinspritzung zu äußerst spritzigen Fahrleistungen bei. So liegt die Höchstgeschwindigkeit mindestens bei 118 km/h. Als „Muss" einer modernen Zeit ist ein USB-Anschluss im Handschuhfach zum Laden eines Smartphones oder für den Anschluss eines GPS eingebaut.

Vespa GTS 300 i.e. Touring ABS/ASR

Die GTS 300 ist der Dauerbrenner im Piaggio-Angebot. Bei diesem starken Motorroller mit großer Karosserie ist der Spagat zwischen traditionellen Stilelementen und unaufhaltsamem technischem Fortschritt besonders gut gelungen. So blieb auch hier die selbsttragende Karosserie aus Stahlblech unverändert. Charakteristische Merkmale der Vespa GTS i.e. Touring ABS/ASR sind die Windschutzscheibe, der vordere und hintere Gepäckträger und das vergrößerte Helmfach, das eine größere Ladekapazität bietet. An der Rückseite des Beinschildes ist ein spezielles Touring-Logo in der Farbe Braun Crete Senesi angebracht. Die Vespa ist mit der Traktions-Technologie (ASR) ausgestattet, welche ein Durchdrehen des Hinterrads verhindert.

■ Vespa GTS 300 i.e. Touring ABS/ASR	
Bauzeit:	2014
Motorbauart:	wassergekühlter 1-Zylinder-4-Takt-Motor
Hubraum (cm³):	278
Leistung (PS bei 1/min):	22 bei 7500
V_{max} in (km/h):	118
Rahmen, Federung, Bremsen:	selbsttragend, Schwinge vorne, Schraubenfedern, Stoßdämpfer, Scheibenbremsen
Gewicht (kg):	163

Vespa Primavera 50 2T Touring	
Bauzeit:	2015 bis 2017
Motorbauart:	luftgekühlter 1-Zylinder-2-Takt-Motor
Hubraum (cm³):	49
Leistung (PS bei 1/min):	4,8 bei 7500
V_{max} in (km/h):	64
Rahmen, Federung, Bremsen:	selbsttragend, Schwinge vorne, Schraubenfedern, Stoßdämpfer, Scheibe/Trommel
Gewicht (kg):	116

Vespa Primavera 50 2T Touring

Die Primavera 50 2T vereint alle Vorzüge der Motorroller, die den Namen „Vespa" trugen und tragen. Denn die handlichen Elf-Zoll-Räder und der um sechs Zentimeter gewachsene Radstand garantieren eine hervorragende Fahrstabilität. Eine neu konstruierte Vorderradschwinge und ein ausgeklügeltes Bremssystem sorgen für absolute Kontrolle des Zweirads. Als flotter Einsteiger in die Welt der Vespa-Mobilität erlebt man mit der prickelnd aufregenden Zweitakt-„Wespe" das unabhängige Leben auf zwei Rädern für einen Preis um die 3300 Euro.

Vespa Primavera 50 2T SC

Nach ihrem Debüt vor über 45 Jahren kam die Vespa Primavera moderner und stilvoller als Wiedergeburt eines Klassikers zurück auf die Straße. Eine schlanke Linienführung, verchromte Schmuckelemente und ein neues Felgen-Design sowie ein analog-digitaler Tacho sind die charakteristischen Merkmale des 50er-Rollers. Eine neu entwickelte Vorderradaufhängung mit Monofederbein, die für mehr Fahrkomfort sorgt, ist ein weiteres Highlight der Vespa Primavera. Im Heck arbeitet ein hydraulischer Stoßdämpfer. Das Modell SC wurde mit einem unlackierten Trittbrett ausgeliefert. Der Preis beläuft sich auf rund 3000 Euro. Als Lackierung konnte zwischen Hell- und Dunkelblau, Schwarz und Weiß oder Rot sowie Braun gewählt werden.

Vespa Primavera 50 2T SC	
Bauzeit:	2015 bis 2018
Motorbauart:	luftgekühlter 1-Zylinder-2-Takt-Motor
Hubraum (cm³):	49
Leistung (PS bei 1/min):	4,8 bei 7500
V_{max} in (km/h):	64
Rahmen, Federung, Bremsen:	selbsttragend, Schwinge vorne, Schraubenfedern, Stoßdämpfer, Scheibe/Trommel
Gewicht (kg):	116

■ Vespa Primavera 150 Touring	
Bauzeit:	2014 bis 2018
Motorbauart:	luftgekühlter 1-Zylinder-4-Takt-Motor
Hubraum (cm³):	155
Leistung (PS bei 1/min):	12,9 bei 7750
V_{max} in (km/h):	93
Rahmen, Federung, Bremsen:	selbsttragend, Schwinge vorne, Federn hinten, Scheibe/Trommel
Gewicht (kg):	118

Vespa Primavera 150 Touring

Dieser luftgekühlte Einzylinder-Viertaktmotor arbeitet mit zwei Einlass- und einem Auslassventil, gesteuert über eine obenliegende Nockenwelle. Diese Motorvariante wurde auch mit 125 Kubikzentimetern angeboten. Das Design der Primavera lehnt sich an jenes der klassischen Vespa-Modelle der 1960er-Jahre an, hat zeitlos-klassische Eigenschaften und einen hohen Wiedererkennungswert. Obwohl das Grunddesign der Vespa bereits 75 Jahre alt ist, wirkt es trotzdem jugendlich und frisch. Und gerade im Sommer gehören Rollerfahren, Eis und Amore zum Dolce Vita. Das Touring-Modell hat zusätzlich ein Windschild und verchromte Gepäckträger vorne und hinten.

Vespa Sprint 50 2T

Als sportlicher Ableger der Vespa Primavera hatte die Sprint 2014 die Vespa-S-Modelle ersetzt. Mit dem markanten eckigen Scheinwerfer, dem eingefassten Analog-digital-Tacho und der sportlichen Sitzbank erinnert das Modell an die 1960er-Jahre. Zwar sind der Rahmen und die Fahrwerkstechnik von der Primavera übernommen, jedoch hat die Sprint Zwölf-Zoll-Räder aus Aluminium mit Speichen-Design. Motortechnisch bleibt bei der 50er-Vespa alles beim Alten. Eingebaut ist der bekannte Zweitakt-Motor Hi-Per2 mit Drei-Wege-Katalysator und SAS-Sekundärluftsystem, der das Herzstück aller 50er-Vespamodelle ist. Mit 3350 Euro ist die 50er-Sprint ein wenig teurer als die Primavera. Beim Farbkleid stehen die Farben Blau, Gelb, Rot, Schwarz und Weiß zur Wahl.

■ Vespa Sprint 50 2T	
Bauzeit:	seit 2015
Motorbauart:	luftgekühlter 1-Zylinder-2-Takt-Motor
Hubraum (cm³):	49
Leistung (PS bei 1/min):	4,4 bei 7500
V_{max} in (km/h):	64
Rahmen, Federung, Bremsen:	selbsttragend, Schwinge vorne, Schraubenfedern, Stoßdämpfer, Scheibe/Trommel
Gewicht (kg):	121

Vespa Sprint 50 S	
Bauzeit:	seit 2015
Motorbauart:	luftgekühlter 1-Zylinder-2-Takt-Motor
Hubraum (cm³):	49
Leistung (PS bei 1/min):	4,4 bei 7500
V_{max} in (km/h):	64
Rahmen, Federung, Bremsen:	selbsttragend, Schwinge vorne, Schraubenfedern, Stoßdämpfer, Scheibe/Trommel
Gewicht (kg):	107

Vespa Sprint 50 S

Bei der Vespa Sprint 50 S wird Sportlichkeit großgeschrieben, denn sie ist leicht, wendig und flott! Wie in der Vergangenheit bestechen die „S"-Serien auch heute durch ihre einmalige Kombination aus moderner Technik und zeitlosem Charme. Zu dieser Sportlichkeit tragen auch der stabile, jedoch leichte Stahlrahmen, die brandaktuellen Aluminiumfelgen, der analog/digitale Tachometer und der trapezförmige Scheinwerfer bei. Die sportliche S-Version kommt auf Zwölf-Zoll-Rädern mit schwarzen Felgen, in einem matten Titangrau und mit dunklen Rallye-Streifen zu einem Preis von rund 3400 Euro in die Fachgeschäfte.

Vespa 946 125 Bellissima

Mit einem Preis, für den man sich bereits einen Kleinwagen kaufen könnte, verwirrt die Vespa 946 mit 125-Kubikzentimeter-Motor und zauberhaften Linien die Sinne. Für die rund 9500 Euro bekommt man dafür eine Rolex für das Hinterteil. Mit dem Untersatz zieht man natürlich, egal wo, alle Blicke auf sich. Als Leckerbissen setzt die Vespa 946 auf eine ABS-Bremsunterstützung sowie auf eine Traktionskontrolle, die serienmäßig eingebaut ist. Besonders modern präsentiert sich das Cockpit der Vespa 946 Bellisima durch die LCD-Anzeigen. Auch die Blinker und das Rücklicht leuchten kräftig mit aktuellen LED-Einheiten. Doch praktisch ist der Motorroller nicht, denn ein Platz für den Helm oder ein Handschuhfach sind am Windschutz nicht vorhanden.

Vespa 946 125 Bellissima	
Bauzeit:	2014
Motorbauart:	luftgekühlter 1-Zylinder-4-Takt-Motor
Hubraum (cm³):	124
Leistung (PS bei 1/min):	10,7 bei 8250
V_{max} in (km/h):	93
Rahmen, Federung, Bremsen:	selbsttragend, Schwinge vorne, Schraubenfedern, Stoßdämpfer, Scheibenbremsen
Gewicht (kg):	147

■ Vespa 946 125 Emporio Armani	
Bauzeit:	2015
Motorbauart:	luftgekühlter 1-Zylinder-4-Takt-Motor
Hubraum (cm³):	124
Leistung (PS bei 1/min):	10,7 bei 8250
V_{max} in (km/h):	93
Rahmen, Federung, Bremsen:	selbsttragend, Schwinge vorne, Schraubenfedern, Stoßdämpfer, Scheibenbremsen
Gewicht (kg):	153

Vespa 946 125 Emporio Armani

Im Jahr 2015 machten gleich zwei italienische Design-Größen gemeinsame Sache. Die Rollerschmiede Piaggio und das weltberühmte Modelabel Giorgio Armani schufen einen Motorroller der Extraklasse. Damit feiern beide italienischen Ikonen 2015 Firmen-Geburtstag – Giorgio Armani den 40. und Piaggio den 130. Die Vespa 946 Emporio Armani halten manche für die schönste Vespa, die je gebaut worden ist. Grundlage der Sonder-Edition ist die Vespa 946, die mit einer speziellen Kombination aus Grautönen besticht.

Vespa GTS 125 Super i.e. ABS/ASR

Dynamisch und in einem unverwechselbaren Design sind bei der GTS 125 Super i.e. ABS/ASR eine Vielzahl sportlicher Elemente verbaut. Der spritzige 125-Kubikzentimeter-Viertakt-Vierventil-Motor mit Flüssigkeitskühlung lässt in seiner Klasse kaum Wünsche offen, und das sichere Bremssystem mit Scheibenbremsen vorne und hinten, mit ABS und ASR sorgt für eine starke Verzögerung. Mit einem Drehmoment von 12,0 Nm bei 7500 Umdrehungen in der Minute ist man jederzeit in der Lage, mit dem Verkehr mitzuschwimmen. Für den Motorroller musste der Interessent etwas mehr als 5000 Euro auf den Tisch legen, dafür konnte er sich den Scooter in den Farben Blue Gaiola, Montebianco, Nero Lucido oder Super Rosso aussuchen.

■ Vespa GTS 125 Super i.e. ABS/ASR	
Bauzeit:	seit 2015
Motorbauart:	wassergekühlter 1-Zylinder-4-Takt-Motor
Hubraum (cm³):	124
Leistung (PS bei 1/min):	15 bei 9750
V_{max} in (km/h):	103
Rahmen, Federung, Bremsen:	selbsttragend, Schwinge vorne, Schraubenfedern, Stoßdämpfer, Scheibenbremsen
Gewicht (kg):	158

Vespa Primavera 125 i.e. 3V ABS/ASR	
Bauzeit:	2015 bis 2019
Motorbauart:	luftgekühlter 1-Zylinder-4-Takt-Motor
Hubraum (cm³):	124,5
Leistung (PS bei 1/min):	10,7 bei 7700
V_{max} in (km/h):	91
Rahmen, Federung, Bremsen:	selbsttragend, Schwinge vorne, Schraubenfedern, Stoßdämpfer, Scheibe/Trommel
Gewicht (kg):	125

Vespa Primavera 125 i.e. 3V ABS/ASR

Im Jahr 1968 hieß das meistverkaufte Vespa-Modell aus Pontedera Primavera und auch heute ist der Motorroller voll auf der Höhe der Zeit. Doch im Laufe der Zeit wurde gegenüber dem historischen Modell kein Bauteil gleich gelassen. Die 125 Primavera hat sich inzwischen den Erfordernissen einer modernen Gesellschaft angepasst. Schluss ist mit dem Schalten durch einen Drehgriff am Lenker, die 125er hat, wie auch die vielen anderen Vespa-Modelle, ein Automatikgetriebe. Seit 2015 fährt die Primavera sogar mit einem serienmäßigen ABS- und ASR-System.

Vespa Sprint 125 i.e. 3V ABS/ASR

Mit dem sogenannten „Small Body" und großen Zwölf-Zoll-Rädern rollte nun auch die sportliche Primavera als Vespa Sprint 125 über die Straßen Europas. Die relativ kleinen Räder haben eine gute Stabilität bis zur Endgeschwindigkeit von etwa 80 km/h und mit dem bestens abgestimmten Fahrwerk filtert der Roller sowohl grobe Stöße wie auch feine Schläge gleichermaßen gut weg. Der Motorroller glänzt mit einem großzügigen Sicherheitssystem in Form von ABS, ASR und Bremsscheiben. Verbaut ist auch hier der gebläsegekühlte Dreiventil-Viertakter mit einer Leistung von ca. 11 PS. Gestartet wird der Motorroller mit einem E-Starter, der Kickstarter gehört schon lange der Vergangenheit an.

Vespa Sprint 125 i.e. 3V ABS/ASR	
Bauzeit:	2015 bis 2019
Motorbauart:	luftgekühlter 1-Zylinder-4-Takt-Motor
Hubraum (cm³):	124,5
Leistung (PS bei 1/min):	10,7 bei 7700
V_{max} in (km/h):	80
Rahmen, Federung, Bremsen:	selbsttragend, Schwinge vorne, Schraubenfedern, Stoßdämpfer, Scheibe/Trommel
Gewicht (kg):	80

Vespa Sprint 150 S	
Bauzeit:	2015 bis 2019
Motorbauart:	luftgekühlter 1-Zylinder-4-Takt-Motor
Hubraum (cm³):	155
Leistung (PS bei 1/min):	12,9 bei 7750
V_{max} in (km/h):	95
Rahmen, Federung, Bremsen:	selbsttragend, Einarm-Kurz-, Triebsatzschwinge, hydr. Monofederbein, Scheibe/Trommel
Gewicht (kg):	126

Vespa Sprint 150 S

Die Modelle der Sprint-Serie unterscheiden sich nur in wenigen Details von den klassischen Primavera-Modellen, beispielsweise durch den eckigen Scheinwerfer und kleinere Design-Modifikationen. Die Motorisierung entspricht der einer Primavera, jedoch hat die Sprint-Version einen sportlicheren Look. Der Motor erreicht in dieser Ausführung 12,9 PS bei 7750 Umdrehungen pro Minute und kann im Stadtverkehr gut mithalten. Wer auf der Straße spritziger bzw. schneller vorankommen will, musste auf die stärkeren GTS-Modelle umsteigen: Im Gegensatz zu einer 125er ist die 150er sportiver, gleichzeitig läuft der Roller etwas ruhiger. Wer auf der Landstraße nicht überholt werden will, benötigt allerdings dann doch einen Roller, für den die 100-km/h-Marke kein größeres Problem darstellt …

Vespa GTS 250 i.e. ABS/ASR

Ein Zylinder, vier Ventile, vier Takte, 244 Kubikzentimeter, 15,7 kW und 20,1 Nm, das sind die Leistungen der Vespa GTS 250 i.e. ABS/ASR. Mit einer Endgeschwindigkeit weit über der 100-km/h-Schallmauer verbreitet die schöne Wespe modernstes Retro-Styling in ihrer Linienführung. Das 140. Vespa-Modell seit dem Jahr 1946 bricht mit allen Tabus und ist ebenfalls mit ABS und Bremskraftverstärker ausgerüstet. Das System stammt übrigens aus Deutschland von der Firma FTE automotive und ist in ähnlicher Form auch bei BMW-Motorrädern eingebaut. Dass Piaggio auf die Bremswirkung der GTS 250 so viel Wert legt, liegt wohl daran, dass die GTS mit ca. 135 km/h schließlich die schnellste Vespa ist, die jemals gebaut wurde.

Vespa GTS 250 i.e. ABS/ASR	
Bauzeit:	2015 bis 2018
Motorbauart:	wassergekühlter 1-Zylinder-4-Takt-Motor
Hubraum (cm³):	244
Leistung (PS bei 1/min):	21,4 bei 8500
V_{max} in (km/h):	118
Rahmen, Federung, Bremsen:	selbsttragend, Schwinge vorne, Schraubenfedern, Stoßdämpfer, Scheibenbremsen
Gewicht (kg):	158

■ Vespa GTS Super Sport 300 i.e. ABS/ASR	
Bauzeit:	2015 bis 2019
Motorbauart:	wassergekühlter 1-Zylinder-4-Takt-Motor
Hubraum (cm³):	278
Leistung (PS bei 1/min):	21,4 bei 7500
V_{max} in (km/h):	118
Rahmen, Federung, Bremsen:	selbsttragend, Schwinge vorne, Schraubenfedern, Stoßdämpfer, Scheibenbremsen
Gewicht (kg):	158

Vespa GTS Super Sport 300 i.e. ABS/ASR

Im Jahr 2015 war die Vielfalt an Motorrollern fast unüberschaubar groß, es gab sie von 50 bis 850 Kubikzentimetern. Dennoch war gegen eine Marke kaum ein Kraut gewachsen, sie ragte unverkennbar aus der Menge heraus: Ihr Name ist Vespa. Und auch bei der 300er-GTS steht Sportlichkeit und nicht Racing im Vordergrund. So macht die 300er in puncto Leistung keinen Unterschied zur kleineren 250er-GTS. Lediglich beim Drehmoment ist der größere Motor deutlich spürbar. Mit ABS und ASR kostete die GTS gut 6300 Euro.

Piaggio Beverly Sport Touring 350 i.e.

Auch im Jahr 2015 legte Piaggio bei der 350er-Beverly großen Wert auf Komfort, agile Fahrdynamik und italienische Eleganz. Auch bei der Hightech-Ausstattung setzte Piaggio bei der Beverly Sport Touring 350 i.e. neue Maßstäbe. Das neue Bremssystem mit den großen Scheibenbremsen mit 300 Millimetern Durchmesser vorne, 240 Millimeter-Scheibe hinten, mit Continental-Zwei-Kanal-ABS und abschaltbarer Traktionskontrolle (ASR) bietet nun eine optimale Fahrsicherheit. Mit einer satten Motorleistung von 33,3 PS und 32,3 Nm Drehmoment ist man alleine oder zu zweit, im Stadtverkehr oder auf Touren mit dieser 350er-Beverly gut beraten. Auch auf der Autobahn macht die Beverly mit einer Spitzengeschwindigkeit von über 140 km/h eine gute Figur.

■ Piaggio Beverly Sport Touring 350 i.e.	
Bauzeit:	seit 2015
Motorbauart:	wassergekühlter 1-Zylinder-4-Takt-Motor
Hubraum (cm³):	330
Leistung (PS bei 1/min):	33,3 bei 8250
V_{max} in (km/h):	140
Rahmen, Federung, Bremsen:	Doppelschleife, Telegabel vorne, Schwinge, Federbeine hinten, Scheibenbremsen
Gewicht (kg):	191

Piaggio X10 350 i.e. Executive	
Bauzeit:	2015 bis 2018
Motorbauart:	wassergekühlter 1-Zylinder-4-Takt-Motor
Hubraum (cm³):	330
Leistung (PS bei 1/min):	33 bei 8250
V_{max} in (km/h):	139
Rahmen, Federung, Bremsen:	Stahlrohr, Telegabel vorne, Schwinge, Federbeine hinten, Doppelscheiben/Scheiben
Gewicht (kg):	203

Piaggio X10 350 i.e. Executive

Die Piaggio X10 350 i.e. Executive ist die kleinere Version der Luxus-Großroller-Baureihe. Der Preis für den Maxi-Scooter beginnt ab 6500 Euro. Bereits das Cockpit der 350er-X10 ist erfreulich klar, informativ und übersichtlich, und die Anordnungen erscheinen logisch eingeteilt. Trotz des Gewichts von 203 Kilogramm, des Radstands von 1625 Millimetern und des groß dimensionierten Karosseriekleides aus Kunststoff bewegt sich der italienische Roller wendig und mit einer gewissen Leichtigkeit durch den Stadtverkehr. Doch auch außerorts gefällt der Großroller durch hohe Laufruhe und Komfort für Fahrer und Beifahrer.

Piaggio X10 500 i.e. Executive

Die X10 500 i.e. Executive ist das Flaggschiff aus dem Hause Piaggio. Sie stellt unverkennbar den Höhepunkt der neuen Großroller-Generation dar. Zwar ist der Luxusliner mit 8000 Euro nicht gerade ein Schnäppchen, doch bekommt man für den Preis neben einem stabilen, komfortablen Fahrwerk ein vergleichsweise großes Platzangebot, ein elektrisch einstellbares Federungssystem, Dreikanal-ABS, ASR sowie eine automatische Feststellbremse obendrauf. Daher setzt das Unternehmen auch mit der X10 500 i.e. Executive im prestigeträchtigen Markt der großen Luxusroller erfolgreich Trends. Bereits im serienmäßigen Zustand lässt die X10 keine Wünsche offen, doch ein paar clevere Ideen sind als Zubehörpakete für Individualisten im Piaggio-Angebot erhältlich.

Piaggio X10 500 i.e. Executive	
Bauzeit:	2015 bis 2018
Motorbauart:	wassergekühlter 1-Zylinder-4-Takt-Motor
Hubraum (cm³):	493
Leistung (PS bei 1/min):	41 bei 7250
V_{max} in (km/h):	150
Rahmen, Federung, Bremsen:	Stahlrohr, Telegabel vorne, Schwinge, Federbeine hinten, Doppelscheiben/Scheiben
Gewicht (kg):	242

Piaggio MP3 Sport 500 i.e. ABS/ASR	
Bauzeit:	2015 bis 2018
Motorbauart:	wassergekühlter 1-Zylinder-4-Takt-Motor
Hubraum (cm³):	493
Leistung (PS bei 1/min):	40 bei 7250
V_{max} in (km/h):	142
Rahmen, Federung, Bremsen:	Doppelschleifen, Kurzschwingen vorne, Schwinge, 2 Federbeine hinten, 2 Scheiben/Scheiben
Gewicht (kg):	262

Piaggio MP3 Sport 500 i.e. ABS/ASR

Für 10.000 Euro gibt es das Piaggio-MP3-500-Dreirad als starken Typen im besonders sportlichen Look. Für die Sportlichkeit sorgt der 493-Kubikzentimeter-Viertaktmotor mit einer Leistung von 40 PS bei 7250 Umdrehungen in der Minute. Der MP3 Sport 500 i.e. kann von allen Autofahrern gefahren werden, die ihren Pkw-Führerschein vor dem 19. Januar 2013 erworben haben. Zur Auswahl präsentiert sich der Piaggio MP3 Sport in Mattsilber oder in coolem Mattschwarz. Ton in Ton ist auch die Komfortsitzbank mit zweifarbiger Doppelnaht gearbeitet.

Piaggio Quargo Kipper

Der Piaggio Quargo mit kippbarer Ladefläche bietet hervorragende Lösungen für alle möglichen Transporte. Trotz der kompakten Abmessungen zeichnet sich der Quargo durch eine große Ladepritsche mit gut 2,7 Quadratmetern und eine Nutzlast von 705 Kilogramm aus. Die gute Zugänglichkeit mit einer ausgesprochen niedrigen Ladefläche und drei Aluminium-Bordwänden, die vollständig abklappbar sind, machen den Quargo-Kipper zu einem sehr wirtschaftlichen Fahrzeug für alle städtischen Bereiche wie Parkanlagen, Friedhöfe und Gärtnereien. Mit einer Leistung von 18 PS, einem 686 Kubikzentimeter großen Dieselmotor und einer Höchstgeschwindigkeit von 80 km/h ist der Quargo ein vielseitiger Mitarbeiter in kleinen Handwerksbetrieben.

Piaggio Quargo Kipper	
Bauzeit:	2015
Motorbauart:	wassergekühlter 1-Zylinder-4-Takt-Dieselmotor
Hubraum (cm³):	686
Leistung (PS bei 1/min):	18 bei 4500
V_{max} in (km/h):	80
Rahmen, Federung, Bremsen:	selbsttragend, Schraubenfed., Teledämpf. vorne, Starrachse, Blattf., Teledämpf. hinten, Scheiben/Trommeln
Nutzlast (kg):	720

PX 125 Settantesimo 70th Anniversary	
Bauzeit:	2016
Motorbauart:	luftgekühlter 1-Zylinder-2-Takt-Motor
Hubraum (cm³):	123
Leistung (PS bei 1/min):	6,5 bei 6000
V_{max} in (km/h):	84
Rahmen, Federung, Bremsen:	selbsttragend, Schwinge vorne, Monofederbein hinten, Scheibe/Trommel
Gewicht (kg):	120

Vespa PX 125 Settantesimo 70th Anniversary

Am 23. April 1946 meldete Piaggio in Florenz das Patent für einen Fahrzeugtyp an, dessen Name weltweit zum Synonym für den Begriff Roller werden sollte – die Vespa. Den siebzigsten Geburtstag des Kultrollers feierte der Hersteller im Jahr 2016 dem Anlass angemessen mit einem limitierten Sondermodell: Die PX 125 Settantesimo („Siebzigste") konnte nur in zwei exklusiven Farben, nämlich in Azzurro 70 (Blau) und Grigio 70 (Silber), bestellt werden. Der Zweitakt-Motor und die 4-Gang Handschaltung sind dabei klare Hinweise auf die Geschichte. Mit über 80 km/h ist man mit der PX zügig unterwegs, für Freunde moderner GTS-Modelle ist die klassisch gestaltete Vespa zwar eher weniger interessant – allerdings alle Anhänger historischer Blechkleider gepaart mit moderner Technik freuen sich über Chromspiegel und runde Wangen, die das Rollererlebnis vergangener Generationen würdigen. So ist diese PX mit 123 Kubikzentimetern und einer Leistung von 6,5 PS bereits heute ein beliebter moderner Klassiker.

Vespa Primavera 50 4T

Der Nachfolger der LX-Modelle bot im Gegensatz zu der Primavera 50 2T (2-Takt) von 2013 weniger Schub und war zudem knapp fünf Kilogramm schwerer. Die Präsentation der Primavera erfolgte auf der EICMA 2013, zur Markteinführung konnten die Käufer zwischen der 50-, 125- und 150-Kubikzentimeter-Motorvariante wählen. Während die Produktion der Zweitakt-Modelle 2017 endete, werden die Viertaktvarianten seitdem weiterentwickelt. Das ab 2017 angebotene i-get-Modell hat statt der 4,4 PS nur noch 3,3 PS. Der Name leitet sich übrigens von dem 1967 eingeführten Modell Vespa 125 Primavera ab, einer der erfolgreichsten Baureihen mit weit über 200.000 verkauften Einheiten.

Vespa Primavera 50 4T	
Bauzeit:	2016 bis 2019
Motorbauart:	luftgekühlter 1-Zylinder-4-Takt-Motor
Hubraum (cm³):	50
Leistung (PS bei 1/min):	4,4 bei 8250
V_{max} in (km/h):	45
Rahmen, Federung, Bremsen:	Stahlblechrahmen, Einarm-, Triebsatzschwinge, hydr. Stoßdämpfer, Scheibe/Trommel
Gewicht (kg):	121

Vespa GTS 150	
Bauzeit:	2017 bis 2018
Motorbauart:	wassergekühlter 1-Zylinder-4-Takt-Motor, i-get
Hubraum (cm³):	155,2
Leistung (PS bei 1/min):	11 bei 8500
V_{max} in (km/h):	103
Rahmen, Federung, Bremsen:	selbsttragend, hydr. Dämpfer, hinten hydr. Doppelstoßdämpfer, Scheibenbremse
Gewicht (kg):	160

Vespa GTS 150

Der Einzylinder-Viertaktmotor bringt mit 11 PS das 160 kg schwere Gefährt schnell voran. Der Durchschnittsverbrauch sinkt auch dank des neuen Start-Stopp-Systems von Vespa, allerdings ersetzt dabei ein spezieller, zuverlässiger Starter die bisherige Standardausführung. Die Wartungsintervalle wurden verlängert: Für einen Ölwechsel muss man nun alle 10.000 Kilometer und für das Einstellen der Ventile alle 20.000 Kilometer in die Werkstatt. Das Hubraum-Plus im Gegensatz zur 125er sorgt für mehr Laufruhe und Ausgewogenheit. Die neuen 300-Kubikzentimeter-Modelle der Baureihe erreichen Geschwindigkeiten von bis zu 128 km/h – die ideale Motorisierung für alle, die für Fahrten auf Landstraßen oder auf der Autobahn angemessen schnell unterwegs sein möchten, schon allein um vor allzu riskanten Überholmanövern vierrädriger Verkehrsteilnehmer halbwegs sicher zu sein

Vespa GTS 300 Sei Giorni

Mit der GTS 300 „Sei Giorni" erinnerte Vespa an das gleichnamige Sportmodell von 1951, von dem knapp 300 Exemplare für Gleichmäßigkeitsprüfungen gebaut wurden. Der Frontscheinwerfer auf dem Kotflügel und der einfache Rohrlenker des neuen Sondermodells können dabei als eine Reminiszenz an die Werksroller betrachtet werden, die beim Sei Giorni Internationale di Varese, der Sechstagefahrt von Varese, neun Goldmedaillen gewannen. Übrigens fand die Form des Scheinwerfers bereits Verwendung an dem ersten Vespa-Modell, der MP5. Das Sondermodell von 2017 kostete zum Start 6390 Euro. Mit einer Endgeschwindigkeit von knapp 118 km/h ist man gut unterwegs und kann auch ohne Anstrengung zu einem weiter entfernten Rollertreffen fahren.

Vespa GTS 300 Sei Giorni	
Bauzeit:	2017 bis 2018
Motorbauart:	wassergekühlter 1-Zylinder-4-Takt-Motor
Hubraum (cm³):	278
Leistung (PS bei 1/min):	23,8 bei 7750
V_{max} in (km/h):	118
Rahmen, Federung, Bremsen:	Stahlrahmen, Triebsatzschwinge, Federbein vorne, Stereo-Federbeine hinten, Scheibenbremse
Gewicht (kg):	160

■ Vespa GTS 125 I-GET	
Bauzeit:	2010 bis 2012
Motorbauart:	wassergekühlter 1-Zylinder-4-Takt-Motor
Hubraum (cm³):	124
Leistung (PS bei 1/min):	15 bei 9750
V_{max} in (km/h):	103
Rahmen, Federung, Bremsen:	Stahlrahmen, Federbein vorne, Monofederbein hinten, Scheibenbremse
Gewicht (kg):	146

Vespa GTS 125 I-GET

Die GTS 125 fährt auf 12-Zoll-Rädern und hat mit ihrem lebhaften Viertaktmotor keine Probleme, im Stadtverkehr mitzuhalten. Gemütlich in aufrechter Position und mit einer Höchstgeschwindigkeit um die 100 km/h kann man auch mal über die Autobahn fahren, wobei die GTS 125 dem Fahrer eher bei Stadtfahrten und auf nicht zu kurvigen Landstraßen ein sicheres Fahrgefühl vermittelt – trotz eines Kampfgewichtes von über 140 Kilogramm. Die Federung ist Vespa-typisch, die Scheibenbremsen vorne und hinten sorgen für entsprechende Verzögerung.

Vespa GTS 125 70th

Die GTS-Modelle sgehören zu den beliebtesten Klassiker von Vespa. Kein Wunder, denn insbesondere die 125er-Klasse erfreut sich auch bei Autofahrern großer Beliebtheit: Je nach Ausstellungsjahr des Führerscheins müssen sie keine zusätzliche Prüfung ablegen. Das hier gezeigte Jubiläumsmodell mit Start-Stopp-System in Azzuro-Blau wartet mit einem wassergekühlten Einzylinder-Viertaktmotor auf. Elegant mit Chromspiegeln und Chromgepäckträger sowie einer braunen Sitzbank genießt der Vespa-Enthusiast bei gutem Wetter eine entspannte Fahrt zur Arbeit. Mit satten 15 PS bei 9750 Umdrehungen pro Minute ist man durchzugsstark unterwegs, die Höchstgeschwindigkeit von knapp unter 100 km/h machen auch Überlandfahrten zu einem Freiluft-Erlebnis.

■ Vespa GTS 125 70th	
Bauzeit:	2016 bis 2018
Motorbauart:	wassergekühlter 1-Zylinder-4-Takt-Motor
Hubraum (cm³):	124
Leistung (PS bei 1/min):	15 bei 9750
V_{max} in (km/h):	95
Rahmen, Federung, Bremsen:	Stahlrahmen, Triebsatzschwinge, Federbein vorne, Stereo-Federbeine hinten, Scheibenbremse
Gewicht (kg):	146

Vespa Primavera RED 50 (125)	
Bauzeit:	2018 bis heute
Motorbauart:	luftgekühlter 1-Zylinder-4-Takt-Motor, i-get
Hubraum (cm³):	124
Leistung (PS bei 1/min):	3 bei 7500
V_{max} in (km/h):	100
Rahmen, Federung, Bremsen:	Stahlblech, Einarm-, Triebsatzschwinge, hydr. Stoßdämpfer, Scheibe/Trommel
Gewicht (kg):	106

Vespa Primavera RED 50 (125)

Wie der Name schon andeutet, ist das Sondermodell der Primavera rot: Rote Felgen, ein rotes Chassis und ein roter Sattel machen diese Vespa zu einem Blickfang in der Stadt und auf der Landstraße. Doch RED steht nicht nur für die Farbe, das Kürzel steht für die Wohltätigkeitsorganisation „Product Red", die u. a. vom U2-Sänger „Bono" ins Leben gerufen wurde. Ein Teil der Gewinne aus dem Verkauf des Produkts gehen an den Global Fund zur Bekämpfung von Aids, Tuberkulose und Malaria. Wer hier zugreift, hilft. Das Sondermodell wird als 50er mit einer Höchstgeschwindigkeit von 45 km/h und 125er mit 11 PS und einer Höchstgeschwindigkeit von knapp unter 100 km/h angeboten.

Vespa 946 Red

Das Sondermodell RED der 946-Serie erscheint in einem komplett roten Look: Alu-Chassis, Lenker, Felgen und Sattel sind rot. Für die Wohltätigkeitsorganisation „Product Red" wurde das Sondermodell mit Viertaktmotor erstellt. Teile des Gewinns aus dem Verkauf der Produkte werden für wohltätige Zwecke verwendet. Die 946 erinnert an die MP6, von der man den schwebenden Sattel und das „low tail" übernommen hat, auf dem ein Gepäckträger montiert werden kann. Ausgestattet mit einem modernen Viertaktmotor und 124 Kubikzentimeter Hubraum ist die RED ein auffälliges Sondermodell für sozial engagierte Käufer.

Vespa 946 Red	
Bauzeit:	2019 bis 2022
Motorbauart:	luftgekühlter 1-Zylinder-4-Takt-Motor
Hubraum (cm³):	124
Leistung (PS bei 1/min):	11,6 bei 8250
V_{max} in (km/h):	93
Rahmen, Federung, Bremsen:	Federbein vorne, Monofederbein hinten, Scheibenbremse
Gewicht (kg):	100

■ Vespa GTS 125 (Touring)	
Bauzeit:	2019 bis 2022
Motorbauart:	wassergekühlter 1-Zylinder-4-Takt-Motor, i-get
Hubraum (cm³):	124
Leistung (PS bei 1/min):	12,2 bei 8250
V_{max} in (km/h):	95
Rahmen, Federung, Bremsen:	selbsttragend, Triebsatzschwinge, Stereo-Federbeine hinten, Scheibenbremse
Gewicht (kg):	146

Vespa GTS 125 (Touring)

Die klassischen und äußerst erfolgreichen PX-Modelle gelten als Vorgänger der GTS-Serie. Während die Fans alter Blechroller weiterhin ihre Klassiker pflegen und fahren, genießen andere Roller-Enthusiasten das elegante Design der GTS-Modelle gepaart mit moderner Technik und laufruhigen, aber starken Motoren. Neben der Standard-Variante erfreut sich die Touring-Variante mit verchromten Gepäckträgern vorne und hinten größter Beliebtheit. Ausfahrten mit Gepäck sind nur vom Wetter abhängig, obwohl echte Vespisti sich auch nicht von Regen abhalten lassen. Ob LED-Scheinwerfer oder ein Chromkamm, klassische Elemente werden mit technischen Neuerungen kombiniert. Der i-get-Motor hat ein Start-Stop-System eingebaut und spart somit im Stadtverkehr Benzin. Im Gegensatz zur alten GTS wurden Motorabdeckung und andere Elemente optisch modernisiert. Ausgestattet sind die GTS-Modelle mit Scheibenbremsen.

Vespa GTS 125 Super, Super Sport, Racing Sixties

Im Gegensatz zu den klassischen Komponenten einer GTS 125, wartet die 125 Super mit schwarzen Radkästen und einer schwarzen Sitzbank auf. Die Super Sport (Bild) setzt mit zweifarbigen Linien neue Akzente, während die Racing Sixties sportlich-aggressiv daherkommt und mit auffälliger Farbgebung und traditionellem Design Rennsport-Akzente setzt. Mit 14 PS aus 125 Kubikzentimetern Hubraum erreicht die GTS 125 Super eine Geschwindigkeit von knapp über 100 km/h. Kraftvoll und zügig genießen Käufer die zeitgemäße Technik, angemessene Sicherheit mit Scheibenbremsen und einem Hauch Retro-Rennsport.

■ GTS 125 Super, Super Sport, Racing Sixties	
Bauzeit:	2019 bis 2022
Motorbauart:	wassergekühlter 1-Zylinder-4-Takt-Motor, i-get
Hubraum (cm³):	125
Leistung (PS bei 1/min):	14 bei 8750
V_{max} in (km/h):	103
Rahmen, Federung, Bremsen:	selbsttragend, Federbein vorne, Triebsatzschwinge, Stereo-Federbeine hinten, Scheibenbremse
Gewicht (kg):	146

Vespa GTS 300 HPE (Touring)	
Bauzeit:	2019 bis 2022
Motorbauart:	wassergekühlter 1-Zylinder-4-Takt-Motor
Hubraum (cm^3):	278
Leistung (PS bei 1/min):	23,8 bei 8250
V_{max} in (km/h):	118
Rahmen, Federung, Bremsen:	selbsttragend, Triebsatzschwinge, Stereo-Federbeine hinten, Scheibenbremse
Gewicht (kg):	160

Vespa GTS 300 HPE (Touring)

Die GTS 300-Roller sind die leistungsstärksten Modelle von Vespa. 2019 mit neuem Motor ausgestattet, leistet der HPE nun knapp 24 PS und erreicht eine Höchstgeschwindigkeit von 118 km/h. Das Konzept überzeugt: Klassische Eleganz trifft moderne, leistungsstarke Technik und die Besitzer freuen sich über eine laufruhige Reisemaschine mit großer Reichweite und ausreichend Platz auf dem Large-Frame-Chassis. Die Touring-Ausstattung mit verchromten Gepäckträgern bietet außerdem Platz für Einkäufe oder Wochenend-Gepäck. Neben einer großen Farbauswahl konnten sich die Käufer alternativ für eine der exklusiven Sondereditionen entscheiden.

Vespa GTS 300 HPE Super (Super Sport, Super Tech)

Optisch unterscheidet sich die GTS Super 300 durch die schwarzen Felgen von der GTS-300-Standardversion. Das neue HPE-Triebwerk ist dabei der leistungsstärkste Motor einer Vespa, den es jeh gab: Anzugskraft, Geschwindigkeit und Laufruhe machen die 300 GTS zu einem angenehmen Reisefahrzeug oder einem eleganten Roller, der auch in der Stadt überzeugt. Wer es sportlicher mag oder mehr Ausstattung benötigt, wählt die Linien „Super Sport" oder „Super Tech", bei denen u. a. farbige TFT-Display und weiteren Multimedia-Details an Bord sind. Eine Scheibenbremsanlage in Kombination mit ASR und ABS gehören hier zur Grundaustattung.

GTS 300 HPE Super (Super Sport, Super Tech)	
Bauzeit:	2019 bis 2022
Motorbauart:	wassergekühlter 1-Zylinder-4-Takt-Motor, i-get
Hubraum (cm^3):	278
Leistung (PS bei 1/min):	23,8 bei 8250
V_{max} in (km/h):	118
Rahmen, Federung, Bremsen:	selbsttragend, Einarm-Kurz-, Triebsatzschwinge, zwei hydraulische Federbeine hinten, Scheibenbremse
Gewicht (kg):	160

■ Vespa GTS 300 HPE Yacht Club	
Bauzeit:	2019 bis 2022
Motorbauart:	wassergekühlter 1-Zylinder-4-Takt-Motor
Hubraum (cm³):	278
Leistung (PS bei 1/min):	23,8 bei 8250
V_{max} in (km/h):	118
Rahmen, Federung, Bremsen:	selbsttragend, Federbein vorne, Triebsatzschwinge, Stereo-Federbeine hinten, Scheibenbremse
Gewicht (kg):	160

Vespa GTS 300 HPE Yacht Club

Die Yacht Club-Sonderedition richtet sich an Individualisten mit maritimer Ader. Mit der Farbgestaltung zeigt man, dass man das Meer liebt. Weiß und Blau, der Schaum der Wellen und das Meer spiegeln die Lust auf Wasser wider, gleichzeitig genießt man zu Land und zu Wasser die Sonne und eine frische Brise auf der Haut. Wer sich glücklich schätzen kann und segelt, wird den Roller am Hafen als Reisemobil nicht mehr missen wollen. Alle anderen holen sich das Meer auf die Straße und surfen flott in Kapitänsjacket zum nächsten Fischrestaurant.

Vespa GTS 300 HPE Notte

Die „großen" Vespa-Modelle bestechen durch gute Fahreigenschaften und einen eigenen Stil: Die „Notte" setzt neben dem leistungsstarken 24-PS-Motor auf die Farbe Schwarz – ob Karosserie, Lenker oder Kotflügel, alles ist schwarz, und feiert die Freunde und Freuden des gepflegten Nachtlebens. Und wie die Band „Kraftklub" mit dem Songtext „48 Stunden ich bin wach – ich drehe meine Runden auf dem Dach ..." bereits ausführte, beherrschen Vepa-Besitzer nicht nur athletische Fahrkünste, sondern zeigen entschlossen, dass echte Vespisti nicht nur die Sonne brauchen, sondern auch im Mondlicht Energie tanken. Mit einem 7-Liter-Tank, USB-Anschluss und Scheibenbremsen geht es sicher und zuverlässig vom Restaurant in die Bar und in den Tanzpalast.

■ Vespa GTS 300 HPE Notte	
Bauzeit:	2019 bis 2021
Motorbauart:	wassergekühlter 1-Zylinder-4-Takt-Motor
Hubraum (cm³):	278
Leistung (PS bei 1/min):	23,8 bei 8250
V_{max} in (km/h):	118
Rahmen, Federung, Bremsen:	selbsttragend, Einarm-Kurz-, Triebsatzschwinge, zwei hydraulische Federbeine hinten
Gewicht (kg):	160

■ Vespa Elettrica 45 km/h (70 km/h)	
Bauzeit:	2019 bis heute
Motorbauart:	Elektromotor, 48,1 Volt, 86,4 Ah, 4,2 kWh
Hubraum (cm³):	
Leistung (PS bei 1/min):	4,8 bei 5500
V_{max} in (km/h):	45
Rahmen, Federung, Bremsen:	Scheibe/Trommel
Gewicht (kg):	130

Vespa Elettrica 45 km/h (70 km/h)

Auch im Zweiradbereich wird kräftig an Verbrenner-Alternativen gearbeitet: Die Vespa Elettrica hat eine 86,4 Ah starke Batterie, die im Eco-Modus eine Reichweite von knapp 100 Kilometern hat. Die „große" Elettrica erreicht eine Spitzengeschwindigkeit von knapp 68 km/h, wobei die Kilometerleistung dann auf ca. 69 schrumpft. Im Power Modus kann man höchstens 80 Kilometer weit fahren, erreicht jedoch eine Höchstgeschwindigkeit von 45 km/h, die für ein flüssiges und sicheres Vorankommen in der Stadt sicherlich nötig ist. Bis zu 1000 Ladezyklen sind möglich, bis die Batterie Kapazität verliert. Alleine die Batterie wiegt 25 kg, man benötigt ca. vier Stunden, bis sie aufgeladen ist.

Vespa Sprint 150 S

Der einzylindrige Viertaktmotor der optisch überarbeiteten Sprint erreicht bei 6500 Umdrehungen in der Minute ein Drehmoment von 12,8 Nm. Das Automatikgetriebe der 12,5-PS starken 150er sorgt für gute Beschleunigungswerte und Laufruhe. Im Modelljahr 2023 werden die Farben Blau Vivace matt D03, Grau Travolgente matt HQ und Schwarz Convinto matt NV angeboten. Neben ABS, LED-Lichtern und Scheibenbremsen bietet die Smallframe-Karosserie eine elektronische Wegfahrsperre, ein digitales Cockpit mit Farbdisplay und USB-Ladevorrichtung.

■ Vespa Sprint 150 S	
Bauzeit:	2019 bis 2021
Motorbauart:	luftgekühlter 1-Zylinder-4-Takt-Motor, i-get
Hubraum (cm³):	155
Leistung (PS bei 1/min):	12,5 bei 7750
V_{max} in (km/h):	95
Rahmen, Federung, Bremsen:	selbsttragend, Einarm-Kurz-, Triebsatzschwinge, hydr. Monofederbein, Scheibe/Trommel
Gewicht (kg):	126

Vespa Sprint 50 (S, Notte, Racing Sixties)	
Bauzeit:	2019 bis 2023
Motorbauart:	luftgekühlter 1-Zylinder-4-Takt-Motor, i-get
Hubraum (cm³):	49
Leistung (PS bei 1/min):	3 bei 7500
V_{max} in (km/h):	45
Rahmen, Federung, Bremsen:	Stahlblech, Einarm-, Triebsatzschwinge, hydr. Stoßdämpfer, Scheibe/Trommel
Gewicht (kg):	98

Vespa Sprint 50 und 125 (S, Notte, Racing Sixties)

Der Look temperamentvoll, die Größe optimal für die Stadt, enge Straßen und gemütlichen Verkehr: Dank der 12-Zoll-Räder und dem kompakten Chassis fühlt man sich sicher und stylish zugleich. Die Modelle der Sprintserie, ab 4099 Euro, übernehmen die eckigen Scheinwerfer der 1960er-Jahre und wirken mit dem schnittigen Design modern und selbstbewusst. Das aktuelle i-get-Triebwerk sorgt mit seinem kraftvollen Antrieb

Vespa Sprint 125 (S, Notte, Racing Sixties)	
Bauzeit:	2019 bis 2023
Motorbauart:	luftgekühlter 1-Zylinder-4-Takt-Motor, i-get
Hubraum (cm³):	124
Leistung (PS bei 1/min):	11 bei 8000
V_{max} in (km/h):	91
Rahmen, Federung, Bremsen:	selbsttragend, Einarm-Kurz-, Triebsatzschwinge, hydr. Monofederbein, Scheibe/Trommel
Gewicht (kg):	126

für Fahrdynamik und Fahrfreude. Wer es individueller oder sportlicher mag, entscheidet sich für die Sport-Variante (rechts) oder die Sondermodelle „Notte" bzw. die sportlich-aggressive „Racing Sixties" in Grün oder Weiß mit goldenen Verzierungen. Die 125er bietet 11 PS und eine Höchstgeschwindigkeit von knapp 100 km/h.
2022 ergänzte das Sondermodell „Justin Bieber" die Sprint-Serie, ebenfalls als 50er und als 125er. Das Modell für die jüngere Zielgruppe bekam eine weiße Sitzbank, weiße Felgen und ein weißes Chassis. Die Karosserie zieren graue Flammen und der Schriftzug von Justin Bieber (Foto oben).

Vespa Primavera Yacht Club 50 (125)

Der Viertakt-Motor der Primavera ist laufruhig und umweltfreundlich, mit Preisen um die 4000 Euro sind die 50er-Modelle bezahlbar. Die Sonderedition „Yacht Club", die auch als 125er angeboten wird, spielt mit Design-Elementen aus dem Segelsport: Ein weißes Chassis mit blauem Satten und blauen Farbapplikationen machen die kleine Vespa zu einem Hingucker und mit 3,2 PS Leistung zu einem optimalen Begleiter auf dem Weg vom Anlegeplatz zum Hafenrestaurant. Wer einen stärkeren Anzug benötigt oder längere Strecken zurücklegen muss, wählt die 125er mit einem i-get-Viertaktmotor und 124 Kubikzentimeter.

Vespa Primavera Yacht Club 50	
Bauzeit:	**2019 bis 2021**
Motorbauart:	**luftgekühlter 1-Zylinder-4-Takt-Motor, i-get**
Hubraum (cm³):	**50**
Leistung (PS bei 1/min):	**3,2 bei 7500**
V_{max} in (km/h):	**45**
Rahmen, Federung, Bremsen:	**Stahlblech, vorne Federbein, hinten Triebsatzschwinge, Scheibe/Trommel**
Gewicht (kg):	**115**

■ Vespa Primavera 50 (Touring, S)	
Bauzeit:	2019 bis heute
Motorbauart:	luftgekühlter 1-Zylinder-4-Takt-Motor, i-get
Hubraum (cm³):	49
Leistung (PS bei 1/min):	2,99 bei 7500
V_{max} in (km/h):	45
Rahmen, Federung, Bremsen:	selbsttragend, Einarm-Kurz-, Triebsatzschwinge, Scheibe/Trommell
Gewicht (kg):	115

Vespa Primavera 50 (Touring, S)

Die Euro-5-taugliche Primavera, die man in sechs verschiedenen Farben bestellen kann, kostet unter 4000 Euro und eignet sich besonders für Einsteiger und junge Fahrer. Mit dem Viertaktmotor fährt man flott durch die Stadt und fühlt sich gleichzeitig auf dem ausgewogenen Chassis sicher. Mit knapp 2,5 Litern Verbrauch und geringen Versicherungskosten kann man im Sommer den Individualverkehr deutlich attraktiver und umweltfreundlicher genießen, als mit einem übergewichtigen SUV. In der Touring-Variante kommen vorne und hinten noch verchromte Gepäckträger hinzu. Die 50 S – S für Sport – wird in drei Farben und sportlichem Look angeboten und ist ab 4099 Euro verfügbar.

Vespa Primavera 125 (Touring, S)

Obwohl in den meisten Fällen eine 50er im Stadtverkehr ausreicht, gibt es Situationen, in denen eine durchzugsstärkere 125er ein sichereres Gefühl vermittelt. Das klassische Design der Primavera, die unter 5000 Euro kostet und in sechs verschiedenen Farben erhältlich ist, und der leistungsstarke Motor sorgen für komfortables Fahren mit Stil. Selbstverständlich sind mit dem Small-Frame-Chassis auch Überlandfahrten kein Problem, mit knapp 100 km/h kommt man zügig ans Ziel und kann auch auf der Landstraße mit den anderen Verkehrsteilnehmern locker mithalten. Wer Gepäckträger benötigt, entscheidet sich für die Touring-Ausstattung (Bild). Sportlich ambitionierte Fahrer wählen das S-Modell mit Multimediafunktionen.

■ Vespa Primavera 125 (Touring, S)	
Bauzeit:	2019 bis heute
Motorbauart:	luftgekühlter 1-Zylinder-4-Takt-Motor, i-get
Hubraum (cm³):	124
Leistung (PS bei 1/min):	11 bei 8000
V_{max} in (km/h):	100
Rahmen, Federung, Bremsen:	Stahlblech, Einarm-, Triebsatzschwinge, hydr. Stoßdämpfer, Scheibe/Trommel
Gewicht (kg):	106

Vespa Primavera 150 (Touring, S)	
Bauzeit:	2019 bis heute
Motorbauart:	luftgekühlter 1-Zylinder-4-Takt-Motor, i-get
Hubraum (cm³):	155
Leistung (PS bei 1/min):	12,5 bei 7750
V_{max} in (km/h):	95
Rahmen, Federung, Bremsen:	selbsttragend, Einarmschwinge, Scheibe/Trommel
Gewicht (kg):	106

Vespa Primavera 150 (Touring, S)

Genau 50 Jahre nach der ersten Primavera steht dem Motorrad-Führerscheininhaber ein klassisch-moderner Motorroller mit 155 Kubikzentimetern zur Verfügung. Wer etwas mehr Anzug benötigt als mit einer 125er, ist mit der Primavera 150 gut bedient, die nur bei ausgesuchten Händlern verfügbar ist. Vier Farben stehen zur Auswahl, das klassische Design und der leistungsstarke Motor versprechen Fahrgenuss pur. Für das Modelljahr 2019 brachte Piaggio neue Farben, die frischer und moderner wirken. Der moderne Viertaktmotor läuft ruhig und sorgt mit seinem niedrigen Verbrauch von ca. zwei Litern auf 100 Kilometern für genüssliche Fahrmomente. Mit knapp 95 km/h ist man gefällig unterwegs und erreicht sein Ziel gemütlich und stressfrei. Zu der Basic-Variante gesellen sich das Touring-Modell und die S-Ausstattung im sportlichen Look.

Vespa GTS 300 HPE Super Racing Sixties

Diese spezielle Version der 300er-Serie besinnt sich auf die sportlichen Erfolge der Marke in den 1960er-Jahren. Obwohl viele Elemente modernisiert und ergänzt wurden, wie z. B. die LED-Leuchten, der USB-Anschluss und weiteren Details, erinnern die Formen an die Klassiker, die zum Ruhm der Marke beigetragen haben. Mit annähernd 24 PS entspricht die GTS 300 höchsten Ansprüchen. Die markante Farbgestaltung mit goldfarbenen Felgen und schnittigen Linien verspricht Sportlichkeit, die Reifen entsprechen mit 120/70-12 (vorne) und 130/70-12 (hinten) den bekannten 300ern. Der Preis für dieses Sondermodell lag bei über 6000 Euro, die Super Tech stand sogar mit über 7000 Euro in der Preisliste.

Vespa GTS 300 HPE Super Racing Sixties	
Bauzeit:	2022
Motorbauart:	wassergekühlter 1-Zylinder-4-Takt-Motor
Hubraum (cm³):	278
Leistung (PS bei 1/min):	23,8 bei 8250
V_{max} in (km/h):	118
Rahmen, Federung, Bremsen:	selbsttragend, Einarm-Kurz-, Triebsatzschwinge, hydr. Federbeine hinten, Scheibenbremse
Gewicht (kg):	160

Vespa Primavera Sean Wotherspoon 125

Bauzeit:	2020 bis 2022
Motorbauart:	luftgekühlter 1-Zylinder-4-Takt-Motor, i-get
Hubraum (cm³):	124
Leistung (PS bei 1/min):	11 bei 8000
V_{max} in (km/h):	90
Rahmen, Federung, Bremsen:	Stahlblech, Einarm-, Triebsatzschwinge, hydr. Stoßdämpfer, Scheibe/Trommel, ABS vorne
Gewicht (kg):	125

Vespa Primavera Sean Wotherspoon 125

Die Sonderedition „Sean Wotherspoon" verbindet nicht nur veschiedenartige Materialien, sondern auch unterschiedliche Farben. Sean Wotherspoon, einer der zurzeit einflussreichsten Street-Culture-Designer in den USA und selbst inspiriert von der Natur, kreiert für verschiedene Brands wie Adidas, Nike u. a. vegane Sneaker und setzt sich für nachhaltige Verfahren in der Modeindustrie ein. Daneben liebt er Farben – und die Primavera eignet sich für diese Design-Farbexplosion hervorragend: Neben Gelb, Rot, Grün und Meeresgrün gibt es blaue Elemente sowie eine weiß-gelbe Front. Die Sitzbank bekam einen hellbraunen, gerippten Veloursbezug mit weißen Kedern. So entstand eine ganz spezielle Vespa für Individualisten mit hohen Ansprüchen an langlebige Technik. Das limitierte Modell besticht durch nach außen sichtbare Kreativität gepaart mit origineller Materialentscheidungen, wie den blauen Inlets in dem roten Trittbrettgummi und einer Cord-Sitzbank. Abgerundet wurde die Kooperation seinerzeit durch einen farbig passenden Jet-Helm und eine kleine Streetwear-Kollektion mit zwei T-Shirts.

Für das Sondermodell „Sean Wotherspoon" auf Basis der Vespa Primavera (= Frühling) rief der italienische Hersteller zwischen 3880 Euro für die 50er und 4860 Euro für die 125er auf.

Vespa 75th Jubiläumsmodell

2021: Die Vespa wird 75 Jahre alt! Die offizielle Patentanmeldung für den legendären Motorroller, der zum Synonym für die ganze Fahrzeuggattung wurde, erfolgte am 23. April 1946. Grund genug also für eine Sonderedtion: Sowohl die Primavera 50 und 125 als auch die GTS 125 und 300 konnten als „75th" bestellt werden. Optisch wies die rechts und links am Heck sowie auf dem Vorderschutzblech angebrachte Jubiläumszahl auf den Anlass hin. Lackiert waren die Modelle im Gelbton Giallo Metallic, die Felgen setzten sich in Grau ab, etliche Chromelemente verfeinerten das äußere Erscheinungsbild. Die exklusive Hecktasche auf dem Klappgepäckträger war eine Anspielung auf jene Zeiten, in denen noch Ersatzreifen mitgeführt wurden. Der Clou für Hardcore-Fans: Jeder Käufer einer Vespa 75th erhielt eine Vintage-Plakette, ein spezielles Owner-Book, acht Bildkarten mit Motiven aus acht Jahrzehnten Vespa und einen Seidenschal. Die Preisspanne begann bei 4350 Euro für die Primavera 50 75th und endete bei 7370 Euro für die Vespa GTS 300 Supertech 75th.

Vespa 946 „Christian Dior"

Bauzeit:	2021
Motorbauart:	luftgekühlter 1-Zylinder-4-Takt-Motor
Hubraum (cm³):	124
Leistung (PS bei 1/min):	11,6 bei 8250
V_{max} in (km/h):	93
Rahmen, Federung, Bremsen:	Federbein vorne, Monofederbein hinten, Scheibenbremse
Gewicht (kg):	100

Vespa 946 „Christian Dior"

Zu einer besonderen Zusammenarbeit kam es 2021: Die italienische Kultmarke Vespa und das Pariser Modehaus Dior feierten in jenem Jahr beide ihr 75-jähriges Jubiläum. Grund genug, das limitierte Sondermodell Vespa 946 „Christian Dior" aufzulegen. Eine Besonderheit dieser speziellen 946 ist ein vom Dekor der Sitzbank inspiriertes Topcase mit dem von Marc Bohn 1967 entworfenen Muster „Dior Oblique". Dazu passend gibt es einen ebenso verzierten Helm. Zu Beginn des Jubiläumsjahres stand die exklusive Vespa zunächst in den Dior-Boutiquen weltweit. Später startete der Verkauf in ausgewählten Motoplex-Stores der Piaggio-Gruppe. Die Accessoires wie Helm und Topcase können ausschließlich in den Dior-Boutiquen erworben werden.

Vespa GTS 300 Sei Giorni II Edition

Die Überarbeitung der Sei Giorni verspricht Rennfahrer-Flair und aufwändige Technik. In mattgrauem Kleid mit der dekorativen Startnummer 6 an Front- und Heckpartie und einer roten Feder erkennt man das Sondermodell der GTS-Serie mit High-Performance-Einzylinder. Individuell, sportlich und dennoch elegant reist man mit stufenloser Automatik, einem 3-Wege-Kat und komfortabler Federung auch auf längeren Reisen unkompliziert und sauber. Die Lackierung wurde laut Vespa an die traditionelle Lackierung der 1950er-Jahre angelehnt. ABS, ein 8,5 Liter fassender Tank, überarbeitete Federung und 278 Kubikzentimeter Hubraum genügen höchsten Ansprüchen.

Vespa GTS 300 Sei Giorni II Edition

Bauzeit:	2021 bis 2022
Motorbauart:	wassergekühlter 1-Zylinder-4-Takt-Motor 4-Ventil
Hubraum (cm³):	278
Leistung (PS bei 1/min):	23,8 bei 8250
V_{max} in (km/h):	118
Rahmen, Federung, Bremsen:	Stahlrahmen, Einarm-, Triebsatzschwinge, hydr. Stoßdämpfer, Scheibenbremse
Gewicht (kg):	160

■ Piaggio 1	
Bauzeit:	2021 bis heute
Motorbauart:	Elektromotor, 48,1 Volt, 29 (48) Ah, 1,4 (2,3) kWh
Hubraum (cm^3):	
Leistung (PS bei 1/min):	1,6 (3,1)
V_{max} in (km/h):	45
Rahmen, Federung, Bremsen:	Stahlrahmen, Einarm-, Triebsatzschwinge, hydr. Stoßdämpfer, Scheibenbremse
Gewicht (kg):	85 (94)

Piaggio 1

Zwei Jahre nach der Vespa Elettrica kündigte der Piaggio-Konzern 2021 einen weiteren und deutlich preiswerteren Elektroroller an. Der 1 wird als Kleinkraft- und als 60 km/h schneller Leichtkraftroller angeboten, dabei kann der Kunde zwischen unterschiedlichen Reichweiten wählen. Piaggio 1+ ist die Version des Piaggio 1 mit einer größeren Batterie (2,3 kWh statt 1,4 kWh). Seine Höchstgeschwindigkeit bleibt bei 45 km/h, die Reichweite erhöht sich auf bis zu 68 Kilometer im Sportmodus und bis zu 100 Kilometer im ECO-Modus. Die Lithiumionen-Batterie kann zum Laden herausgenommen werden. Neben einem größeren Staufach unter der Sitzbank für einen Helm verfügt der One über LED-Lichter, ein Keyless-Startsystem und zwei Fahrmodi. Die Bildschirmhelligkeit des digitalen TFT-Farbdisplays passt sich automatisch an das Umgebungslicht an. Das Fahrwerk verfügt über eine Einarmschwinge, an der das Vorderrad befestigt ist. Den Piaggio 1 gibt es in sieben unterschiedlichen Farbkombinationen: Sunshine Mix, Arctic Mix, Forever White, Forever Grey, Forever Black, Forest Mix und in Feng Chen Wang. Bei Einführung im Juli 2021 betrug der Grundpreis 2690 Euro.

Die Klemmbaustein-Vespa

Für alle, die auch in der kalten Jahreszeit im Warmen an einer Vespa basteln möchten, hält der Hersteller Lego® eine klassische 125er Vespa der 1960er-Jahre bereit. Der 2022 erstmals angebotene Bausatz besteht aus insgesamt 1106 Teilen. Aus ihnen entsteht eine originalgetreue Version der italienischen Stilikone im Format 35 x 22 x 12 Zentimetern. Und dabei bietet die Klemmbausteinversion des Kultrollers alles, was auch am Original zu finden ist: Vom einseitig aufgehängten Vorderrad über das Ersatzrad und die abnehmbare Motorabdeckung bis zur funktionstüchtigen Lenkung und gummierten Fußleisten haben die Lego®-Designer an alles gedacht. Ein typisch italienisches Kennzeichen aus jenen Jahren, ein bebrillter Jethelm und ein bunter Blumenstrauß für den Gepäckkorb dürfen ebenfalls nicht fehlen. Der Bastelspaß richtet sich an Vespa-Fans über 18 Jahre und kostet 99,99 Euro.

Vespa Primavera 50 Color Vibe (125, 150)

Auf der EICMA 2022, einer der wichtigsten Motorradmessen der Welt in Rho bei Mailand, hat Vespa das Sondermodell der Primavera in Mehrfarbenoptik vorgestellt, das mit klassischem Design und greller Farbkombination überzeugt. Besonders auffällig erscheinen der schwarz-türkise Streifen, der die Karosserie umrahmt, das türkisfarbene Trittbrett und die farbig eingebetteten Belüftungsöffnungen. Die Primavera wird als 50er, 125er und 150er angeboten, die 125er lässt sich mit „altem" Auto-Führerschein oder Zusatzqualifikation bewegen. Das Stadtmodell für junge Fahrer leistet knapp 3 PS und erreicht eine Höchstgeschwindigkeit von 45 km/h, die 125er und 150er erreichen knapp 100 km/h.

Vespa Primavera 50 Color Vibe (125, 150)	
Bauzeit:	2023
Motorbauart:	luftgekühlter 1-Zylinder-4-Takt-Motor, i-get
Hubraum (cm³):	49
Leistung (PS bei 1/min):	2,99 bei 7500
V_{max} in (km/h):	45
Rahmen, Federung, Bremsen:	selbsttragend, Einarm-Kurz-, Triebsatzschwinge, hydr. Stoßdämpfer, Scheibe/Trommel
Gewicht (kg):	115

Vespa Primavera Pic Nic 50 (125)

Die Pic-Nic-Sondermodelle machen den Motorroller zum idealen Ausflugsgefährt. Picknick-Korb und Kühltasche sowie passende Decke sind an Bord, nur der kulinarische Inhalt muss noch vom Besitzer hinzugefügt werden. Das optimale Gefährt für eine gemütliche Fahrt ins Grüne, an einen Baggersee oder die Wiese vor dem Schul- oder Uni-Gelände. Das Sondermodell wird in zwei Farben angeboten, Grigio Pic Nic (Grau) und Verde Pic Nic (Grün). Abgestimmt auf die Außenfarbe sind sogar die Gummistreifen im Fußraum im gleichen Farbton gehalten. Eine hellbraune Sitzbank rundet die gelungene Optik ab. Und mit Euro 5, einem geregelten 3-Wege-Katalysator und einem verbrauchsarmen Motor plagt einen auch kein schlechtes (Umwelt-)Gewissen. Wer zügiger fahren möchte, wählt die 11 PS starke 125er, die 126 Kilogramm wiegt und eine Endgeschwindigkeit von 91 km/h erreicht. Die 125er-Ausführung beginnt bei 5799 Euro; für 1000 Euro weniger steht das kleine Modell bei den Händlern.

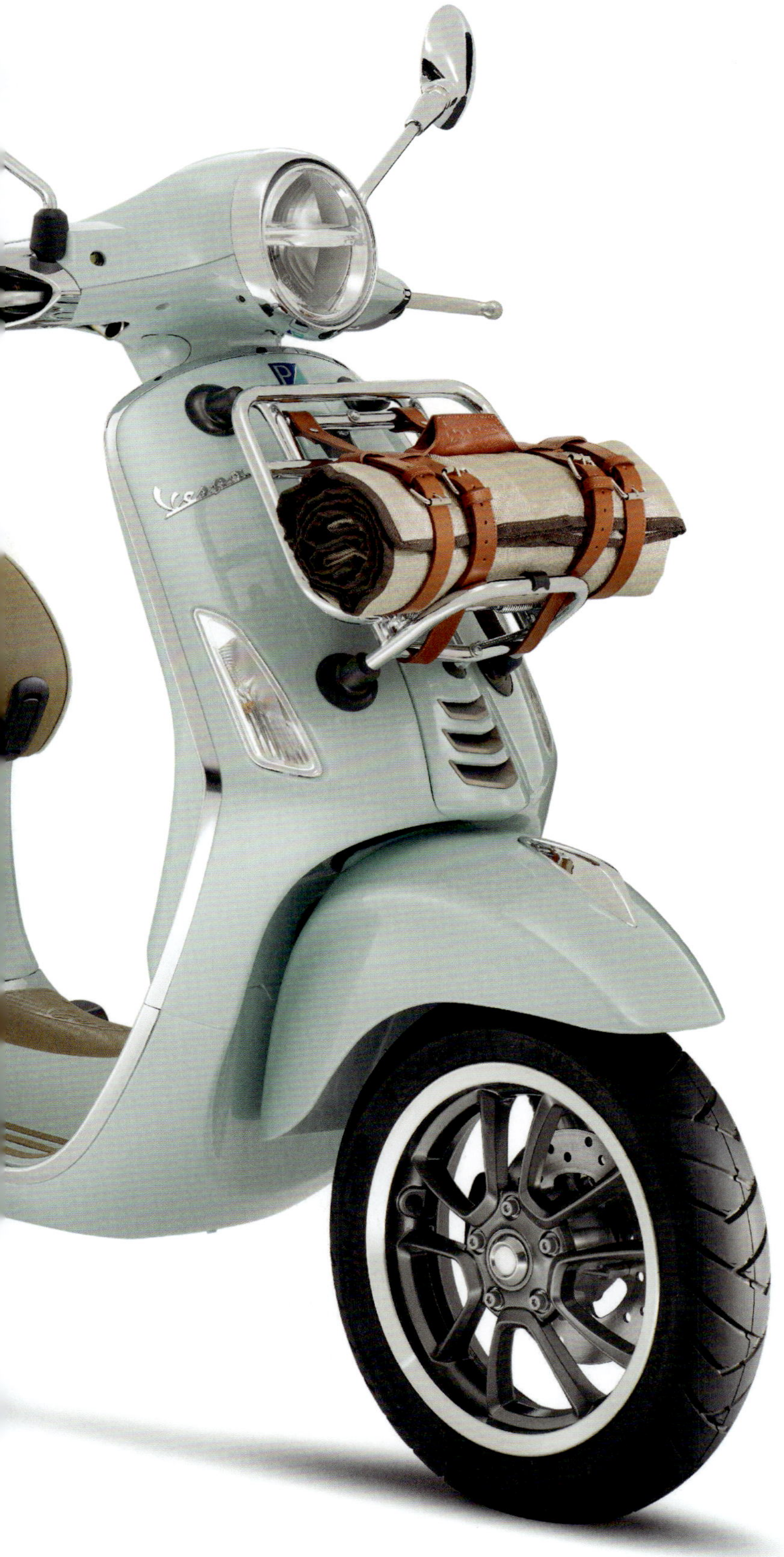

Vespa Primavera Pic Nic 50

Bauzeit:	2022 bis heute
Motorbauart:	luftgekühlter 1-Zylinder-4-Takt-Motor, i-get
Hubraum (cm^3):	49
Leistung (PS bei 1/min):	2,99 bei 7500
V_{max} in (km/h):	45
Rahmen, Federung, Bremsen:	selbsttragend, Einarm-Kurz-, Triebsatzschwinge, hydr. Stoßdämpder, Scheibe/Trommel
Gewicht (kg):	115

■ Vespa GTV 300 HPE	
Bauzeit:	2023
Motorbauart:	wassergekühlter 1-Zylinder-4-Takt-Motor, 4 Ventil
Hubraum (cm³):	278
Leistung (PS bei 1/min):	23,8
V_{max} in (km/h):	123
Rahmen, Federung, Bremsen:	selbsttragend, Einarm-, Triebsatzschwinge, hydr. Federbeine, Scheibenbremse
Gewicht (kg):	160

Vespa GTV 300 HPE

Die Besucher der EICMA 2022 erlebten auch die Präsentation der 2006 erstmals vorgestellten, nun überarbeiteten GtV. Als Bestandteil des modernisierten Erscheinungsbilds blieb der bewährte Scheinwerfer auf dem Kotflügel als Verneigung an die MP5 erhalten. In Mehrfarbenlook mit schwarzen Felgen werden sportlich-orientierte Vespisti sich für die flotte 300er mit kräftigem Anzug entscheiden. Traditionalisten wird das Design des Blechkleids zusagen, Modernisten freuen sich über den wassergekühlten Einzylinder-Viertaktmotor mit 278 ccm und eine Höchstgeschwindigkeit von 123 km/h. Die GtV ist die extravagante Reminiszenz an Tradition, Sport und Moderne – und lässt das Herz zahlreicher Vespa-Jünger höherschlagen.

Vespa GTS 125 (Super, Super Sport, Super Tech)

Für 2023 wurden Vespas Flaggschiffe der GTS-Serie weiterentwickelt und optisch behutsam modelliert. Neben Keyless-System und neuem Kombi-Instrument wurden auch Bremsen, Sitzbank und die vorderen Stoßdämpfer überarbeitet, so dass Komfort und Fahrsicherheit steigen. Wie immer wird die 125er in den Ausstattungslinien GTS, GTS Super, GTS Super Sport und GTS Super Tech angeboten. Die Super Tech hat zusätzlich das MIA-Paket serienmäßig an Bord, zudem ist ein GPS-Navi enthalten. In der Classic-Variante sind die Farben Beige Avvolgente, Verde Amabile und Nero Convinto erhältlich, die Super wird in Weiß, Schwarz und Rot angeboten, während die Super Sport neben den erkennbaren Streifen fünf Farben zur Auswahl hat, davon drei matte Töne. Die Super Tech wird ausschließlich in Matt-Tönen präsentiert.

■ GTS 125 (Super, Super Sport, Super Tech)	
Bauzeit:	2023
Motorbauart:	wassergekühlter 1-Zylinder-4-Takt-Motor, i-get
Hubraum (cm³):	125
Leistung (PS bei 1/min):	14 bei 8750
V_{max} in (km/h):	100
Rahmen, Federung, Bremsen:	Stahlrahmen, Triebsatzschwinge, hydr. Federbeine, Scheibenbremse
Gewicht (kg):	147

GTS 300 (Super, Super Sport, Super Tech)	
Bauzeit:	2023
Motorbauart:	wassergekühlter 1-Zylinder-4-Takt-Motor
Hubraum (cm³):	278
Leistung (PS bei 1/min):	23,8 bei 8250
V_{max} in (km/h):	123
Rahmen, Federung, Bremsen:	selbsttragend, Einarm-, Triebsatzschwinge, hydr. Stoßdämpfer, Scheibenbremse
Gewicht (kg):	160

Vespa GTS 300 (Super, Super Sport, Super Tech)

Für die Präsentation der neuen Maschinen wählt Piaggio die EICMA 2022. Und wieder bieten Vertreter der neuen Modellgeneration bessere Technik, moderneres Design mit gleichzeitiger Wahrung der Tradition. Die aktuellen GTS 300-Modelle fahren nun mit neuer Vorderradaufhängung, die für einen verbesserten Komfort sorgt. Aber auch an anderen Stellen sind Neuigkeiten verbaut: Neben einer neuen Schaltereinheit kommt nun das Keyless-GO-System zum Einsatz. Unterhalb der analogen Instrumente findet ein größeres LCD-Display Platz, wobei die Variante GTS SuperTech sogar ein 4,3-Zoll-TFT-Dashboard mit Navigationsfunktion bekommen hat. Besitzer eines GTS SuperSport oder SuperTech freuen sich über serienmäßig vorhandene Connectivity an Bord; GTS und GTS Super haben zumindest die Vorbereitung dafür bekommen, wodurch eine Nachrüstung möglich wird. Via MIA-App kann dann das Smartphone mit dem Roller verbunden werden. Die neu gestaltete Sitzbank sorgt für noch mehr Fahrkomfort. Optische Überarbeitungen setzten die Entwickler zwar nur behutsam um, die Unterschiede sind aber an fast allen Teilen sichtbar. Die Top-Ausstattung Super Tech kann in drei gedeckten Matt-Farben geordert werden, die allesamt elegant und sportlich wirken.

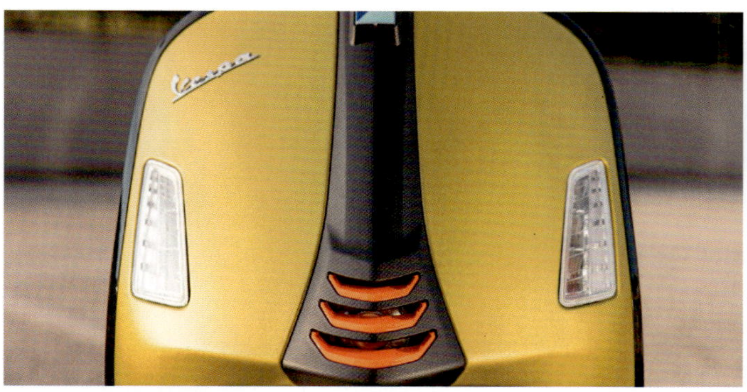

Piaggio Porter NP6	
Bauzeit:	seit 2021
Motorbauart:	wassergekühlter 4-Zylinder-4-Takt-Motor (Benzin +LPG)
Hubraum (cm³):	1498
Leistung (PS bei 1/min):	75 bei 6000
V_{max} in (km/h):	130
Rahmen, Federung, Bremsen:	Kastenrahmen, McPherson-Vorderradaufhängung, Blattfederpakete an starrer Hinterachse, Scheiben/Trommeln
Gewicht (kg):	bis zu 1610

Piaggio Porter NP6

Piaggio präsentierte 2021 den Porter NP6 (New Porter 6). Der kleine Transporter kommt im Gegensatz zum Frontlenker-Vorgänger als zweisitziger Kurzhauber auf den Markt und bietet 30 Prozent mehr Nutzlast. Bei der Neukonstruktion haben die Ingenieure auf eine große Variantenviefalt gesetzt: Der nur 1,64 Meter breite Mini-Truck wird in vier Radständen und bei Zwillingsbereifung mit bis zu 1610 Kilogramm Traglast angeboten.

Der 1,5-Liter-Benzinmotor leistet 106 PS und hält ein Drehmoment von 136 Newtonmeter bereit. Das Triebwerk kann in zwei Varianten für den Betrieb mit LPG oder CNG bestellt werden. Zudem bietet Piaggio eine Short- und eine Long-Range-Variante mit unterschiedlich großen Tanks sowie verschiedene Ausstattungsstufen an.

Ab Werk wird der Piaggio Porter als Pick-up und als Kipper sowie als Chassis mit verschweißter Fahrerhausrückwand für Aufbauten angeboten. Unter anderem sind Traktionskontrolle und Anhänger-ESP serienmäßig.

In fünf Farben kann der Porter NP6 bestellt werden: Granatrot, Saphirblau, Basaltgrau, Bernsteinorange und Gipsweiß. Zusammen mit vielen anderen Optionen hat der Käufer die Qual der Wahl, sich für eine der rund 1400 Konfigurationsmöglichkeiten zu entscheiden. Die Netto-Preise beginnen bei gut 15.000 Euro.

Vespa 946 „bunny" 10 Anniversario	
Bauzeit:	2023
Motorbauart:	luftgekühlter 1-Zylinder-4-Takt-Motor
Hubraum (cm³):	124
Leistung (PS bei 1/min):	11,6 bei 8250
V_{max} in (km/h):	93
Rahmen, Federung, Bremsen:	hydr. Stoßdämpfer, Scheibenbremse
Gewicht (kg):	1001

Vespa 946 „bunny" 10 Anniversario

Vespa feiert das 10-jährige Jubiläum der 946 mit einem auf 1000 Exemplare limitierten und nummerierten Sondermodell. Diese Special Edition ist die erste Version eines langfristigen Projekts, das sich über die kommenden zwölf Jahre erstreckt. Jahr für Jahr wird ein neues Editionsmodell vorgestellt, das jeweils von einem der zwölf Tierkreiszeichen der chinesischen Astrologie inspiriert ist.

Das 2023er Modell, bei dem die stilisierte Silhouette eines Hasen scheinbar neugierig und respektlos aus der Karosserie lugt, präsentiert sich in einer Neuinterpretation des klassischen Vespa-Grüntons, der die Leidenschaft für Frohsinn, für Unbeschwertheit und für die Natur symbolisiert. Brünierte Oberflächen, die mit Nadel und Faden ausgeführten Nähte und das spezielle Logo auf der rechten Sitzbankseite sind zusätzliche Merkmale dieses Sammlerstücks.

Index

66